中央财政支持地方高校发展专项资金项目资助

普通高等教育"十三五"规划教材

高等水工结构

主编 王瑞骏

中国水利水电出版社

www.waterpub.com.cn

·北京·

内 容 提 要

  本教材重点介绍坝工技术新进展以及坝工结构分析的新理论和新方法,主要内容包括:坝工建设进展及其关键问题、碾压混凝土坝、混凝土面板堆石坝、坝工应力分析的有限元法、水工混凝土温度应力与温度控制、土石坝的渗流有限元分析。

  本教材主要供水工结构工程学科硕士研究生修读《高等水工结构》学位课程使用,也可供本学科博士生及其他相近学科研究生参考使用,同时还可供相关专业技术人员参考及专业技术干部培训使用。

图书在版编目(CIP)数据

  高等水工结构 / 王瑞骏主编. -- 北京 : 中国水利水电出版社, 2016.8
  普通高等教育"十三五"规划教材
  ISBN 978-7-5170-4599-1

  Ⅰ. ①高… Ⅱ. ①王… Ⅲ. ①水工结构-高等学校-教材 Ⅳ. ①TV3

  中国版本图书馆CIP数据核字(2016)第188392号

书 名	普通高等教育"十三五"规划教材 **高等水工结构** GAODENG SHUIGONG JIEGOU	
作 者	主编 王瑞骏	
出版发行	中国水利水电出版社 (北京市海淀区玉渊潭南路 1 号 D 座 100038) 网址:www.waterpub.com.cn E-mail:sales@waterpub.com.cn 电话:(010)68367658(营销中心)	
经 售	北京科水图书销售中心(零售) 电话:(010)88383994、63202643、68545874 全国各地新华书店和相关出版物销售网点	
排 版	中国水利水电出版社微机排版中心	
印 刷	北京纪元彩艺印刷有限公司	
规 格	184mm×260mm 16 开本 13 印张 308 千字	
版 次	2016 年 8 月第 1 版 2016 年 8 月第 1 次印刷	
印 数	0001—2000 册	
定 价	**32.00 元**	

前言

多年来，西安理工大学水工结构工程学科在《高等水工结构》课程教学中已经积累了大量的教学经验，取得了不少有益的教学成果。其中，西安理工大学陈尧隆教授原《高等水工结构》校内教材曾在我校长期使用，为促进本课程的教学质量起到了重要作用，也受到了师生的普遍好评。

众所周知，随着水利水电工程建设事业的迅速发展，在水工结构尤其是坝工结构的设计、施工及研究等方面，相关的专业技术知识在不断更新，理论研究水平在不断提高，涉及的领域也在不断扩展。如何适应这种发展需要，将最新并相对成熟的水工结构专业技术知识及其理论研究成果融汇到《高等水工结构》课程教学中，无疑是进一步提高本课程教学质量的一个关键问题。而教材作为课程教学的工具和载体，编写一本与上述教学目的相适应的教材就显得十分必要。本教材就是基于上述考虑而尝试编写的。

本教材编写的指导思想包括：①论述对象侧重于坝工（大坝工程）结构；②内容选择上力求突出前沿性和实用性；③章节编排上力求系统性和可查阅性。基于上述指导思想，本教材重点介绍了坝工技术的新进展以及坝工结构分析的新理论和新方法；结合实际教学需要，在每章后还编排了相应的复习思考题。

在本教材编写过程中，以陈尧隆教授原《高等水工结构》校内教材为基础，并尽可能广泛地查阅了最新文献资料，同时还参考和借鉴了兄弟院校类似课程的教材和教案。因此，本教材的编写主要得益于前人大量的辛勤工作，前人相关的工作成果是本教材编写的基础。为此，编者在此向所有其工作成果被本教材所引用的专家和学者一并表示诚挚的敬意和谢意！虽然本教材在每章最后均列出了相应的主要参考文献著录表，并按参考文献编号做了文内夹注，但参考文献著录及文内夹注难免存在疏漏或不当之处，在此，希望有关专家和学者予以谅解！

在编者指导下，编者的研究生刘伟、薛一峰、任亮、王志杰、孙阳等同学协助编者承担了部分资料整理及编写等工作，在此，编者诚挚地感谢他们的辛勤付出！在本教材编写过程中，得到了我校陈尧隆教授、程文教授、水利水电学院及研究生院等个人和单位的大力支持，在此一并表示诚挚的谢意！

虽然编者投入大量精力期望确保本教材的编写质量，但由于水平所限，因此其中难免存在一些不足或疏漏，欢迎各位读者批评指正！

编　者

2016 年 3 月

目录

第1章 坝工建设进展及其关键问题

1.1 坝工发展概述

1.1.1 坝工发展简史

人类筑坝的历史已有近 5000 年，全世界已建的水坝目前已达数万座。根据坝工技术历史发展的进程，水坝可分为以下三类[1]：①古代坝，19 世纪中期以前建造；②近代坝，19 世纪中期至 20 世纪初期建造；③现代坝，20 世纪初期以后建造。

1.1.1.1 古代坝[1][2]

古代坝的基本特征是，坝是凭经验建造的。在整个建坝历史中，古代坝的历时占绝大部分。

公元前 3200 年，在约旦的贾瓦地区曾建造过一些块石护坡土坝。这些古代坝是在 1974 年由耶路撒冷的不列颠考古学院发现的，其规模也很小，但被《吉尼斯世界纪录大全》列为世界最古老的坝。

公元前 2900 年左右，埃及在尼罗河干流建造了一座砌石坝——科希斯坝，坝址位于孟菲斯以南 20km 处的科希斯。坝高为 15m，坝长为 450m。因此，该坝堪称世界最古老的"大坝"。

公元前 1305—前 1290 年，埃及人曾在霍姆斯附近的阿西河上建造过一座堆石坝，坝高 6m，长 2000m。此坝一直使用到现在，有 3300 年左右的历史，堪称世界上使用年限最长的坝。

意大利在 1611—1613 年修建了一座干砌条石拱坝（高桥坝），坝高 4.9m，坝体厚度 2m，拱弧半径 14m，此后曾 8 次加高。其加高的次数在水坝加高史上是创纪录的。最后一次加高是在 1887 年，坝高达 38m。高桥坝及其加高过程如图 1.1 所示[1]。

中国古代坝保留最完整、最典型的是安徽省寿县的安丰塘，也称芍陂，建于公元前 598—前 591 年间，至今已有 2600 年历史，由春秋时楚相孙叔敖主持修建，与都江堰、漳河渠、郑国渠并称为我国古代四大水利工程。安丰塘现在是一个四面筑堤的平原水库，塘堤周长 24.3km，堤高 6.5m，水面 34km²，库容近 1 亿 m³，可对近 64 万亩农田进行自流灌溉。

洪泽湖是我国现存五大淡水湖之一，总容量达 130 亿 m³，年入湖洪水总量超过 800 亿 m³，规模之大，世所公认。但它不是天然湖泊，而确实是一座水库，其依托的就是洪泽湖大堤，该大堤实际上就是一道拦淮大坝，古时称高家堰，相传是东汉（约公元 200 年）广陵太守陈登开始修筑，清朝初坝高 5.12m，全长 67.25km，创世界最长水坝纪录。时至今日，苏北地区 3000 万亩农田和 1650 万人口仍以这条大坝作为主要防洪屏障，而由其拦挡形

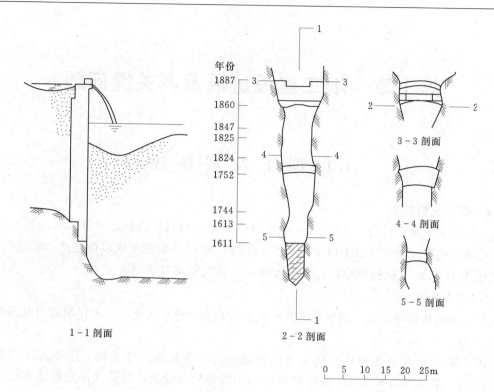

图 1.1   高桥坝及其加高过程示意图

成的洪泽湖则仍作为淮河下游重要的调节控制水库。高家堰断面如图 1.2 所示[2]。

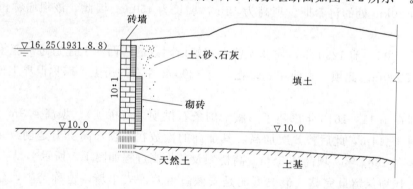

图 1.2   高家堰断面图（单位：m）

1.1.1.2   近代坝[1]

近代坝的基本特征是，坝的设计开始有了理论做指导，这主要表现在重力坝与拱坝的设计上。

法国是世界上最先研究并建造近代坝的国家。左拉坝是世界上第一座用理论进行设计的拱坝，建造目的主要是为了使下游重要城市免受洪水的威胁。设计最大压应力值只取用 0.65MPa；坝轴线选用拱形；加深地基开挖深度；加糙坝基表面，即在基面上用瓦西水泥浇筑"人工石"；不在坝内开设引水管道；特别重视坝踵及坝趾处坝与地基接缝的处理等等。左拉坝的布置如图 1.3 所示[1]。

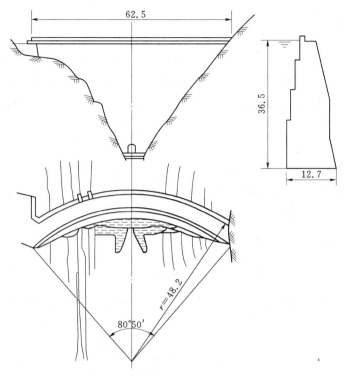

图 1.3　左拉坝布置图（单位：m）

埃及在 1898—1903 年建造了一座著称于世的近代坝——阿斯旺坝。此坝位于尼罗河上，最大坝高 29m 左右。全坝由非溢流坝段、带底孔的泄水坝段以及左岸船闸组成。非溢流坝段长约 550m，底孔坝段总长 1400m，共设 180 个泄水孔。其中 140 个位置较低，孔宽 2m，孔高 7m；40 个位置较高，孔宽 2m，坝体采用花岗岩岩石，用波特兰水泥砂浆砌筑。坝体总方量为 53.5 万 m³。泄水底孔坝段坝体断面如图 1.4 所示[1]。

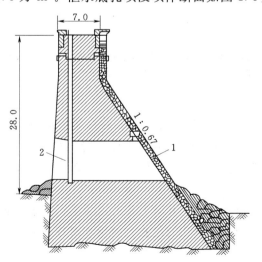

图 1.4　阿斯旺坝泄水底孔坝段坝体断面图（单位：m）

1—支墩；2—泄水底孔

1.1.1.3　现代坝[1]

现代坝的基本特征是，重力坝与拱坝设计理论进一步完善与提高，土石坝设计理论在 20 世纪初期开始形成，加上施工技术与管理的进步，使坝工建设在全世界得到飞速发展。

到 20 世纪初期坝工建设进入现代坝阶段后，建坝中心便逐渐从欧洲转移到美国。1931 年，美国建成首座 100m 级的土石坝——盐泉（Salt Spring）面板坝，坝高 100m。大坝断面如图 1.5 所示[1]。

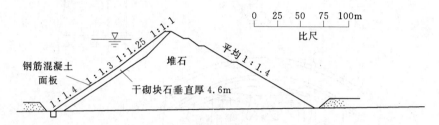

图 1.5　盐泉坝断面图（单位：m）

1968 年，美国建成奥罗维尔（Orowille）斜心墙坝，坝高 230m。大坝断面如图 1.6 所示[1]。

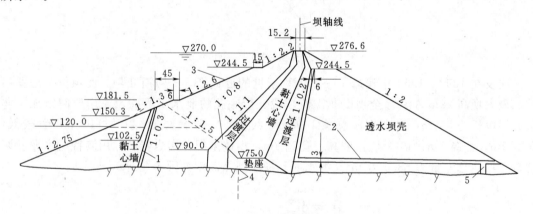

图 1.6　奥罗维尔斜心墙坝断面图（单位：m）
1—不透水料取自岸边开挖；2—透水料做排水用；3—抛石护坡；
4—灌浆帷幕；5—渗漏量测堰

胡佛坝（图 1.7[1]）位于美国内华达州与亚利桑那州交界处的黑峡峡谷之中，为混凝土重力拱坝，坝高 221.4m，坝顶长 379m，坝体混凝土量 336 万 m³，是美国综合开发科罗拉多河水资源的关键性工程。坝基为坚硬的安山角砾岩。坝体设计采用了当时美国刚提出的先进的试载法。

坝基设置有灌浆帷幕与排水孔，并对上游剪力带进行了灌浆加固处理。在混凝土坝施工机械和施工工艺等方面积累了成功的经验。胡佛坝对现代混凝土坝设计和施工技术的形成与发展具有重要影响。

胡佛坝是世界最早建造的高度超过 200m 的大坝，比当时最高的坝高出 85m。那时世界上几乎所有的坝都只有它一半高。其库容为 367 亿 m³，比著称于世的阿斯旺坝的库容

图 1.7　胡佛坝

大 8 倍。工程开挖量相当于巴拿马运河开挖量的 1/4。工程的规划设计工作于 1921—1928 年完成，1931 年开工，1936 年建成。在纪念建坝 20 周年时，美国土木工程师学会称此坝为现代美国土木工程七大奇迹之一。

中国现代大坝建设以三峡、二滩和小浪底工程为代表，这三座工程标志着中国大坝建设在建设技术上由追赶世界水平达到与世界水平同步。三峡水利枢纽具有防洪、发电、航运等巨大综合利用效益，拦河大坝（混凝土重力坝）最大坝高 181m；二滩混凝土双曲拱坝是上世纪亚洲第一、世界第三的高拱坝；小浪底斜心墙堆石坝最大坝高 154m，在国际国内赢得了广泛赞誉。[3]

国际大坝委员会规定[3]：坝高超过 15m，或者库容超过 300 万 m^3、坝高在 5m 以上的坝为大坝。

未来大坝建设的主要国家将为包括中国、印度、巴西、土耳其及非洲等工业化相对较晚的国家。

1.1.2　我国坝工发展现状

我国建坝历史虽久，但前期发展较慢。

根据 1950 年国际大坝委员会的统计资料，当时全球 5268 座水库大坝中，我国仅有 22 座，数量极其有限，当时我国坝工发展尚处于非常落后的阶段[3]。

新中国成立后，特别是改革开放 30 多年来我国坝工建设有了突飞猛进的发展。据不完全统计[3]，截至 2010 年年底，我国已建、在建坝高在 30m 以上的大坝共计 5564 座（同期全世界共计 13629 座，我国占 40%），其中坝高在 300m 以上大坝 1 座，200～300m 之间的大坝 13 座，150～200m 之间的大坝 30 座，100～150m 之间的大坝 141 座，30～100m 之间的大坝 5379 座。

目前，我国建坝总数及高坝数量均已跃居世界第一。在各类大坝中，我国的代表性高坝如下：

（1）混凝土坝：常态混凝土坝已建最高坝为锦屏一级混凝土双曲拱坝（坝高 305m，为世界同类最高坝），另外还有小湾双曲拱坝（坝高 292m）、溪洛渡双曲拱坝（坝高 278m）等高坝。碾压混凝土坝已建和在建共计 90 余座，已建的龙滩碾压混凝土重力坝坝高 216.5m，为世界同类最高坝。

（2）土石坝：已建的水布垭混凝土面板堆石坝最大坝高 233m，为目前世界已建面板堆石坝中的最高坝；另外还有三板溪坝（坝高 186m）、洪家渡坝（坝高 180m）等高坝。

1.1.3　世界三类已建最高坝

1.1.3.1　大狄克逊（Grand Dixence）重力坝[1]

大狄克逊坝位于瑞士狄克逊河上，建于 1953—1962 年，坝高 285m，坝顶长 695m，库容 4 亿 m³，电站装机 86.4 万 kW。该坝为目前世界最高混凝土重力坝。

1931—1935 年曾在大狄克逊坝上游 400m 处建造过一座大头坝，这就是坝高 87m 的狄克逊坝。原计划只是加高狄克逊坝，由于种种原因后决定新建大狄克逊坝，而将老坝（狄克逊坝）作为新坝的上游围堰。

坝址处河谷呈 V 形，山势陡峭。坝基为质地良好的花岗片麻岩。根据地形、地质及施工条件，曾进行堆石坝、拱坝、支墩坝和重力坝等坝型方案比较，最后选定实体重力坝方案。大坝分二期施工。大坝断面如图 1.8 所示[1]。

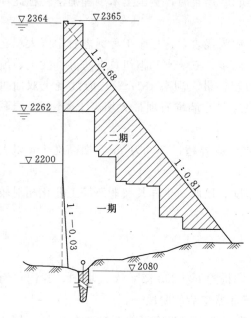

图 1.8　大狄克逊坝断面图（单位：m）

该坝采用传统的材料力学法设计，未计两岸的影响。其特点是采用分期加高的方法修建；为改善分期加高施工时坝踵应力条件，上游坝面下部采用倒坡。

1.1.3.2　英古里双曲拱坝[4]

目前世界已建的最高拱坝为我国锦屏一级水电站混凝土双曲拱坝。该坝位于四川省境内的雅砻江上，于 2014 年 11 月建成，坝高 305m，坝顶长 552.23m，坝体厚高比 0.207。在 2009 年以前，英古里混凝土双曲拱坝为世界最高拱坝。

英古里坝位于格鲁吉亚的西部德日瓦里市附近的英古里河支瓦尔峡谷内，临近土耳其边界，为目前世界上已建最高的混凝土拱坝，具有发电和防洪等综合效益。

该坝为双曲拱坝，最大坝高 271.5m，厚高比 0.29，坝顶弧长 758m，总库容 11.1 亿 m³。地下厂房装机 5 台，单机容量 26 万 kW，另在尾水渠上建 4 座电站（总装机 34 万 kW），总装机容量 164 万 kW。建于 1965—1982 年。

该坝坝址为不对称峡谷，坝基地质条件复杂，由各种裂隙发育的石灰岩、白云质石灰岩等构成，在右坝肩下约 100m 处分布有派生构造断裂斜断层，地震烈度为 8 度。大坝横剖面及上游立视图分别如图 1.9、图 1.10 所示[4]。

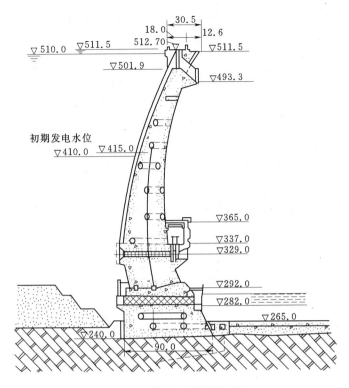

图 1.9 英古里坝横剖面图

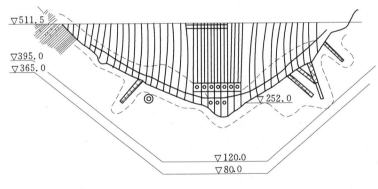

图 1.10 英古里坝上游立视图

英古里坝的主要设计特点包括：

（1）该坝采用周边缝结构。通过拱座均匀扩散坝基（肩）应力，从而改善坝体地震应力分布状况，并减少地基产生裂缝的可能性。周边缝采用三道止水，其材料均为紫铜片。

（2）为了使坝在地震计算烈度作用下具有近似弹性变形，设计了一种独特的结构：在坝上部 1/4 处设有穿过横缝的抗震钢筋网（跨缝水平钢筋＋垂直钢筋）。

（3）为了消除基础塑性变形，在坝下游两岸的底部设计了混凝土板和设置预应力锚筋等加固设施。

（4）为了抵消由于坝体施工和水库蓄水引起右岸断层区产生的水平位移，在断层垫座上设置了两组浇筑缝（大致沿断面走向的缝＋与坝中心面平行方向的缝），两组缝均延伸至垫座高度的一半处。

1.1.3.3　努列克心墙坝[4]

努列克坝位于塔吉克斯坦的瓦赫什河中游。水库库容为 10.5 亿 m³，电站装机容量为 270 万 kW（9 台 30 万 kW）。除了发电外，还有灌溉效益。工程于 1961 年开工，1980 年建成。坝址地形为峡谷状，深达 300m 以上，河床宽 40m，河床冲积层厚 13～20m。大坝建在多发性强震区，地震基本烈度为 9 度。

努列克心墙土石坝最大坝高为 300m，坝顶长 744m，坝顶宽 20m，上游坝坡 1：2.25，下游坝坡 1：2.2，直心墙迎水坡为 1：0.25，背水坡为 1：0.27。坝体总体积为 5800 万 m³。该坝为目前世界最高土石坝。大坝剖面如图 1.11 所示[4]。

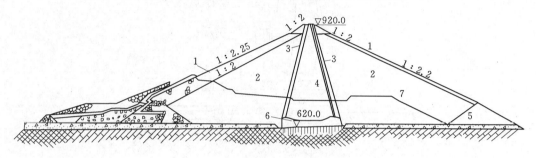

图 1.11　努列克坝横剖面图
1—堆石压坡体；2—坝壳堆石；3—反滤层；4—心墙；5—堆石护脚；
6—混凝土垫座；7——期堆筑线

努列克坝的主要设计特点如下：

（1）心墙基础面设置混凝土垫座，长 157m，河床处宽 23m，两岸处宽 30～60m，垫座表面覆盖两层土工膜，垫座内布置 4.2m×3.8m 的灌浆及检查廊道。

（2）心墙与下游坝壳之间设两层反滤。

（3）心墙料为壤土、砂壤土及小于 200mm 碎石的混合料；反滤料由天然砾卵石混合物由过筛加工制成；坝壳料用天然砾卵石混合料，粗卵石含量平均 20％～25％，最大粒径 500～600mm；压坡料为平均粒径 400～700mm 的毛石。

（4）抗震措施：

1）大坝上游坝体内部高程 855m、876m 和 894m 各设一层加筋抗震层，以缓和、吸收最危险地震可能引起的坝内切向应力。

2）在较高的 912m 高程处，也设加筋抗震层并将上下游大坝坝体结合在一起。

1.1.3.4　世界上设计最高的土石坝：罗贡斜心墙坝[4]

罗贡斜心墙坝也位于塔吉克斯坦境内的瓦赫什河上，在努列克坝上游约 70km 处。水库总库容 130 亿 m³，具有灌溉和发电等综合效益。

大坝为黏土斜心墙土石坝，设计最大坝高 335m，坝顶长 660m，顶宽 20m，底宽 1500m，坝体体积 7550 万 m³。左岸地下厂房装机 6 台，总装机 360 万 kW。

坝址基岩为砂岩、粉砂岩和泥板岩，地震烈度为 9 度。

大坝于1975年开工，由于苏联解体、阿富汗战争及泥石流灾害等因素影响，至今未建成。大坝设计剖面如图1.12所示[4]。

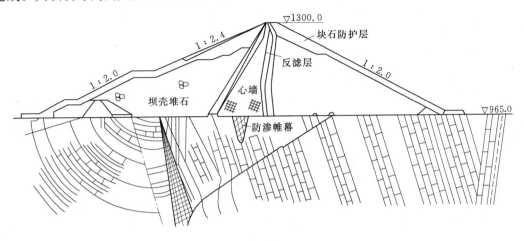

图1.12 罗贡坝设计剖面图（单位：m）

1.2 坝工技术的发展现状及发展趋势

1.2.1 我国坝工技术发展进程

根据1950年国际大坝委员会的统计资料，当时全世界5268座水库大坝中，中国仅有22座，说明当时我国坝工技术发展尚处于非常落后的阶段[3]。

1951—1977年，世界其他国家平均每年建坝335座，中国为420座。1982年国际大坝委员会统计，全世界15m以上大坝为34798座，中国为18595座，占总数的53.4%，居世界首位。1983—1986年，全世界建坝速度下降，每年只有209座建成，中国下降得更多，只有56座。1986年底统计，全世界大坝共有36226座，中国有18820座，占52%，仍居世界首位。从1990年开始，全世界在建大坝每年在1100～1700座之间，中国在250～310座之间，约占1/5～1/4。全世界每年完建的大坝为199～368座，中国为72～153座。1994年以后，情况稍有变化，即1994年前中国始终居第一位，土耳其和日本分别为第二、三位。此后1995年印度跃居第一位，有650座，中国（280座）和土耳其（145座）分列第二、三位[2]。

我国坝工技术的发展大致经历了以下四个阶段[2]：

第一阶段：1950—1957年发展初期，从治淮起步，根治海河、开始治黄。比较著名的大坝在北方有永定河的官厅土坝（坝高46m）、淮河北支流有白沙（坝高47.82m）、薄山（坝高48.4m）、南湾（坝高35m）等土坝，淮河南支流有佛子岭（坝高74.4m）、梅山连拱坝（高88m）、响洪甸重力拱坝（高87.5m）和磨子潭支墩坝（高82m）等。在海河流域各支流上也开始建设。1955年黄河流域开发规划完成，首批开工的有三门峡重力坝（坝高106m）。

第二阶段：1958—1966年进入高速发展时期，全国基本建设全面展开。特别是中小型坝建设，因各地积极投入，数量猛增，大型工程比较著名的有黄河刘家峡重力坝（坝高147m）、新丰江支墩坝（高 105m）、新安江水电站重力坝（坝高 105m）、云峰重力坝（高114m）、流溪河拱坝（坝高 78m）、以礼河一级水电站的毛家村土坝（高 82m）等。1963年 8 月海河特大洪水，许多水库工程经历了严重考验。

第三阶段：1967—1986 年属十年动乱和拨乱反正时期，建坝速度降低，但重视工程质量，特别是后期实行了开放政策，技术上有明显提高。这一阶段兴建的大坝有：龙羊峡（坝高 178m）、乌江渡拱形重力坝（坝高 165m）、白山重力拱坝（坝高 149m）、湖南镇支墩坝（坝高 129m）、龚嘴重力坝（坝高 86m）、凤滩重力拱坝（坝高 113m）、石头河土石坝（坝高 105m）、碧口土石坝（坝高 102m）等，最大的长江葛洲坝水电站（坝高 48m）也在此时完成，装机 272 万 kW，此外，还完成了群英砌石重力坝（坝高 101m）。1975 年8 月，河南淮河上游特大洪水，造成了两座大型水库失事，取得了宝贵经验教训。

第四阶段：1987 年至今属巩固和技术大发展时期。在改革开放国民经济高速发展阶段，大坝建设速度显著回升，新坝型出现而且迅速发展。一些达到世界先进水平的大坝工程陆续开工，完成了一大批高坝和大型水电站，包括安康重力坝（坝高 120m）、紧水滩拱坝（坝高102m）、东江拱坝（坝高 155m）、东风拱坝（坝高 168m）、隔河岩拱坝（坝高 151m）、漫湾重力坝（坝高 132m）、鲁布革土石坝（坝高 101m）等。举世瞩目的三峡水利枢纽（坝高181m，装机 1820 万 kW），最高的二滩拱坝（坝高 240m，装机 330 万 kW）和小浪底水利枢纽土石坝（坝高 154m，装机 180 万 kW）等也都是在这一时期陆续开工建设的。

目前国内外工程界普遍认为，碾压混凝土坝和混凝土面板堆石坝是最有前途和富有竞争力的两种坝型。从 20 世纪 80 年代以来，这两种坝型在全世界范围内尤其是在我国得到了迅速发展。因本教材另有两章将详述这两种坝型的筑坝技术，故在此仅作一般性介绍。

（1）碾压混凝土坝筑坝技术[2,3,5]。碾压混凝土坝是从国外引进并在近 20 年内得到迅速发展的一种坝型。它具有水泥用量少、施工速度快、工期短、造价低等优点，在适合建设混凝土坝的坝址，基本上都研究和比较了碾压混凝土坝型。

1978 年以来，我国就开始进行碾压混凝土施工工艺的研究，吸取了美国、日本等国的经验，在福建沙溪口，厦门机场、葛洲坝船闸等工程做了试块，1984 年在福建坑口开始全碾压混凝土重力坝建设，该坝高 58m，上游面用沥青砂浆防渗，于 1986 年建成，随后在国内逐渐铺开，铜街子、岩滩、水口等 10 余项工程相继用碾压混凝土筑坝[2]。经过各方面共同努力攻关，在贵州 75m 高的普定拱坝设计和施工中，初步建立了有我国特色的碾压混凝土筑坝技术。该坝工程质量优良，自 1993 年建成后，至今基本无渗漏。此后，经过江垭、汾河二库、棉花滩、大朝山、沙牌、百色等工程的进一步实践、探索和创新，我国的碾压混凝土筑坝技术已日趋成熟，在不少方面已位于国际前列。到目前，已建和在建碾压混凝土坝约有 150 余座。已建的红水河龙滩碾压混凝土重力坝，坝高 216.5m，坝体混凝土总量达 700 万 m³，其中碾压混凝土约占 65%，是目前世界上最高和体积最大的碾压混凝土重力坝。龙滩碾压混凝土重力坝工程 2007 年作为中国代表荣获国际碾压混凝土工程里程碑奖。沙牌碾压混凝土拱坝（坝高 132m），是目前世界已建的最高碾压混凝土拱坝，它经受住了 2008 年 5 月 12 日汶川地震的严峻考验，在国际坝工界具有里程碑意义，作为碾压混凝土高拱坝的代表，为碾压混凝土筑坝技术的进一步推广应用起到了新的推动作用[3]。

(2) 混凝土面板堆石坝筑坝技术[2,3,6]。这种坝型早在19世纪末即已出现，20世纪30年代越建越多，但由于碾压设备限制，沉陷量难于控制，至50年代即处于停滞状态。后由于振动碾的出现，解决了压实和大沉陷量等问题，至70年代又得以迅速发展[2]。

与传统黏土心墙堆石坝相比，混凝土面板堆石坝具有投资省、工期短、安全可靠、就地取材、施工方便、导流简易、适应性广等优点，具有很强的竞争力和生命力，应用范围甚广。

我国以现代技术修建混凝土面板堆石坝始于1985年。最早开工建设的是西北口水库大坝，坝高95m，1990年建成；而第一座完工的是辽宁关门山水库大坝，坝高58.5m。基于在设计与施工技术、抗震安全、软岩筑坝、超硬岩筑坝、狭窄河谷高陡边坡条件下筑坝、深厚覆盖层上筑坝、高寒与高海拔地区筑坝等方面的关键技术研究和工程实践，混凝土面板堆石坝在我国得到了快速发展，目前我国混凝土面板堆石坝技术已跻身世界先进水平行列，积累了较丰富的设计、施工和运行监测经验[3]。

到目前，我国已建和在建的混凝土面板堆石坝已达200余座，其中坝高在100m以上的有50余座。代表性工程有水布垭（坝高233m）、江坪河（坝高221m）、三板溪（坝高186m）、洪家渡（坝高179.5m）、天生桥一级（坝高178m）、滩坑（坝高162m）、紫坪铺（坝高156m）等。紫坪铺面板坝经受住了2008年5月12日汶川地震的严峻考验，在国际坝工界具有里程碑意义[3]。

水布垭混凝土面板堆石坝为目前世界上最高的混凝土面板堆石坝。水布垭水利枢纽工程位于清江中游的巴东县水布垭镇，上游距恩施市117km，下游距清江第二梯级隔河岩电站92km，距清江入长江口153km，是以发电为主，并兼顾防洪、航运等功能的清江干流三级开发的龙头水利枢纽。水库正常蓄水位400m，相应库容43.12亿 m³，总库容45.8亿 m³，装机容量1840MW。坝顶高程409m，坝轴线长670m，最大坝高233m，坝顶宽12m。大坝填筑量包括上游铺盖在内共计1526万 m³。面板厚0.3~1.1m，受压区面板宽16.0m，受拉区宽8.0m，面板面积共计13.84万 m²。

1.2.2 坝工技术发展现状

三峡重力坝、二滩拱坝、水布垭面板堆石坝等一批高坝的成功建设，标志我国在以下关键筑坝技术方面取得了突破性进展[7]：

(1) 大体积混凝土坝及土石坝结构仿真分析、材料选择、施工技术等取得突破性进展。

(2) 坝型比较研究取得新进展，混凝土面板堆石坝和碾压混凝土坝两种新坝型得到重点推广应用，可使大坝建设更安全、更经济、施工进度更快。

(3) 在各种复杂条件（地质、气候等）下建设了大批高坝工程，筑坝技术日益成熟，如小湾高拱坝、溪洛渡高拱坝、紫坪铺高面板坝等都建在高地震烈度区，新疆克孜尔大坝则建在活断层上，这些大坝都取得成功。

(4) 各类坝型的地质勘探技术、导截流技术、地下工程施工技术、筑坝材料、安全监测、泥沙管理等关键技术研究方面也取得了丰硕成果。

具体来说，坝工技术发展的成就主要体现在以下几个方面[8]：

（1）在工程地质勘测方面，最新开发了以查明岩体中软弱结构面为核心的工程地质勘测技术。物探、钻孔电视和摄像摄影技术在工程勘测中得到越来越广泛的应用，减少了重型勘探工程量、提高了地质预测的准确性。在收集和分析国、内外岩土工程试验资料的基础上，建立了完善的岩土工程分类标准和强度、变形参数等数据库并在工程设计中推广应用。

（2）在坝工建设方面，根据地形地质和水文气象等自然条件，因地制宜，修建了各种类型的高坝。在这些高坝的建设中，研究和解决了复杂地基的处理问题，泄洪消能和防冲保护问题、大坝结构应力应变分析问题，施工机械化和高强度连续施工的问题。在坝工设计和施工中，计算机辅助设计系统和管理系统得到愈来愈广泛的应用。

（3）在筑坝材料的选择上，优先分析论证坝区天然建筑材料和建筑物开挖料的可利用性，同时，研究并开发了适用于各种环境条件和结构需要的新型建材，如特种混凝土、碾压混凝土、氧化镁混凝土、碎石混凝土和混凝土外加剂等新型建筑材料、使得坝型选择和结构设计更加多样化，适应性更好，因而也更加经济合理和安全可靠。

（4）施工技术在实践中也不断创新和发展。大流量、高落差条件下的抛石立堵截流技术、深厚覆盖层地基混凝土截水墙施工技术、高压旋喷灌浆防渗技术、岩体及混凝土裂缝化学灌浆技术、滑模连续浇筑混凝土技术、混凝土温度控制技术、岩石开挖控制爆破技术、边坡及地下工程喷锚支护技术、大吨位长锚索施工技术、重大构件吊装技术等在大、中型工程建设中得到应用。随着生产和科技的发展，施工机械化程度也得到了普遍的提高。近 20 年来，在大、中型水力发电工程中，土石方开挖、土石方填筑、混凝土浇筑都采用了综合性机械化作业，大大减少了工日投入，减轻了工人的劳动强度。

（5）到目前，我国混凝土面板堆石坝技术，已跻身世界先进水平行列。积累了较丰富的设计、施工和运行监测经验。设计、科研和施工人员根据各工程的具体条件，较为成功地解决了各种复杂条件下的枢纽布置、坝体体型、趾板结构、接缝止水、堆石体材料、应力及变形、面板混凝土施工工艺、混凝土配合比、泄洪和导流等关键技术难题；并且通过总结，逐步提高了勘测设计、科研和施工技术水平，为迎接更多和更大规模的混凝土面板堆石坝建设打下了坚实的基础。尤其值得提到的是，近 10 年间，我们积极探索在软岩地基或深厚覆盖层地基上直接修建混凝土面板堆石坝，进行了大量的科学研究并在云南柴石滩、湖北小溪口以及浙江的珊溪等工程中取得了初步经验。可以相信，随着此项关键技术问题的研究和解决，混凝土面板堆石坝必将取得更加广阔的应用前景。

（6）我国的碾压混凝土筑坝技术，在吸收国外先进技术的基础上，有所进步、有所发展、有所创新，形成了具有中国特色的碾压混凝土筑坝技术。这就是从枢纽布置和坝体结构设计上尽量扩大坝体采用碾压混凝土的范围；选择适合坝址地形、地质条件的坝型，将碾压混凝土筑坝技术不仅应用到重力坝和重力拱坝，而且应用到拱坝和薄拱坝，并有所改进和发展；坝体碾压混凝土配合比采用少水泥、高掺和料和复合型外加剂，改善了碾压混凝土工作性能和耐久性；用改性混凝土替代坝体中部分常态混凝土，避免了两类混凝土施工上的矛盾，使结合部位的质量更有保证；碾压混凝土采用大仓面、短间歇、薄层连续浇筑工艺，层面处理工艺成熟，加快了施工速度。除此之外，碾压混凝土坝中分缝和设孔技术，斜层平摊铺筑技术，施工质量控制技术等在工程实践中均得到成功应用。这些成熟和宝贵的经验对 21 世纪的中国乃至全球继续发展碾压混凝土筑坝技术将起到十分重要的指导和推进作用。

1.2.3 坝工技术发展趋势

大坝将越建越高,工程规模将越来越大,建设条件将越来越复杂,这是坝工发展的基本趋势。与此相应,坝工技术发展的主要趋势包括[8]:

(1)以常规混凝土坝和土石坝的设计思想为基础,根据坝址水文、气象、地形、地质、当地建筑材料和施工条件,借助日益先进的结构设计计算手段和物理模型试验,进一步研究、开发能适应复杂条件的新的枢纽布置方案、新的坝型和新的结构型式。其中,混凝土面板堆石坝和碾压混凝土坝筑坝技术将得到日益广泛地推广应用,技术水平将不断提高。

(2)新材料、新技术将被更广泛地应用,以适应建设条件(地形、地质、水文、施工等)逐渐恶化、环境保护及移民安置等的新要求。

1.3 高 坝 典 型 事 故

1.3.1 溃坝事故[9-12]

我国目前已建成水库98000余座,这些水库在防洪、发电、灌溉、供水、航运和渔业等方面发挥了极其重要的作用,为国民经济发展和保障人民群众的生命财产安全作出了重要贡献。然而,由于受到人为因素和自然因素的影响,水库溃坝事故时有发生。水坝溃决给下游带来的损失,比其他任何工程的失事都严重得多。由于水坝的高度与数量、库容的大小以及下游人口的密集程度都今非昔比,现代水坝失事的后果将更加严重。因此,近年来,水坝失事与安全问题更加引起许多国家的普遍关注。

我国是世界建坝数量最多的国家,积累了许多水坝建设与运行的经验,但与建坝技术较先进的国家相比,还存在有许多水坝不安全的因素,出现过各种水坝失事。特别是1975年8月河南大水之后,水坝的失事与安全问题更加引起了国家与社会的关注。统计分析表明[9],从1954—2003年的50年中,我国各类水库发生溃坝失事共计3481座,平均年溃坝率大大高于世界平均水平。统计分析结果分别见图1.13和表1.1[9]。

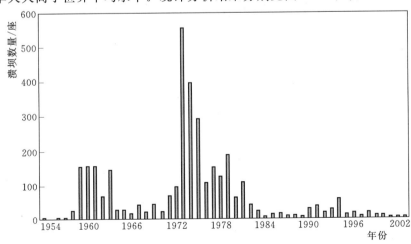

图1.13 1954—2003年中国(除香港、澳门、台湾)溃坝数量

13

表 1.1　　　　　　　　　　　中国与世界部分国家的溃坝率比较

世界或国家	发　布　部　门	溃坝数/座	大坝总数/座	时间/年	比例/[1/(年·座)]
美国	Gruner	33	1764	40	5×10^{-4}
	Post 1940 dams	12	3100	14	3×10^{-4}
	美国大坝委员会 USCOLD	74	4914	23	7×10^{-4}
	美国垦务局	1	4500		2×10^{-4}
	(Mark Stuart Alexander, 1977)	125	7500	40	4×10^{-4}
世界	Middlebrooks	9	7833	6	2×10^{-4}
西班牙	Gruner	150	1620	145	6×10^{-4}
中国	南京水利科学研究院	3462	85120	47	8.65×10^{-4}
	中国水利水电科学研究院	3481	85153	50	8.18×10^{-4}

20 世纪 80 年代以后，尽管我国政府加强了大坝安全管理工作，溃坝率明显下降，但仍有造成重大人员伤亡的垮坝灾难发生。例如，1993 年 8 月，青海沟后小（1）型水库垮坝，近 300 人丧生，1000 多人受伤；2001 年 10 月，四川大路沟小（1）型水库垮坝，伤亡人员近 40 人；2005 年 7 月 21 日，云南省昭通市彝良县七仙湖小（2）型水库垮坝，造成 16 人死亡。

长期以来，坝工界和坝工专家为探讨水坝失事的原因，曾进行过大量的统计与分析工作。由于水坝失事与坝高、坝型、坝龄以及坝址所在地理位置等因素有关，因此对不同时期、不同地区范围、不同型式的水坝所做的分析就不尽相同。大坝溃坝的原因是多种多样的，不同大坝的溃坝模式也不同。根据最新的溃坝资料分析，我国已溃坝的主要模式可概括为洪水漫顶、各种质量原因引起的溃坝、管理不当及其他原因引起的溃坝。其中，由于防洪标准不足而引起的漫顶是最主要的溃坝模式，共有 1737 座，所占比例为 50.2%，近年有所增加，已占 63%；其次是大坝质量的破坏（如坝基的渗流、滑坡、溢洪道、坝下埋管等），共有 1205 座，占 34.8%；此外还包括因管理不善、地震和其他形式引起的溃坝。我国大坝主要溃坝模式及其原因的统计结果见表 1.2[10]。

表 1.2　　　　　　　　　我国大坝主要溃坝模式及其原因统计表

主要溃坝模式	溃坝原因	数量/座	比例/%	平均溃坝率	备　　注
漫顶	超标准洪水	437	12.6	1.0996×10^{-4}	漫顶 1737 座，比例为 50.2%，年平均溃坝率为 4.391×10^{-4}
	泄洪能力不足	1305	37.6	3.2912×10^{-4}	
大坝质量遭受破坏	坝体坝基渗流	702	20.2	1.772×10^{-4}	由质量问题引起的溃坝事故为 1205 座，占 34.8%，年平均溃坝率为 3.083×10^{-4}
	坝体滑坡	111	3.2	0.2781×10^{-4}	
	溢洪道	210	6	0.5258×10^{-4}	
	泄洪洞	5	0.1	0.0126×10^{-4}	
	涵洞	168	4.9		
	坝体坍塌	15	0.4	0.0329×10^{-4}	
管理	管理不当	190	5.3	0.4676×10^{-4}	包括无人管理，超蓄、维护运行不当，溢洪道筑堰等

续表

主要溃坝模式	溃坝原因	数量/座	比例/%	平均溃坝率	备　注
其他	其他原因	220	6.1	0.5359×10^{-4}	人工扒口、近坝库岸滑坡、溢洪道堵塞、工程布置不当
总计		3363		8.75×10^{-4}	

青海沟后水库混凝土面板砂砾石坝溃坝事故介绍如下[11,12]。

沟后水库位于青海省海南藏族自治州共和县境内，在黄河支流恰卜恰河上游，坝址距共和县城 13km。大坝为钢筋混凝土面板砂砾石坝典型横剖面如图 1.14 所示[12]。

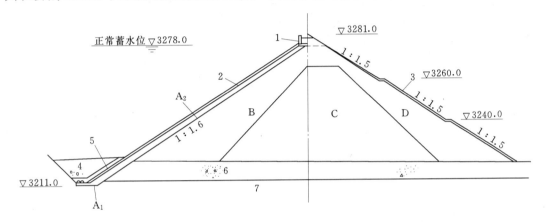

图 1.14　沟后坝典型剖面图

1—防浪墙；2—钢筋混凝土面板；3—干砌石护坡；4—任意料；5—黏土防渗；
6—河床砂砾石；7—花岗闪长岩；A_1、A_2、B、C、D—堆石分区

沟后水库混凝土面板砂砾石坝最大坝高 71m，坝顶长 265m，坝顶宽 7m。设计、校核洪水位和正常蓄水位均为 3278m，汛限水位为 3276.72m，水库总库容为 330 万 m^3，为Ⅳ等小（1）型工程，大坝提高至按 3 级建筑物设计。上下游坝坡分别为 1:1.6 和 1:1.5，坝顶设有防浪墙，墙高 5m。沟后水库自 1989 年 8 月建成蓄水运行 3 年以来，发挥了很好的效益。

坝址河床为洪积、冲积砂砾石覆盖层，最大厚度约 13m。原设计将坝基上游 1/3 范围内的覆盖层挖至基岩，再填筑坝体。在施工中，进行覆盖层探坑试验，认为覆盖层具有充分的透水性和密实性，级配良好，决定仅将趾板与垫层区的覆盖层挖除，坝基范围内其余部分不再挖除。趾板基岩进行固结和帷幕灌浆。初步设计中定为开采爆破石料填筑，但开工后，鉴于开采、运输等困难，改用天然砂砾石料（距坝址 3.5km 的下游右岸阶地上）。但并未为此在坝内设置专门排水设施，而依靠自身砂砾石排水。

1993 年 8 月，库水位在较长的时间内处在高水位运行。8 月 27 日 23 时左右，在水位达到 3277.25m（低于正蓄水位 0.75m）时，大坝溃决。当时库内蓄水近 300 万 m^3，冲开坝体 60 多 m，库水从 40 多 m 高处跌落，扫荡了恰卜恰河滩地区，冲毁大片农田、房舍、铺面，死亡 300 余人，尚有多人下落不明。

溃坝时的标志：先发出巨大的似闷雷响声，接着看到坝坡上部火光、滚石声（护坡块

石沿坝坡高速滚落、碰撞），然后看到坝上喷出水雾（库水从决口处沿 1∶1.5 的陡坡大量涌出）。大坝溃决轮廓如图 1.15 所示[12]，溃坝 9d 后实测坝体浸润线位置及溃口左侧坝体形成的管涌洞如图 1.16 所示[12]，沟后水库坝顶水平止水结构设计如图 1.17 所示[12]，防浪墙上游水平趾板与面板之间水平缝内 PVC 施工连接现状如图 1.18 所示[12]。

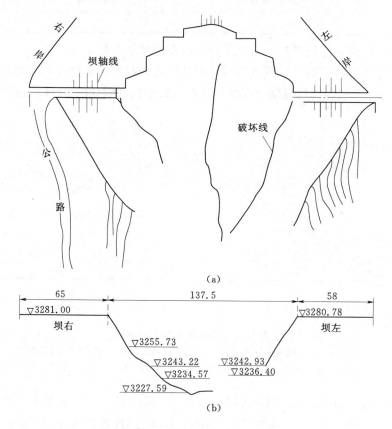

图 1.15 大坝溃决轮廓示意图（单位：m）

(a) 溃坝平面；(b) 溃坝坝轴线断面

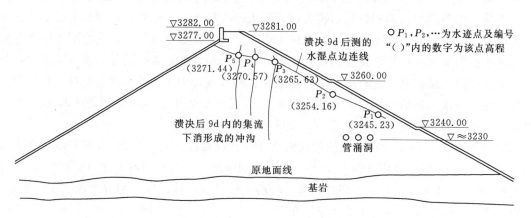

图 1.16 溃坝 9d 后实测坝体浸润线位置及溃口左侧坝体形成的管涌洞

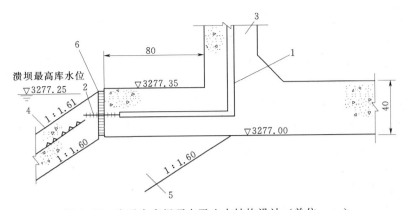

图 1.17　沟后水库坝顶水平止水结构设计（单位：cm）

1—防浪墙止水带；2—水平缝橡胶止水带；3—防浪墙；4—混凝土面板；5—垫层；6—沥青松木条填塞

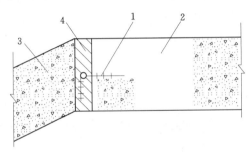

图 1.18　防浪墙上游水平趾板与面板之间水平缝内 PVC 施工连接现状

1—水平缝内 PVC 止水部分施工现状；2—防浪墙上游水平趾板；3—面板；4—松木沥青条填塞

失事后，水利部组织专家对沟后水库溃坝原因进行了专门的调查分析。调查分析后得出的基本结论是[11]：沟后水库溃坝主要是由于钢筋混凝土面板漏水和坝体排水不畅造成的。具体原因如下[11]：

（1）面板漏水的原因。包括：①混凝土面板有贯穿性的蜂窝；②面板分缝之间有的止水与混凝土连接不好，有的甚至已脱落，有的紫铜片止水的周围有明显的蜂窝混凝土；③防浪墙上游水平防渗板与面板之间的水平缝只设一道橡胶止水片，而且有的部位只按搭接敷设，有的部位并未嵌入混凝土中；④防浪墙上游水平防渗板在施工后就发生裂缝，仅采用简单抹砂浆的表面处理方法，未达到堵漏效果。

（2）坝体排水不畅的原因。从坝体设计断面上看，虽然设有四个分区，但从溃口两侧坝体检查情况可见，分区不明显，未设排水设施，大坝实际为"均质"砂砾石面板坝。从坝料级配情况可以看出，其填筑体的渗透性不够好。

水库经过 45d 高水位运行，从面板渗过来的水越来越多，而坝体中又没有设置排水，渗水排不出去，使坝体逐步饱和及浸润线不断抬高。在现场见到，溃坝十几天以后，溃口两侧残留的坝体中仍有渗水不断溢出，可见溃坝浸润线是很高的。由于这些原因，降低了坝体的强度和稳定性。据初步计算，在坝体稳定性最差的部位（坝的上部），其稳定安全系数已小于 1，坝体是不稳定的。因此，在这里首先产生滑坡，随着溃口水流冲刷，其范围迅速扩大，从而使混凝土面板因失去支撑而断裂，水流随即涌出将大坝冲决。现场调查中还发现，目前残留的那部分坝体虽然还没有产生滑动破坏，但有些部位已有移动的痕迹，这是坝体稳定性不足的又一个佐证。

沟后水库溃坝的主要经验教训如下[12]：

（1）面板止水结构及面板混凝土的设计与施工质量必须同时保证，它们是面板坝防渗的安全防线。

（2）如防浪墙要设计成永久挡水结构，则必须对其与面板顶部的分缝止水结构以及坝体竣工后的其变形适应性，进行精心设计，并确保施工质量。

（3）砂砾石面板坝在垫层后必须设置可靠的细砾石排水层，并将其作为保证大坝稳定的一道安全防线。

1.3.2　库岸滑坡[4,13]

水库内外岸坡岩体的稳定，取决于岩体是否存在不利的构造断裂，以及岩体断裂的产状等。水库蓄水后，水位的变化和地表水的渗入也会引起岩体抗滑能力下降，促使岩层由蠕动而滑崩。最为典型的事例是意大利的瓦依昂双曲拱坝，因水库左岸发生巨大岩体滑坡，水库瞬时被填满，造成巨大的人员和财产损失，成为人类建坝以来最悲惨的一次库岸滑坡事件。

意大利瓦依昂双曲拱坝，最大坝高261.6m，厚高比为0.086，坝址处河谷宽高比为0.725。大坝下游立视及横剖面如图1.19所示[13]。坝基基岩为石灰岩，分布有薄层泥灰岩

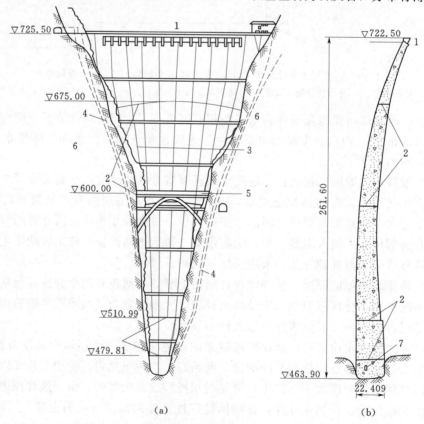

（a）　　　　　　　　　　　　（b）

图1.19　瓦依昂坝下游立视及横剖面图（单位：m）

（a）下游立视图；（b）横剖面图

1—坝顶溢洪道；2—水平缝；3—横缝；4—周边缝；5—坝后桥；6—白云质石灰岩；7—灌浆廊道

和夹泥层，岩石节理裂隙发育，岸边岩层倾向河床。该坝建成 3 年后，库岸发生大规模的滑坡事故。1957 年施工时发现紧靠拱坝左肩岸坡不稳定。1960 年 2 月水库开始蓄水，10 月初，库水位到高程 635m 时，左岸地面出现长达 1.80～2.0km 的裂缝，形状如"M"形，包围面积有 2km²，并有局部崩塌，崩塌量为 70 万 m³。当时采取措施是限制水库蓄水位，并于 1961 年在右岸开挖 1 条放水洞，洞径为 4.5km，长 2km，进口设在大范围蠕动区的上游。放水洞施工期控制库水位在高程 585～600m 之间。经过 3 年时间岩体缓慢蠕变，到 1963 年 4 月，由 2 号测点测得的总位移量达到 338cm，9 月 25 日前后 14d 的日位移量平均为 1.5cm，9 月 28 日—10 月 9 日水库上游连续大雨，库水位壅高并引起两岸地下水水位升高。10 月 7 日由 2 号测点测得总位移为 429cm，最后的 12d 位移达到了58cm，平均位移速度达到 4.8cm/d。1963 年 10 月 9 日，岸坡下滑速度增加到 25cm/d，当晚 22 时 41 分左岸坡突然发生整体滑落，范围长 2.0km，宽 1.6km，在"M"形裂缝圈定的滑坡体总方量为 2.7 亿 m³，这样将坝前 1.8km 长的库段在 30～45s 时间内全部淤满，淤积体高出库水面 150m，在发生滑坡时涌浪高达 250m，下泄洪水流速达 280km/h，约有 1.15 亿 m³ 的库水被掀起，在离坝址 1.4km 的瓦依昂峡谷出口处波浪立高还达到 70m。滑动体内质点下滑运动速度为 15～30m/s，造成对岸朗格罗尼镇和附近 5 个村庄全部冲毁，死亡 2600 余人。滑坡引起涌浪时对拱坝形成约为 4000 万 kN 的动荷载，据称相当于8 倍的设计荷载。但由于坝体安全性设计富有较大的余度，在两岸坝肩进行过锚固和灌浆处理，大坝施工质量也较好，因此遭遇如此巨大的荷载冲击，基本上未发生重大破坏，仅在左坝肩坝顶上有一段长约 9m、高约 1.5m 的范围有损坏。滑坡事故使大坝工程全部报废。瓦依昂坝水库左岸滑坡前后的地形地貌如图 1.20 所示[4]。

根据各方面专家分析，瓦依昂坝左岸滑坡的主要原因如下[4,13]：

（1）由于两岸岩层分布的卸荷裂隙与层面裂隙和构造断裂的互相交错切割，构成了滑动面。如图 1.21 所示[13]。

（2）长期多次岩溶活动使库岸地下孔洞和表面落水洞发育，地下水循环作用加强，引起泥灰岩和夹泥层的软化，特别是在水库蓄水后，改变了原有的水文地质环境，这种软化作用可在较短时间内发生，使其强度急剧降低。

（3）在滑坡前一段时间内降雨集中，增大库岸的浮托效应，减小岩体的抗滑阻力。

（4）滑坡区内上部岩层倾向河床，倾角为 33°，下部又受河水多年冲刷致使失去了稳定的支撑，当滑动面抗力受损减小后，库岸岩体巨大位能迅速转为动能，使缓慢的蠕变转化成瞬时高速滑落，如图 1.22 所示[13]。

该坝水库库岸滑坡事故说明，地质勘探、地质调查、库岸边坡稳定处理设计及运行期监测和预警系统设计等都是十分重要的。

1.3.3 坝体严重裂缝[13]

柯恩布莱因拱坝位于奥地利南部马尔塔河上，于 1977 年建成，是欧洲目前在运行中的最高的一座双曲薄拱坝。坝高 200m，坝顶长度 626m，坝顶厚 7.6m，坝底厚 36m，厚高比 0.18，两岸坝座处最大厚度 42m，坝体混凝土量为 160 万 m³。水库有效库容 2.0 亿 m³，正常蓄水位 1902.0m，最低运行水位 1750.0m。拱坝坐落在东阿尔卑斯山中部的花岗片麻岩上。河谷呈 U 形，谷底宽约 150m，两岸岸坡平整；右岸坝座坡度约 40°，与

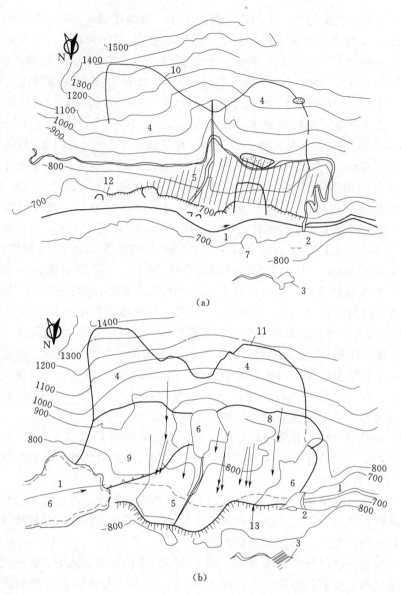

图 1.20　瓦依昂坝水库左岸滑坡前后地形地貌图

（a）滑坡前；（b）滑坡后

1—瓦依昂河；2—大坝；3—凯索村；4—托克山坡；5—冲沟；6—残存水库；7—1960 年滑坡区；

8—大滑坡南缘；9—上冲线；10—"M"形裂缝；11—1963 年边界裂隙；

12—滑坡前陡壁；13—滑坡后陡壁（箭头为滑动方向）

河床部位一起由大块片麻岩构成，山顶高出坝顶数百米；左岸坝座坡度约 38°，由层状片麻岩组成，在坝顶高程处有个平坦阶地。坝基地质及坝体布置如图 1.23 所示[13]。

　　1978 年，当水库水位达到 1860m 以上时，出现以下不正常现象[13]：

　　（1）在大坝的中部，最高坝块（13～19 坝段）下的扬压力接近库内全水头水位，其作用范围扩大到坝基约 1/3 宽。

　　（2）由于扬压力增高促使下游坝趾的垂直变位改变方向，监测显示：在初始下沉后有

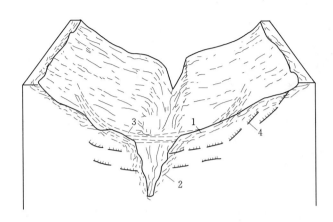

图 1.21　瓦依昂河谷两组卸荷节理

1—老卸荷节理；2—新卸荷节理；3—古冰川河谷；4—左滑坡和成层构造断裂

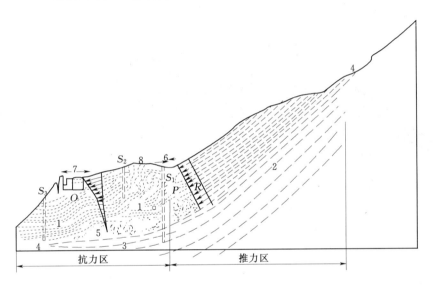

图 1.22　缪勒提供的滑坡西区示意图

1—岩层产状；2—推力为主的椅背区；3—阻力为主的椅座区；4—可能滑动面；
5—逐渐破坏区；6—受压区；7—受拉区；8—波扎平地；$S_1 \sim S_3$—1961 年钻孔

上抬的趋势。

（3）排水孔中渗流增加，当蓄水到最高水位以下 10m（1892m）时，渗漏量达 200L/s。

根据仪器的记录和观察结果分析，得出的结论是[13]：在上游坝踵附近有一受拉区在发展，灌浆帷幕已遭到破坏。随后（1979 年春）放空水库检查，发现上游坝踵先后出现深度为 8～9m 的垂直裂缝和贯穿到基础的斜裂缝，裂缝从基础中部开始，逐步发展到上游面，上游坝基以上 18m 处的裂缝长度达 100m。坝基扬压力上升至全水头，大坝失去原有的承载能力。裂缝分布情况如图 1.24 所示[13]。

针对这一现象，1979—1981 年采取的补救措施为灌浆和冰冻防渗处理，由于该处理

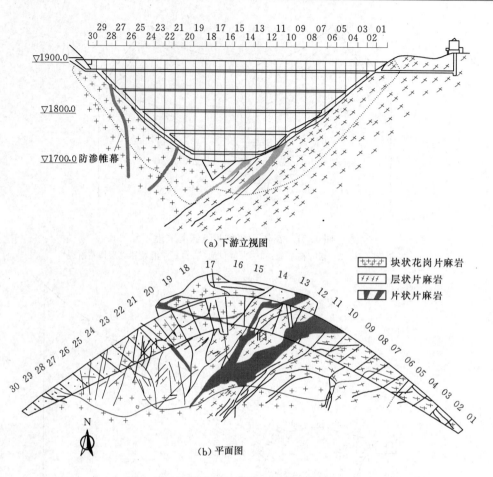

（a）下游立视图

块状花岗片麻岩
层状片麻岩
片状片麻岩

（b）平面图

图 1.23　坝基地质及坝体布置图（高程：m）

01～30—坝段编号

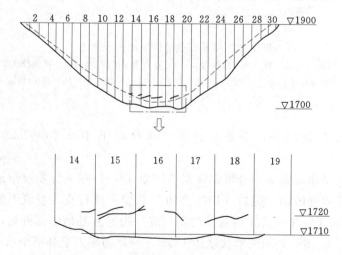

图 1.24　柯恩布莱因坝裂缝分布示意图（高程：m）

措施使右岸坝体裂缝又有增宽趋势，故而在 1981—1983 年在坝踵上游库底又设置了防渗护坦。1983 年春再次放空水库检查，发现右侧坝段的坝踵附近有一条长 17m 的裂缝，中央进水口坝段上也有裂缝。同年秋季，水库再次蓄水达到最高水位 1902m 不久，漏水量又急剧增大，遥测仪器显示中央坝段产生新的裂缝，导致水库与廊道直接连通。此后，奥地利政府为了安全，限制蓄水位在最高水位以下 22m（1880m 高程），以此促使大坝业主进一步查找原因并提出根治方案。

1985 年，大坝业主聘请瑞士专家龙巴迪研究该坝的裂缝处理问题。

经研究，龙巴迪将坝体开裂的原因归结于以下几方面[13]：

（1）柯恩布莱因拱坝是一座很高又很薄的结构物，其形状和几何尺寸，代表一个前所未有的不利条件的组合。坝的柔度系数 $C=17.5$，是已建高坝中系数最大的拱坝。而作用在坝上的总水荷载达 54GN，无疑是世界上承受最高荷载的拱坝之一。

（2）坝基剪应力过大。由于坝址河谷开阔，底部平坦，坝体下部几乎不可能发挥拱的作用。结果在高水位时河床部位悬臂梁上承受的水平剪力极大，已接近混凝土的极限抗剪强度。

（3）坝的垂直断面过多倒向上游，以致仅在自重作用下就会在下游面产生拉应力，导致开裂，而坝的横缝灌浆（曾多次进行，压力很高）又会增加坝体向上游的变形，增加拉应力使裂缝向坝内延伸。

在上述三个因素的共同作用下，使下游坝面底部形成水平裂缝并深入到坝体内部，导致坝该处的有效断面削弱，并随着水库水位的升高，发生荷载的重新分布：河床段坝体的垂直力不断减小，底部水平剪力不断增加，也即水平剪力和轴向力的比率不断恶化。最终导致河床坝段底部未开裂的坝体经受不住水位不断升高而产生的巨大剪力，在剪应力和正应力的组合下，形成斜向主拉应力，导致上游坝踵产生斜向裂缝。裂缝与下游水平裂缝的结合，使河床坝段的整个底部被剪断，裂缝上部的坝体被推向下游，产生几毫米的不可逆位移。

根据事故原因的解释，龙巴迪认为加固措施必须从以下两方面着手：①要增加坝体的轴向力或者减小河床段坝体的水平剪力，使水平剪力和轴向力的比值保持在安全限度内；②要控制空库和满库条件之间的固端弯矩的大小，使合力不超出基础部位各横断面的核心范围，不致引起拉应力。据此，他提出了如下四种加固方案（图 1.25）[13]：

方案 A：在坝上游侧增建一个高约 50m 的上游挡水体，目的在于分担大坝底部在这个挡水体范围的水荷载，减少坝内水平剪力。

方案 B：加厚坝底部的上游侧，目的在于增加坝的自重和作用在加厚部分上的水重，以增大轴向力，降低基础面上的固端弯矩。

方案 C：加厚坝底部的下游侧，目的在于增加自重和扩大底部断面的厚度，从而降低基础面的应力。

方案 D：在坝的下游建造一个支撑体以支承坝体，目的在于卸去坝下部因开裂而削弱部位所承受的水荷载，减少坝内水平剪力，并限制坝的变形。

为了审查上述加固方案，奥地利政府最高水利部门任命 10 位专家进行了全面的综合评审，在衡量各方案的优缺点后，最后选定在下游修建一座支撑体的方案 D。

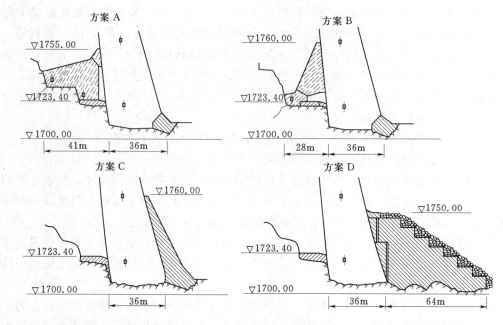

图 1.25　龙巴迪提出的加固方案（高程：m）

根据选定方案作出的加固设计包括以下三个主要部分：在大坝下游修建一座大体积拱形重力支撑体（重力拱坝，坝高 70m，混凝土方量为原拱坝的 1/3，分担原拱坝总水平剪力的约 20%）；在大坝和支撑体之间设置特殊的传力系统；在坝和地基内进行广泛的环氧树脂和水泥灌浆。加固设计断面如图 1.26 所示[13]。

柯恩布莱因拱坝的开裂事故和处理，从 1978 年发现到 1994 年结束，历时长达 15 年，成为欧洲 20 世纪 80 年代引人注目的高拱坝安全事件。

1.3.4　施工围堰漫水冲毁[4]

苏联罗贡斜心墙土石坝，设计最大坝高 335m，为世界上设计最高的土石坝，于 1975 年正式开工兴建。两条导流隧洞导流。该坝基本情况见 1.1 节。

该坝上游围堰设计高度为 40m，在围堰未完成前，一条导流隧洞经多年过流排砂后发生 2 万 m³ 岩石塌落并堵塞。1993 年 5 月，在这条导流隧洞尚未修复以前，下游又遭遇暴雨和泥

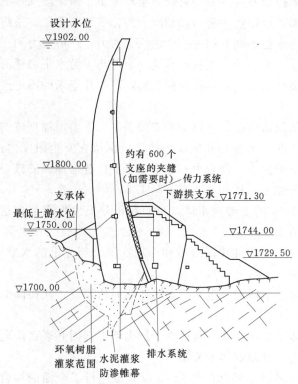

图 1.26　加固设计断面示意图（高程：m）

石流，泥石流总量达 110 万 m³，迫使下游水位上升 13.5m，造成另一条导流隧洞泄量急剧下降。到同年 5 月 8 日，洪水流量增加到 3800m³/s 时，上游围堰漫水冲毁，冲毁堰体土石方达 300 万 m³，堆积在基坑内，经半小时后洪峰流量达到 7700m³/s 时，又冲毁施工桥 2 座，地下厂房和施工开挖机械全部被洪水淹没。

由于上述原因，再加之苏联解体、阿富汗战争等因素影响，该坝至今未建成。

1.3.5　防渗帷幕设计不足[4]

胡佛混凝土重力拱坝，位于美国内华达州与亚利桑那州交界处的黑峡峡谷之中，以美国当届总统胡佛的名字命名。坝高 221.4m，1931 年开工，1936 年建成，至今仍为世界上最高的混凝土重力拱坝，而且是世界上最早建造的高度超过 200m 的大坝。坝体设计采用了当时美国刚提出的试载法，并在混凝土坝施工机械和施工工艺等方面（如柱状浇筑、预埋冷却水管等）积累了成功的经验。

该坝基础防渗帷幕深度设计不足（45.7m 深），运行后发现地基渗漏排水量远超设计值。为此，不得不导致重新设置深度更大的帷幕（146.3m 深）及新的排水系统。设计不足的原因主要是对坝基的水文地质和工程地质未作详细勘探。

1.3.6　消力池冲刷破坏[4]

印度巴克拉混凝土重力坝，坝高 226m，1963 年建成。

该坝采用坝顶溢流底流消能方式，经过 78d、最大泄量达 2830m³/s 的泄流运行后，发生消力池底板严重冲蚀破坏现象，某些部位冲深达 70cm。后采用环氧树脂混凝土回填及灌浆与锚筋加固。

巴克拉坝消力池底板冲刷破坏实测结果如图 1.27 所示[4]。

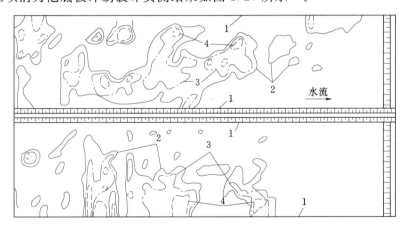

图 1.27　巴克拉坝消力池底板冲刷破坏实测结果示意图

1—导水墙面；2—冲刷破坏深度 150mm 以上；3—冲刷破坏深度 225mm 以上；4—冲刷破坏深度 300mm 以上

1.4　坝工发展的关键问题

未来较长一段时间内，在坝工建设及发展过程中，仍将面临许多挑战性的技术困难与问题，坝工界较为关注的有以下 9 个方面的关键问题[3,7,8]：

（1）大坝建设与生态保护的关系问题。大坝建设需要在保护生态基础上进行有序和适当的开发，如何维护河流健康，实现水资源的可持续利用，支持经济社会的可持续发展是值得关注的问题，如量化河流健康的标准、量化大坝的影响并确定可接受的影响程度、科学确定水沙关系、河湖关系等。

（2）大坝建设与移民安置的关系问题。虽然我国结合三峡等工程在移民安置方面积累了一些宝贵的经验，但随着经济社会的发展，如何妥善解决大坝建设与移民安置的关系，不仅是一个政治问题，而且也是一个技术问题，需要进一步的探索。

（3）特高坝建设的技术问题。大坝将越建越高，工程规模将越来越大，建设条件将越来越复杂。如何保障安全，如何做到技术上可靠，将是比较突出的问题。如高压水劈裂、地基承载能力、决定大坝的力学基本原理等都是值得探究的基本问题。

（4）病险坝除险加固问题。随着大坝数量的增多和运行年限的增加，大坝的运行维护和查险、除险也将是重要的问题。

（5）大坝寿命及退役问题。大坝工程合理的、经济的使用年限确定是一个复杂的问题，如何建立适宜的退役制度尚需要在实践中不断总结。

（6）环境友好筑坝技术的技术标准问题。随着公众对大坝建设的关注度日益增加，在提高筑坝技术的同时，坝工技术专家与环境专家和社会专家合作，共同寻求对环境的有效保护是非常必要的。研究环境友好筑坝技术的技术标准在未来一段时间内将成为一项重要任务。

（7）筑坝新材料、施工新工艺研究。近年来，由于碾压混凝土筑坝技术、面板堆石坝技术的发展和推广，水库大坝在提升质量、降低造价、加速建设等方面取得了卓著的成就。展望未来，在新的筑坝材料、新的施工工艺方面仍迫切需要新的突破、新的发展。

（8）可视化技术、隐患探测技术与并行计算分析技术的开发。大坝的运行性态以及安全运行的保障，有赖于可视化技术、隐患探测技术的进步。除此之外，还有赖于计算机分析技术及并行计算技术的进一步开发。

（9）进一步提升大坝安全性的途径问题。大洪水、大地震以及大坝的长期运行等因素不断将大坝的可靠性、安全性提到更为重要的地位。如何结合这些因素，探索进一步提升大坝的安全性，将成为一个重要的研究方向。

复 习 思 考 题

1. 坝工技术的发展现状及发展趋势。
2. 沟后水库面板砂砾石坝溃坝的原因及经验教训。
3. 坝工发展的关键问题。

参 考 文 献

［1］　朱诗鳌. 坝工技术史［M］. 北京：中国水利水电出版社，1995：5-75.

［2］　潘家铮，何璟. 中国大坝50年［M］. 北京：中国水利水电出版社，2000：2-16.

［3］　贾金生．中国大坝建设60年［M］．北京：中国水利水电出版社，2013：70-84．

［4］　陈宗梁．世界超级高坝［M］．北京：中国电力出版社，1998：35-218．

［5］　高安泽，刘俊辉，韩军．中国水利百科全书著名水利工程分册［M］．北京：中国水利水电出版社，2004．

［6］　本书编写委员会．水布垭面板堆石坝前期关键技术研究［M］．北京：中国水利水电出版社，2005：93-94．

［7］　本书编委会．中国大坝技术发展水平与工程实例［M］．北京：中国水利水电出版社，2007：33-37．

［8］　周建平．中国水力发电的发展及大坝建设［J］．水利学报，2000，31（9z）：2-8．

［9］　何晓燕，王兆印，黄金池．水库溃坝事故时间分布规律与趋势预测［J］．中国水利水电科学研究院学报，2008，6（1）：37-42．

［10］　吴中如，金永强，马福恒，等．水库大坝的险情识别［J］．中国水利，2008，（20）：32-33．

［11］　汝乃华，牛运光．大坝事故与安全·土石坝［M］．北京：中国水利水电出版社，2001：202-211．

［12］　郭诚谦．沟后水库溃坝原因分析［J］．水力发电，1998，（11）：10-11．

［13］　汝乃华，姜忠胜．大坝事故与安全·拱坝［M］．北京：中国水利水电出版社，1995：67-210．

第 2 章　碾压混凝土坝

碾压混凝土是指将干硬性的混凝土拌和料分薄层摊铺并经振动碾压密实的混凝土，其英文名为 roller compacted concrete，缩写为"RCC"[1]。

碾压混凝土坝是指用碾压混凝土筑成的坝体（实体重力坝或者拱坝），其英文名为 roller compacted concrete dam，缩写为"RCCD"[1]。

2.1　概　　述

2.1.1　碾压混凝土坝发展概况[2-4]

1975 年，美国陆军工程团在位于巴基斯坦的塔贝拉调水工程输水隧洞的出口修复施工中，首次采用了未经筛洗的砂砾石加少量水泥拌和混凝土，经振动碾压，修复被冲毁的部位。在 42d 内浇筑了 35 万 m³ 混凝土，日平均浇筑强度为 8400m³，显示了碾压混凝土快速施工的巨大潜力。

1981 年 3 月，日本建成了世界上第一座碾压混凝土重力坝——高 89m 的岛地川坝，1982 年美国建成了世界上第一座全碾压混凝土坝——高 52m 的柳溪坝，此后碾压混凝土筑坝技术便在世界各国获得广泛应用，发展十分迅速。截至 2005 年年底，世界上已建、在建或规划的坝高超过 15m 的碾压混凝土坝有 319 座（以重力坝为主）。

我国于 1978 年开始进行碾压混凝土筑坝技术的研究，1979 年在龚嘴水电站第一次进行了碾压混凝土野外试验，1984 年采用碾压混凝土建成了铜街子水电站左岸牛石溪沟 1 号坝，1986 年在福建坑口建成了我国第一座碾压混凝土重力坝，即坝高 56.8m 的福建坑口坝。1993 年，建成了当时世界上最高的普定碾压混凝土拱坝，坝高 75m。2001 年，建成目前世界上最高的四川沙牌碾压混凝土拱坝（坝高 132m）及厚高比最小（0.17）的甘肃龙首碾压混凝土双曲拱坝（坝高 80m）。截止 2007 年年底，我国已建和在建碾压混凝土坝有 126 座，最高的为龙滩碾压混凝土重力坝，坝高 216.5m。2004 年以来相继开工的光照（坝高 200.5m）、大花水（坝高 134m）、武都（坝高 119m）、景洪（坝高 110m）、金安桥（坝高 156m）等，标志着我国碾压混凝土坝建设达到新的水平。目前已建的红水河龙滩水电站碾压混凝土重力坝，坝高 216.5m，坝体混凝土总方量达 700 万 m³，其中碾压混凝土方量约占 65%，是目前世界上最高和体积最大的碾压混凝土重力坝，该坝 2007 年作为中国代表荣获国际碾压混凝土工程里程碑奖。沙牌碾压混凝土拱坝经受住了 2008 年 5 月 12 日汶川地震的严峻考验，在国际坝工界具有里程碑意义，作为碾压混凝土高拱坝的代表，为碾压混凝土筑坝技术的进一步推广应用起到了新的推动作用。

2.1.2 碾压混凝土材料特点及其施工技术

2.1.2.1 碾压混凝土材料特点[5,6]

碾压混凝土是由水泥、掺合材料、水、砂、石子及外加剂等六种材料所组成的。我国筑坝碾压混凝土由于掺用较大比例的掺合材料，故一般使用强度等级不低于 32.5MPa 的普通硅酸盐水泥（也称"普通水泥"）或硅酸盐水泥。为了适应碾压施工，碾压混凝土拌和物属超干硬性拌和物。拌和物粘聚性差，施工过程中粗骨料易发生分离，为减少以至避免粗骨料的分离现象，一般都限制粗骨料最大粒径不大于 80mm，且适当减小最大粒径级粗骨料所占的比例。砂中细粉（在我国系指小于 0.16mm 的颗粒）含量对改善碾压混凝土的性能有不可忽视的作用。我国水利水电行业标准《水工碾压混凝土施工规范》（SL 53—94）推荐碾压混凝土使用的人工砂中，细粉含量达到 10%～22%。

为适应碾压混凝土的连续、快速碾压施工，一般不在混凝土中设置冷却水管以降低混凝土的温升。因此，碾压混凝土中水泥用量应尽可能降低。但是，为了满足施工对拌和物工作度及坝体设计对混凝土提出的技术性能要求，碾压混凝土的水泥用量又不宜过小。这就存在着矛盾。解决矛盾的可行而有效的方法是在碾压混凝土中掺用较大比例的掺合材料。外加剂是碾压混凝土必不可少的组成材料之一。碾压混凝土中胶凝材料用量少、砂率较大，为了改善拌和物的施工性能，必须掺入减水剂。减水剂的掺入可以降级拌和物的 VC 值（vibrating compacted value，即在固定振动频率及振幅和固定压强条件下，拌和物从开始振动碾压至表面泛浆所需时间的秒数），改善其黏聚性或抗离析性能。碾压混凝土的大面积铺筑施工特点，要求拌和物具有较长的初凝时间，以减少冷缝出现，改善施工层面黏结特性，为此必须掺入缓凝剂。在严寒地区使用的碾压混凝土，还有必要考虑掺入引气剂，以提高混凝土的抗冻性。由于碾压混凝土拌和物的干硬性以及掺合材料的吸附性，因此碾压混凝土拌和物掺入外加剂的量略大于常态混凝土。

碾压混凝土虽属混凝土但又有别于常态混凝土。碾压混凝土拌和物与常态混凝土拌和物比较，骨料用量较多、水泥用量较少，虽掺用一定量的掺合材料，但胶凝材料用量仍较少。拌和物不具有流动性，坍落度为零，黏聚性小，一般不泌水。拌和物在振动压实机具所施加的动压力作用下，胶凝材料将由凝胶转变为溶胶（即发生液化）而具有一定的流动性。固相颗粒位置得到重新排列，颗粒之间产生相对位移，彼此接近。小颗粒被挤压填充到大颗粒之间的空隙中，空隙里的空气受挤压而逐渐逸出，拌和物逐渐密实。因此，碾压混凝土拌和物的振动压实既具有混凝土的基本特点，也具有土石料压实的某些特征。碾压混凝土的特定施工方法要求拌和物必须具有适当的工作度——即能承受住振动碾在其上行走不陷落，又不能过于干硬，以免振动碾难于甚至无法将其碾压密实。工作度用 VC 值表示，VC 值的大小应根据振动碾的能量、施工现场温度、湿度条件加以确定，一般选用 5～15s 较合适。VC 值是控制碾压施工质量的重要指标，常用维勃稠度测定仪测定。

概括起来，碾压混凝土呈现出干、贫混凝土的材料特点；干即材料的用水量较少，是超干硬性无坍落度混凝土；贫即材料的水泥用量少，以较大掺量粉煤灰代替水泥，单位体积混凝土水泥用量比常态混凝土少。

硬化后的碾压混凝土与常态混凝土比较，技术性能有其明显的特点：由于碾压混凝土中掺用较大比例的掺合料，而多数掺合料早期水化反应较少，使碾压混凝土硬化早期强度较低，后期强度增长较大；碾压混凝土的绝热温升明显低于常态混凝土，最高温升出现时间明显推迟，温降缓慢；碾压混凝土的自生体积变形及干缩变形明显小于常态混凝土。

在实际工程中碾压混凝土的性能受施工质量影响较大。施工层面的黏结质量对碾压混凝土的性能影响尤其突出。

根据工程经验，我国常用的碾压混凝土材料配合比见表 2.1[6]。

表 2.1　　　　　　　　　　我国碾压混凝土材料经验配合比

胶凝材料（C+F）	140～160kg/m³	水泥（C）	50～60kg/m³
		粉煤灰（F）	90～100kg/m³
用水量（W）		80～100kg/m³	
水胶比 [W/(C+F)]		0.5～0.7	
灰胶比 [F/(C+F)]		0.55～0.65	
砂率		0.28～0.35	
粗骨料（三级配）	80～40mm	30%	
	40～20mm	40%	
	20～5mm	30%	
初凝时间		6～8h	
VC 值		10～25s	
横缝间距		15～30m	

2.1.2.2　碾压混凝土坝施工技术[6,7]

碾压混凝土筑坝的特点是快速连续施工。如果整个生产系统的任一个环节出现故障、不协调或不配套的情况都会影响工程进度及碾压混凝土筑坝特点的发挥，故必须按要求有序地进行施工。

碾压混凝土筑坝的施工工序为：铺筑前的准备→拌和→运输→卸料和平仓→碾压→成缝→缝面处理→异种混凝土浇筑→养生和防护→埋设件施工→特殊气象条件下的施工。

碾压混凝土的施工工艺流程为：骨料筛分→配料→拌和→运输→入仓→摊铺→振动碾压→切缝（设计诱导孔）→养护→水平缝处理→下一个施工层循环。

我国的碾压混凝土坝施工技术采用大面积薄层连续浇筑的方法。混凝土摊铺和碾压的层厚一般为 30cm，这样可以防止骨料分离，压实振动波易传到层底。为保证层间黏结良好，层间允许间隔时间从下层混凝土拌和物拌和加水时起到上层混凝土碾压完毕为止，需控制在混凝土初凝时间以内，且混凝土拌和物从拌和到碾压完毕的历时应不超过 2h，这些要求是确定浇筑层厚和仓面面积时需要考虑的基本条件。

碾压混凝土振动碾压遍数一般为 6～7 遍，连续浇筑 3～4 层后宜间歇 2～3d。对施工缝和冷缝采用刷毛、冲洗以后铺设砂浆层的方法进行处理，对于连续浇筑的碾压混凝土，要求施工层面具有足够的抗渗性和层间黏结强度。

2.1.3　碾压混凝土坝的特点[2,15]

碾压混凝土坝是以建造土石坝的施工方法来建造混凝土坝。碾压混凝土坝断面尺寸与常态混凝土坝相似。由于碾压混凝土坝不设纵缝，采用通仓薄层铺料、连续上升的施工方法，因此避免了常态混凝土施工中的分仓、设置键槽及接缝灌浆管路、坝块间歇上升等问题。同时由于采用大仓面施工，能有效提高各类运输、平仓和碾压设备的生产效率，最终可提高施工速度，使工程工期缩短，有利于工程及早发挥效益。此外，碾压混凝土坝与土石坝相比，断面尺寸小，工程量小，而且用与土石坝相同的机械施工，因此，碾压混凝土坝的施工工期比土石坝短。

碾压混凝土坝大量采用粉煤灰代替水泥，故水泥用量少，有可能降低材料成本。由于不设纵缝，模板工程量减少，从而节省了工程投资。同时由于水泥用量少，水泥水化热温升低，可简化或不采用温控措施，从而大大节约温控费用。此外，和土石坝相比，碾压混凝土坝体积小，可节省建筑材料。由于坝基宽度减小，减少了开挖和基础处理范围，并可使施工导流及泄洪建筑物的长度缩短。由于中小型碾压混凝土坝可在几个月铺筑、碾压完毕，因此允许大大降低施工导流标准，从而降级工程造价。

概括起来，碾压混凝土坝主要有以下四方面的特点[2,15]：

(1) 碾压混凝土筑坝改变了常态混凝土筑坝用振捣器插入混凝土振捣密实的方法，而是用振动碾压机在层面振动碾压，大仓面碾压施工。

(2) 碾压混凝土筑坝新技术具有节省水泥、施工简便、缩短工期、造价低廉等优点。

(3) 碾压混凝土属干、贫混凝土，以较大掺量粉煤灰代替水泥，单位体积混凝土所用水泥量比常态混凝土少，其单位混凝土散发的水化热要比常态混凝土少，绝热温升也将较低，具有温控简单的有利条件。

(4) 碾压混凝土坝不能像常态混凝土坝施工中的柱状块所具有那么大的散热表面积，这是温控方面的不利条件。

2.1.4　碾压混凝土坝的类型及其特点

2.1.4.1　按坝型分类[2]

按照坝型的不同，碾压混凝土坝可分为以下两类：

(1) 碾压混凝土重力坝。碾压混凝土重力坝的工作原理与常规重力坝相同，只是在混凝土材料和坝体构造上要适应碾压混凝土的施工方法。

1) 剖面选择。为适应碾压混凝土的施工工艺特点，坝体剖面一般力求简单，在满足稳定的条件下，最好是上游面垂直，下游面单一边坡。但是对于高度在100m以上的重力坝，为了节省混凝土方量，也可采用上游面为折坡或斜坡的剖面型式。如棉花滩碾压混凝土重力坝的上游坝坡采用1:0.0667的坡度，基本垂直。棉花滩碾压混凝土重力坝挡水坝段横剖面如图2.1所示[2]。

2) 排水系统。在重力坝内设置排水系统，能够大大减小扬压力，从而增加坝体的稳定性。在碾压混凝土重力坝内放置预埋件形成排水体系，是比较理想的。但无论采用填碎石塑料膜保护或者用钢管，都不能保证

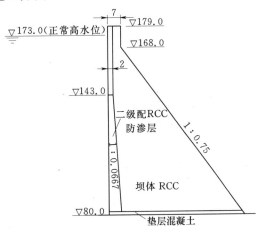

图 2.1　棉花滩碾压混凝土重力坝挡水坝段横剖面图（单位：m）

竣工后排水通畅。因为在碾压混凝土施工过程中，上述设施很容易被压碎或错位。最可靠的方法是碾压施工完成后再钻孔形成排水系统。有的工程由于下游水位过高，形成较大的浮托力，则采用设在下游廊道的抽排设施，以保证坝体内的扬压力维持在最低水平。

3）坝体的分缝分块。碾压混凝土重力坝不设纵缝，是否设横缝及横缝分法与所在地区及施工条件有密切关系。我国碾压混凝土重力坝建设的实践表明，在亚热带地区或冬季寒冷地区，必须设横缝，以利于温度控制。另外，施工条件也起一定的控制作用。例如为了保证层面结合良好，必须在下层混凝土初凝前对上层混凝土进行碾压；而仓面的大小又受混凝土拌和、运输能力的制约，通常以横缝作为仓面的分界线比较合适。横缝的结构有永久横缝（切缝）和诱导缝两种，间距一般为 15～20m。

4）下游坡处理与溢流坝面消能。我国碾压混凝土重力坝的下游坡大多数都是用混凝土预制块形成阶梯状，各工程根据起重机容量及施工条件情况，所采用的块体不同。最常用的是长方形块体，靠自重稳定来形成下游坡。国外常在溢流坝面采用阶梯形消能，其原理是利用坝面的加糙进行沿程消能。我国福建的水东碾压混凝土重力坝，在 1∶0.65 的下游坡上采用预制混凝土块，形成宽 0.585m、高 0.9m 的阶梯，下连消力池，实践证明消能效果良好。

（2）碾压混凝土拱坝。

1）体型选择。碾压混凝土拱坝的平面布置型式与常态混凝土拱坝相似。如普定拱坝采用的是定圆心、变半径、变中心角的等厚、双曲非对称拱坝。而沙牌拱坝的体型则是通过对三心圆单曲拱坝和抛物线双曲拱坝两种代表性方案比较后确定的。两种方案在满足拱坝的稳定和应力条件方面无大的差别，其中双曲拱坝的工程量比较小。但从国内外碾压混凝土拱坝施工技术水平和实践经验来看，单曲拱坝体形简单，有利于加快碾压混凝土施工速度及保证施工质量。因此，沙牌拱坝的坝型选用了三心圆单曲拱坝。

2）断面选择。碾压混凝土拱坝的断面选择也与常态混凝土拱坝无本质区别。

3）分缝型式。碾压混凝土拱坝的分缝除要考虑满足温控防裂等要求外，还应充分考虑碾压混凝土大仓面快速施工的要求。我国的溪柄溪拱坝因河谷较窄又处于温和气候条件，施工时间可选在寒冷低温的冬季，因此可不必分缝。其他的碾压混凝土拱坝都考虑了分缝问题，缝的型式主要有诱导缝和横缝等。如普定拱坝采取的是坝肩一道正式横缝，坝体两道诱导缝的分缝型式。诱导缝内设有灌浆管，在缝张开时能够多次灌浆。沙牌拱坝的坝体分缝问题通过多个分缝方案进行比较，考虑到设诱导缝较简单，并可实现全断面通仓碾压施工，因此确定采用 4 条诱导缝的方案。

2.1.4.2 按坝体材料分区不同分类[2,6]

按照坝体材料分区的不同，碾压混凝土坝可分为以下两类：

（1）"金包银"型式的碾压混凝土坝（RCD）。"金包银"型式的碾压混凝土坝的坝体内部采用碾压混凝土填筑，外部用常态混凝土（一般 2～3m 厚）进行防渗和保护。如日本的岛地川坝、玉川坝，我国的水口坝、观音阁坝和白石坝等均采用了这种型式。某"金包银"型式碾压混凝土坝断面如图 2.2 所示。

（2）全碾压混凝土坝型式（RCC）。全碾压混凝土坝的坝体全断面采用碾压混凝土，利用碾压混凝土自身防渗或只在上游面设立薄膜防渗层。如美国的上静水坝，我国的普定

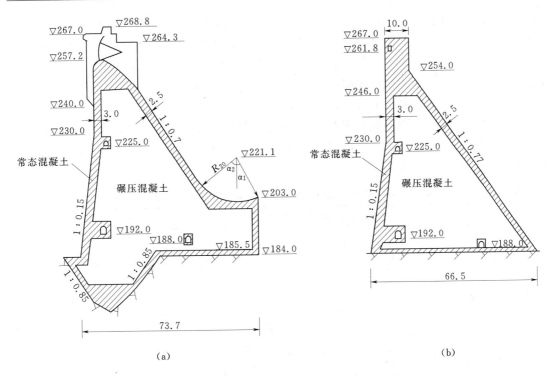

图 2.2　"金包银"型式碾压混凝土坝横剖面图（单位：m）

(a) 溢流坝段；(b) 挡水坝段

坝和江垭坝等均采用了这种型式。江垭碾压混凝土重力坝横剖面如图 2.3 所示[2]，该坝坝高 128m，坝顶长度 327m，大坝混凝土总量 130 万 m³；大坝中部设中孔和表孔联合泄洪；

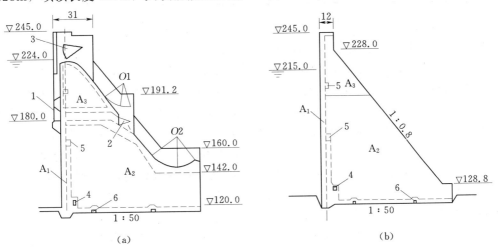

图 2.3　江垭碾压混凝土重力坝横剖面图（单位：m）

(a) 溢流坝段；(b) 挡水坝段

1—中孔进水口；2—中孔弧门；3—表孔弧门；4—灌浆廊道；5—检查廊道；6—基础排水廊道

A_1—二级配碾压混凝土；A_2、A_3—三级配碾压混凝土坝体断面除在基础齿槽、垫层、溢流面、中孔及廊道周边、闸墩、导墙和坝顶细部结构等部位采用常态混凝土外，其他部位均采用碾压混凝土；坝体上游防渗层（A_1 区）采用二级配富胶凝材料碾压混凝土（90d 龄期强度等级为 C20，抗渗等级为 W12），坝体在高程 190m 以下（A_2 区）采用三级配碾压混凝土（90d 龄期强度等级为 C15），高程 190m 以上（A_3 区）为三级配碾压混凝土（90d 龄期强度等级为 C10）。

上述两类按坝体材料分类的坝型，不同的国家根据本国的实际情况又一般采取不同的型式及坝体材料配比，存在一定的差异。日本、美国和中国碾压混凝土坝的常用型式及坝体材料配比的对比见表 2.2[6]。

表 2.2　　　日本、美国和中国碾压混凝土坝常用型式及坝体材料配比对比表

常用型式		日本的 RCD	美国的 RCC	中国的 RCCD
常用型式		"金包银"式	"金包银"式	高坝："金包银"或变态混凝土
常用型式		"金包银"式	"金包银"式	中低坝：全断面碾压或防渗层
胶凝材料	水泥 C/(kg/m³)	95～100	65～70	50～60
胶凝材料	粉煤灰 F/(kg/m³)	25～30	65～70	90～100
用水量 W/(kg/m³)		90～100	90～100	80～100
砂率		0.30～0.34	0.30～0.34	0.30
最大骨料/mm		80	50～75	80
初凝时间/h		6～8	6～8	6～8
横缝间距/m		15～20	50～150	15～30
VC 值/s		15～20	15～20	10～15
碾压层厚度/cm		50～100	30	30

2.1.4.3　按胶凝材料用量分类[2]

按照胶凝材料用量的不同，碾压混凝土坝可分为以下几类：

（1）富浆碾压混凝土坝。这类坝的碾压混凝土中，胶凝材料用量为 180～250kg/m³，其中混合材料占 60%～75%，水胶比在 0.5～0.7 之间，多采用二级配。碾压混凝土的施工性能和硬化后的性能都好，尤其是层面结合质量好，有利于防渗，既可用作坝体的内部混凝土，也可用作坝体上游面防渗层。美国上静水坝是富浆碾压混凝土坝的代表，该坝使用的碾压混凝土中胶凝材料用量为 246kg/m³，其中水泥用量 76kg/m³，粉煤灰掺量达 69%。上静水坝采用富浆混凝土的指导思想是：克服粗骨料分离，改善施工层面结合质量，提高混凝土抗剪性能以缩小坝体剖面。这类碾压混凝土坝存在的主要问题是混凝土的绝热温升较高，坝体温控有一定困难。

（2）中等胶凝材料碾压混凝土坝。这类坝的碾压混凝土中，胶凝材料用量为 140～170kg/m³，其中混合材料占 50%～70%。由于胶凝材料用量相对较少，水泥用量较低，碾压混凝土的绝热温升小，有利于温控，一般可用作坝体的内部混凝土，而在坝体上游面另设防渗层。我国大多数碾压混凝土坝是中等胶凝材料碾压混凝土坝。普定、江垭坝的碾压混凝土中，胶凝材料用量为 150kg/m³，粉煤灰掺量占 40%～60%，骨料为三级配。实践证明，这两座坝的施工性能良好。

（3）RCD坝。这类坝是日本特有的，其碾压混凝土中胶凝材料用量为$120\sim130kg/m^3$，其中混合材料占$25\%\sim30\%$，水胶比在$0.70\sim0.95$之间。由于抗渗性能不高，只用作坝体内部混凝土，在坝体上游面常设置一定厚度的常态混凝土作为防渗层。

（4）贫浆碾压混凝土坝。这类坝的碾压混凝土中，胶凝材料的用量不超过$110kg/m^3$，其中混合材料不超过30%，水胶比在$0.95\sim1.50$之间。这种碾压混凝土的强度较低，抗渗性及耐久性较差。然而作为坝体的内部混凝土，具有较好的低热性能。美国的柳溪坝、盖尔斯威尔坝等均采用的是这种混凝土。

2.2 碾压混凝土坝设计

2.2.1 枢纽布置设计

合理安排水利枢纽中各个水工建筑物的相互位置，称为枢纽布置。枢纽布置应充分发挥碾压混凝土坝的优越性，尤其是要能适应快速施工的特点。

2.2.1.1 枢纽布置应考虑的因素[1]

（1）坝址区的地形、地质、水文、气象条件和建筑材料的来源及适应性。

（2）结合工程任务，合理安排泄水、发电、灌溉、供水及航运等建筑物的布置。

（3）坝体的规模、结构布置型式和主要尺寸。

（4）坝体稳定、混凝土强度和耐久性的要求。

（5）碾压混凝土筑坝的施工条件。

（6）坝体快速施工、缩短工期、节约水泥和简化温度控制措施等。

2.2.1.2 枢纽布置设计的原则[1]

（1）枢纽布置宜为扩大碾压混凝土的使用范围及快速施工创造条件。

（2）大坝中采用碾压混凝土的部位宜相对集中。

（3）狭谷河段碾压混凝土的枢纽布置宜采用引水式或地下厂房。若采用坝后式厂房时，应论证引（输）水管道布置，方便碾压混凝土施工。

（4）洪水流量较大、河道宽阔而采用河床式厂房的枢纽布置中，碾压混凝土宜应用于非溢流坝段及坝顶溢流坝段。

（5）碾压混凝土坝上布置泄水建筑物时，宜优先采用开敞式溢流孔或溢流表孔。

（6）枢纽的施工导流宜优先采用隧洞和明渠等导流方式。

龙滩碾压混凝土重力坝枢纽布置如图2.4所示[2]，沙牌碾压混凝土拱坝枢纽布置如图2.5所示[8]。

2.2.2 坝体断面设计

以碾压混凝土重力坝为例，坝体断面设计一般应遵循以下原则[1]：

（1）碾压混凝土重力坝的体型断面设计宜简化，便于施工，坝顶最小宽度不宜小于5m，上游坝坡宜采用铅直面，下游坝坡可按常态混凝土重力坝的断面进行优选。

（2）作用在碾压混凝土重力坝上的荷载及其组合、坝体抗滑稳定和应力的计算方法及控制标准应符合《混凝土重力坝设计规范》（SL 319—2005）的有关规定。

（3）高坝的碾压混凝土重度应根据料源、配合比、施工条件等由试验确定，中、低坝

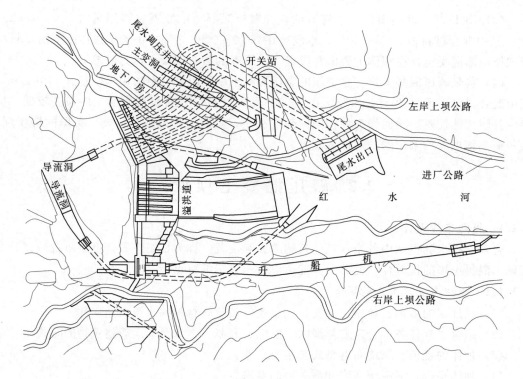

图 2.4 龙滩碾压混凝土重力坝枢纽布置图

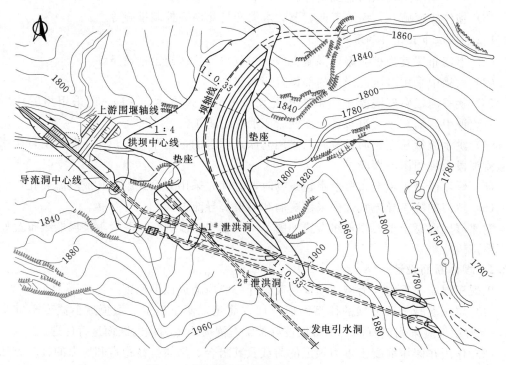

图 2.5 沙牌碾压混凝土拱坝枢纽布置图

可根据类似工程的参数选用。

（4）碾压混凝土重力坝坝体抗滑稳定分析应包括沿坝基面、碾压层（缝）面和基础深层滑动面的抗滑稳定。必要时，应分析岸坡坝段的整体稳定。碾压混凝土重力坝碾压层（缝）面的抗滑稳定计算应采用抗剪断公式，其安全系数应符合常态《混凝土重力坝设计规范》（SL 319—2005）的有关规定。

碾压混凝土重力坝坝体的碾压层（缝）面的计算参数，高坝应根据层（缝）面的施工条件及处理措施进行试验测定；中、低坝，若无条件进行试验时，其计算参数可参照类似工程选用。

（5）碾压混凝土重力坝应力分析的主要内容包括。

1）坝体选定截面（包括坝基面、折坡处截面及其他需要计算的截面）上的应力。高坝应重视其碾压层（缝）面的剪应力。

2）坝体廊道、孔洞、管道等坝体削弱部位的局部应力。

3）坝体上闸墩、导墙等部位的应力。

4）地质条件复杂时坝基内部的应力。

设计时可根据工程规模和大坝的具体情况，分析上述内容的全部或部分，或另加其他内容。

（6）碾压混凝土重力坝除按材料力学法计算应力外，高坝尚宜采用有限元法进行计算。修建在复杂地基上的中坝，必要时可采用有限元法进行计算。当不宜作为平面问题分析时，可采用三维有限元法或其他合适的方法进行应力分析。

（7）布置在碾压混凝土坝上的泄水建筑物设计、坝基处理设计，应符合常态《混凝土重力坝设计规范》（SL 319—2005）的有关规定。

（8）坝内材料及其分区。混凝土强度等级及坝体材料分区布置应力求简单。碾压混凝土强度等级采用 180d（或 90d）龄期。坝体内部混凝土强度等级按强度需要确定，宜采用同一种强度等级，但不低于 C7.5；外部混凝土强度等级要考虑抗渗和耐久性，不低于 C10。

对高、中坝可按高程或部位分别采用不同强度等级，但在同一浇筑层内应尽量采用一种强度等级。

为了确保坝体混凝土与基岩接触良好，同时为防渗需要，碾压混凝土坝的基础垫层必须采用常态混凝土，其厚度一般不小于 1.5m，对高坝宜加厚到 3m。岸坡部位及坝体难以碾压的部位，可采用常态混凝土或变态混凝土，厚度 1m 左右。碾压混凝土坝四周的常态混凝土强度与常态混凝土坝相同。

典型的碾压混凝土重力坝坝体材料分区见图 2.3。

2.2.3 坝体构造设计

以碾压混凝土重力坝为例，坝体构造设计要点如下[1,9,15]：

（1）碾压混凝土重力坝不宜设置纵缝，根据工程的具体条件和需要设置横缝或诱导缝。横缝或诱导缝间距应根据坝基地形地质条件、坝体布置、坝体断面尺寸、温度应力、施工强度等因素综合比较确定，其间距宜为 20～30m。碾压混凝土重力坝与常态混凝土重力坝分缝分块的比较如图 2.6 所示[15]。

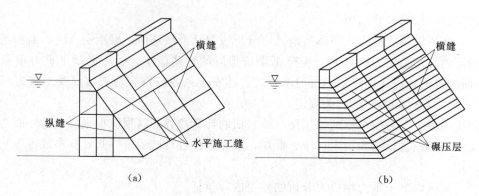

图 2.6　重力坝分缝分块图

(a) 常态混凝土重力坝；(b) 碾压混凝土重力坝

　　碾压混凝土重力坝宜少设或不设温度收缩横缝。当坝较长时应设横缝，其间距由温度应力计算来定。由于碾压混凝土的后期发热，弹模和抗拉强度随龄期增长，温度应力计算是较复杂的。目前国内外都在研究坝体温度应力计算程序，以确定横缝间距。已建碾压混凝土重力坝的横缝间距最小为 15~20m，最大为 50~60m。

　　碾压混凝土重力坝一般不宜设纵缝。因纵缝要传力，需做键槽和灌浆系统，较为复杂。但是，对于高坝，由于浇筑碾压的面积限制，为防止产生温度裂缝必须设纵缝时，可在纵缝两侧采用常态混凝土层，纵缝做法同常态混凝土坝。因不能埋设冷却水管，以通过坝内冷却来提前灌浆，故应加强混凝土预冷，如降低入仓温度等。

　　(2) 碾压混凝土坝的基础灌浆、排水、检查、安全检测及交通等廊道宜予以合并；低坝可设置 1 条，中、高坝可设置 1~3 条。廊道断面应满足施工、运行、安全检测和检修等要求。廊道可采用变态混凝土、常态混凝土或混凝土预制构件等形成。

　　(3) 闸墩、坝内引水管、坝顶构造等，宜用常态混凝土浇筑，做法同常态混凝土坝。

　　(4) 碾压混凝土坝的上游面应设防渗层，防渗层的设置方式见后述。

　　(5) 碾压混凝土重力坝横缝或诱导缝的上游面、溢流面、下游面最高尾水位以下及坝内廊道和孔洞穿过横缝或诱导缝处的四周等部位应布置止水设施。

　　一种较为常用的横缝止水和排水结构如图 2.7 所示[9]。

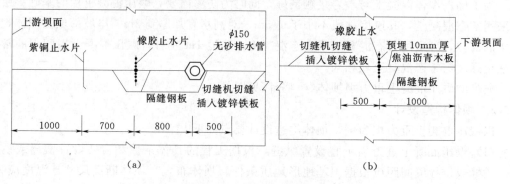

图 2.7　横缝止水和排水结构图（单位：mm）

(a) 横缝上游侧；(b) 横缝下游侧

（6）碾压混凝土重力坝坝内竖向排水孔应设在上游防渗层下游侧，可采用钻孔、埋设透水管或拔管等方法形成，孔距为 2～3m。

根据坝的重要性、结构布置、运行条件和地质条件等因素，可在大坝基础设置排水廊道。下游坝面应根据下游水位变幅等情况，视工程的具体条件采取相应的防渗措施。

2.2.4 坝体防渗设计

碾压混凝土坝层间结合处（层面）为防渗的薄弱环节。为保证坝体正常运行，需在其上游采取必要的防渗措施，以便使碾压混凝土坝达到一定的防渗要求。碾压混凝土坝的防渗要求如下[1]：

（1）上游防渗层常态混凝土的抗渗等级为 W4～W8，视水头而定。对高坝、严寒地区，抗渗等级还应提高。

（2）防渗层厚度一般为坝面水头的 1/30～1/15，最小厚度应满足施工要求。

（3）坝下游保护层抗渗等级也应在 W4 以上，厚度 2～3m。

（4）内部碾压混凝土也有抗渗要求，不低于 W2～W4。

（5）外部碾压混凝土的抗渗等级应在 W4 以上，考虑耐久性要求，还宜适当提高。

大多数碾压混凝土坝采用"金包银"的常态混凝土防渗，以日本、中国、美国和南非为代表。西班牙和中国的一些大坝使用碾压混凝土直接防渗。中国，洪都拉斯、法国和美国的一些工程中使用了常态混凝土预制板和土工膜防渗。碾压混凝土加预制混凝土面板已在澳大利亚、中国、美国和摩洛哥的一些工程中得到应用。西班牙、美国和希腊的一些工程中也曾采用滑模施工的常态混凝土防渗。这些防渗措施不但可以拦阻水流产生的集中渗漏，还可有效降低碾压层面的扬压力，增大坝体的抗滑稳定安全性。

常用的防渗结构型式及其特点如下[10,15]：

（1）常态混凝土"金包银"防渗结构。常态混凝土"金包银"是最早采用的一种防渗结构型式，几乎所有的日本碾压混凝土坝都采用这种型式。通常在碾压混凝土坝体与坝基之间浇筑一层常态混凝土垫层，在坝体上下游面设 1.5～3.5m 厚的常态混凝土作为防渗体，上下游防渗体与坝体碾压混凝土同步搭接浇筑上升。这种防渗型式的坝体断面如图 2.2 所示。

从实践情况看，这种结构型式防渗效果好，可靠性高。但缺点也很明显，由于常态混凝土所占比例较大，水泥用量相对较多，因此施工工艺复杂，施工干扰较大，难以充分发挥碾压混凝土快速施工的优势，造价也相对较高，若防渗体产生贯穿性温度裂缝则会严重影响防渗效果。

坝内排水管幕一般设在上游常态混凝土防渗层的下游侧，采用钻孔、埋设透水管或拔管等方法形成，孔距为 2～3m。钻孔的孔径宜为 76～102mm，透水管或拔管的孔径宜为 15～20cm，其上下端分别与坝顶或廊道连通，以便排水和检修。坝体内可设水平排水系统，在各排水设计高程的碾压层面上铺设粗骨料排水条带，沿坝轴方向从一岸到另一岸，排水条带断面为 20cm×30cm，也要与廊道连通。

上游常态混凝土防渗层中需要设温度收缩缝，间距 15～18m，缝中设止水两道，同常态混凝土坝。有的防渗层横缝与碾压混凝土坝体横缝对应，在一条线上；有的在坝体内无对应横缝，则应在防渗层横缝下游侧布置坝轴向水平钢筋，以免防渗层横缝延伸为坝体裂缝。坝下游常态混凝土保护层或溢流坝面层中也应设置横缝及止水，做法同上游面防渗层，但止水可用一道，结构稍简单。

（2）常态混凝土薄层防渗结构。常态混凝土薄层结构是目前欧美较流行的一种防渗结构型式。在坝的上游面浇筑厚 0.3～1.0m 的常态混凝土，浇筑层厚与碾压混凝土铺筑层厚度相同，在其下游约 1～3m 范围的碾压混凝土层面上铺设 2.5～7.0cm 厚的垫层，垫层用细骨料常态混凝土或水泥砂浆。坝下游面不设常态混凝土。与"金包银"结构相比，由于常态混凝土的比例较小，能较充分发挥碾压混凝土快速施工的优点，但由于薄层抗裂性能较差，其防渗效果有时不是十分理想。如采用这一防渗结构的中叉坝和盖尔斯威尔坝等，均曾出现明显的裂缝。

（3）钢筋混凝土面板防渗结构。钢筋混凝土面板防渗是在坝体上游面浇筑一道钢筋混凝土面板作为坝体的防渗结构。面板的厚度可以是等厚的或变厚的，一般为 0.3～0.5m。这种防渗结构通过面板的分缝来避免防渗体产生过大的温度应力，通过布设钢筋来限制裂缝的扩展，防渗效果良好。面板的施工既可以先于碾压混凝土的铺筑，达一定强度后作为碾压混凝土施工时的模板，也可以滞后于坝体铺筑，选择适宜的条件单独施工，以充分发挥碾压混凝土的施工优势。经研究，面板后于坝体施工更有利于面板防渗作用的发挥。但钢筋混凝土面板分缝较多，必须布置严格的止水设施，同时温度应力对面板防渗的影响仍然较大，坝体与面板之间的变形和受力特性较为复杂。

（4）碾压混凝土自身防渗结构。碾压混凝土自身防渗是在坝上游面一定范围内使用小骨料、高胶凝材料含量（为防止过大的温度应力，通常采用多粉煤灰、少水泥的配比）的二级配碾压混凝土作为大坝的防渗结构。这种防渗结构型式是规范建议"优先采用"的防渗型式。其优点是能充分发挥碾压混凝土的各种优势，又较经济。其缺点是二级配碾压混凝土中同样存在众多的层面，自身也为渗透体，因此它只能起到降低大坝渗流量的作用；另外，二级配碾压混凝土的抗渗能力取决于层面处的抗渗处理效果，而层面的结合质量又具有不确定性，其影响和干扰因素很多，且现场不宜控制和检测，因此防渗效果不太理想。

防渗层宜优先采用二级配碾压混凝土，其抗渗等级的最小允许值见表 2.3[1]。

表 2.3 抗渗等级最小允许值

水 头	抗 渗 等 级	水 头	抗 渗 等 级
$H<30m$	W4	$H=70～150m$	W8
$H=30～70m$	W6	$H>150m$	专门试验论证

二级配碾压混凝土防渗层的有效厚度，宜为坝面水头的 1/30～1/15，但最小厚度应满足施工要求。

（5）变态混凝土防渗结构。变态混凝土是指在已摊铺的碾压混凝土拌和料中，掺入一定比例的灰浆后振捣密实的混凝土。

变态混凝土的使用部位及厚度：坝上游面和下游面及难以碾压的浇筑块侧部（含岸坡部位），其厚度通常为 0.3～1.0m。

变态混凝土防渗方法于 1987 年首次在我国岩滩工程施工围堰中使用，后来在荣地

(1989) 和普定（1992）及江垭大坝中使用，均获得了较好的防渗效果。

变态混凝土的性能特点：根据江垭等大坝的应用结果，变态混凝土形成的表面非常光滑，几乎没有蜂窝、麻面等缺陷，升程的缝面结合处很难看出。根据试验结果，变态混凝土的性能特点有：①变态混凝土的抗渗性已达到常态混凝土的水平，完全能够满足 200m 级碾压混凝土坝的防渗要求；②变态混凝土现场掺浆的均匀程度对各项性能的影响较大。掺浆均匀强制振捣后的变态混凝土的均质性接近于常态混凝土，远好于二级配碾压混凝土；③由于振捣后消除了层面的影响，变态混凝土渗流的相对薄弱环节可能出现在缝面，应加强施工缝面的处理；④变态混凝土其他各项力学指标也均能满足作为大坝防渗结构的要求。

用变态混凝土取代常态混凝土作为防渗结构能够确保两种混凝土的同步上升，避免由于不能及时变换混凝土品种而使层面间隔时间过长，形成交界薄弱面甚至冷缝面；同时大大减小了施工干扰，提高了施工速度。

由于变态混凝土的上述性能特点，目前工程实际中常采用"变态混凝土与二级配碾压混凝土的组合防渗结构"这种防渗型式。这种防渗型式是以二级配碾压混凝土坝体作为大坝防渗主体，在临水面采用变态混凝土以封闭碾压混凝土层面的一种组合防渗结构。其优点是结构简单、施工简便、造价低、防渗可靠等。但是，这种防渗结构型式也存在一些明显的问题，主要包括：①变态混凝土的抗裂性直接关系到该防渗结构的防渗可靠性和耐久性，是一个需要重点关注的问题；②目前变态混凝土施工还没有规范的施工流程，人为因素对其质量影响较大。变态混凝土的配合比控制、温度控制及表面保护等问题还有待深入研究。

（6）沥青混合料防渗结构。沥青混合料防渗结构由沥青砂浆或沥青混凝土与其上游护面板组成。

沥青混合料渗透系数小，且裂缝有自愈能力，适应变形能力强，理论上适用于任何高度的碾压混凝土坝。

我国第一座碾压混凝土坝——福建坑口重力坝采用这种防渗结构型式，防渗效果良好，坝体几乎不透水。缺点是沥青混合料的亲水性差，影响到与边坡和坝基的结合；另外，防渗体自身施工工艺复杂，需高温拌和，高温浇筑，机械化程度较高；另外，沥青混合料的老化问题尚未得到充分解决，对其耐久性尚无定论。

（7）薄膜防渗结构。防渗薄膜有聚氯乙烯（PVC）、人工无纺布、土工织物等几种，也有现场喷制的合成材料橡胶膜，或是由几种材料贴合成的合成防渗薄膜等。一般分为两种型式：①内贴薄膜防渗。为使薄膜能贴于坝面，因此采用预制混凝土或其他面板来固定，薄膜贴于面板与坝体之间；②外贴薄膜防渗。将防渗薄膜用金属肋和锚筋等直接固定于大坝表面或通过喷涂、刷涂、刮涂等方式将合成树脂或合成橡胶等涂敷于坝体上游面，固化后形成防渗层。

应该说新鲜薄膜的防渗在所有的防渗结构中是效果最好的，而且薄膜具有良好的拉伸性能，能适应坝体变形，即使坝体开裂也不会影响防渗。内贴式薄膜在外部面板的保护下，可防止外界射线和机械作用的破坏，可靠性较好。但薄膜防渗致命的缺点是薄膜的耐久性问题尚需进一步深入研究，同时薄膜与岸坡和坝基之间的连接也是施工中的一个难点问题。

2.2.5 碾压混凝土坝的温控防裂

碾压混凝土重力坝一般具有大仓面通仓薄层碾压、连续快速施工的特点，由于坝体上升速度较快，难以通过浇筑层面散发坝体内部的热量。虽然碾压混凝土的水泥用量低，水化热温升较小，但由于温峰推迟，且一般不进行混凝土内部人工冷却降温，因此在低温季节坝体内外温差偏大时，就易产生较大的温度应力，引起表面裂缝。此外，碾压混凝土重力坝常在建基面上浇筑常态混凝土垫层，并停歇较长时间进行基础灌浆，更容易产生裂缝。

碾压混凝土拱坝尽管在薄层碾压过程中，可利用层间间隙散掉一部分热量，但在拱作用形成以后，仍有相当部分的水化热储存在坝体内。在坝体冷却降温过程中，当碾压混凝土收缩产生的温度应力超过其自身的抗拉强度时，将引起坝体开裂。因此，碾压混凝土坝的温控工作虽没有常态混凝土坝复杂，但在施工过程中同样要采取相应的温控防裂措施。

碾压混凝土坝施工期常用的温控防裂措施主要包括[2]：

（1）减少碾压混凝土中水泥水化热。采用低热或中热水泥，采用高效减水剂高掺粉煤灰或其他活性材料等，以降低水泥用量、减少水泥水化热。

（2）选择适宜的浇筑温度。碾压混凝土施工宜在日平均气温 3～25℃之间进行。当日平均气温高于 25℃以及月平均气温高于容许浇筑温度时，如要进行碾压混凝土施工，则必须采取有效地降温措施。当日平均气温低于 3℃或遇到温度骤降时，应暂停碾压混凝土施工，并对坝面及仓面采取适当的保温措施。

（3）降低碾压混凝土的入仓温度。常用的方法有：降低骨料温度、在碾压混凝土运输过程中遮阳防晒、仓面喷雾降温等，必要时可在坝体内预埋冷却水管进行初期人工冷却，以削减温峰。

（4）加速浇筑块散热。应合理分缝、分块，分缝常用切缝法（在混凝土拌和料浇筑平仓后，用切缝机切缝，缝中插入薄钢板或塑料板，然后在层面碾压，较为可靠且常用）和诱导成缝法（在工作缝面上用风钻沿横缝线间隔钻孔，可诱导成缝），并薄层浇筑。

（5）坝体表面防护。常用的防护方法有：采用保温模板、覆盖保温材料等。

（6）控制升程厚度及层间间歇时间。碾压混凝土每个升程厚度一般为 1.0m 左右。各升程间的施工缝应进行处理，升程之间间歇时间一般为 2～3d。碾压混凝土浇筑进度安排应尽量保证均衡升程。

（7）基础部位常态混凝土防裂措施。坝基、护坦等部位的常态混凝土垫层，水化热较高，又受地基约束，因此在浇筑时不宜长期间歇。当基础约束范围内混凝土难以避免长期间歇或越冬时，宜采取蓄水保温或其他严格的保温防护措施。

2.2.6 碾压混凝土坝层面抗剪特性

一般常态混凝土重力坝是基础滑动起控制作用，有资料表明，世界上还没有一座混凝土重力坝因在持续荷载和洪水作用下，发生基岩面以上坝体本身混凝土被剪断而失事。失事一般都是沿基岩面滑动或基岩受剪破坏所致。而碾压混凝土重力坝则不同，它是分层铺填、分层碾压的，突出地存在层间结合问题。如果处理不当，层面可能会由于其抗剪强度很小而成为影响坝体抗滑稳定的薄弱面。因此，碾压混凝土重力坝设计中必须重视层面的抗剪特性问题。

2.2.6.1 影响层面抗剪性能的因素

根据一般工程经验，影响层面抗剪性能的主要因素如下[11,15]：

（1）运输和平仓过程中的骨料分离。

（2）VC 值过大或过小。

（3）振动压实能量不够。

（4）层间间隔时间过长。

（5）碾压层厚度过大。

2.2.6.2 控制层面抗剪强度、增加层面抗滑稳定性的措施

根据龙滩坝等国内一些工程的经验，在碾压混凝土坝施工过程中，通过采取以下措施可以达到控制层面抗剪强度、增加层面抗滑稳定性的目的[12]：

（1）控制每层连续铺筑时间，一般必须在初凝时间以前铺设完毕。

（2）在材料配合比中适当增加缓凝剂，以延长初凝时间。

（3）防止分离现象，应防止骨料倾倒成堆、缺乏泥浆而难以胶结。

（4）防止层面被污染，主要防止泥浆带入仓面，影响胶结。

（5）在层面上加铺一薄层砂浆，以增强胶结。

（6）仓面向上游倾斜 1‰～2‰，可增加稳定。

2.2.7 碾压混凝土坝层面抗剪性能试验

规范规定[1]：碾压混凝土重力坝坝体的碾压层（缝）面的抗剪计算参数，高坝应根据层（缝）面的施工条件及处理措施进行试验测定；中、低坝，若无条件进行试验时，抗剪计算参数可参照类似工程选用。碾压混凝土抗剪强度的试验方法一般包括室内直剪试验和现场原位试验。

（1）室内直剪试验[13]。试验目的是测定碾压混凝土及其层面的抗剪强度。试验采用直剪仪，包括法向和剪切向的加载设备，如图 2.8 所示[13]。

试件尺寸为 250mm×250mm×250mm，养护至要求龄期，进行碾压混凝土本身抗剪强度试验。用于层间结合试验的抗剪试验分两次成型。第一次称取试件 1/2 高度所需要的碾压混凝土装入试模，按规定压振密实，并使表面平整，放入养护室养护至要求的间隔时间后，取出试模，按施工要求处理，再成型上半部。试件养护至试验要求龄期进行试验。极限抗剪强度的计算公式如下式[13]：

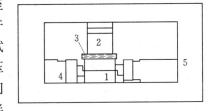

图 2.8 室内混凝土剪切试验仪示意图
1—剪力盒；2—加荷千斤顶；3—滚轴排；
4—传力垫块；5—刚性架

$$\tau = \sigma f' + c' \tag{2.1}$$

式中：τ 为剪切面极限抗剪强度，MPa；σ 为作用于剪切面上的法向正应力，MPa；f' 为剪切面的抗剪断摩擦系数；c' 为剪切面的抗剪断凝聚力，MPa。

（2）现场原位试验[13]。试验目的是测试坝体碾压混凝土抵抗剪切破坏的性能，以评价碾压混凝土的碾压质量，提供校核坝体抗滑稳定的参数。该试验适用于坝体碾压混凝土本体、碾压混凝土层面以及混凝土与岩体接触面的原位抗剪强度测试。其中，碾压混凝土层面现场原位抗剪断试验的基本原理如图 2.9 所示。

碾压混凝土层面现场原位抗剪断试验的试件尺寸一般为 500mm×500mm×300mm，试验在碾压混凝土构筑物上选定具有代表性的部位与试验层面，宜在碾压施工试验体或坝

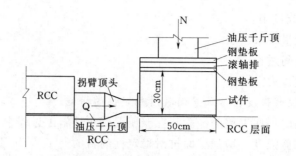

图 2.9 碾压混凝土层面现场原位抗剪断试验原理示意图

体顶部若干层面上选定,选定试验区的面积应不小于 2m×8m,试件布置需在同一层面
上,数量为 5~6 块。进行试验布置时,施加在试验面上的水平推力方向应与结构受力
方向一致。试验体开挖时混凝土的龄期应不少于 21d。采用人工挖凿试验区内试验体外围
混凝土,深度至试验层面,但受水平推力的面下挖深度需至层面以下,开挖后的尺寸误差
不大于±2cm。完成开挖后应做好试验体的养护与保护,至规定的试验龄期进行试验。

由于高坝实际施工的混凝土工程量大、工期长,影响层面碾压质量的因素多,抗剪强
度参数的离散性大;而现场碾压试验经历的时间短,出现影响混凝土层面碾压质量的因素
较少,抗剪断强度参数的离散性较小,因此不能把现场试验结果经统计分析得到的抗剪断
强度参数值直接用于工程设计,结合试验结果进行必要的工程类比是必要的。

龙滩碾压混凝土坝先后 3 次共进行了 10 种工况的现场碾压试验,开展了现场原位碾
压混凝土层面抗剪强度试验研究 129 组,现场取样室内抗剪强度试验研究 186 组[14]。根
据试验结果,结合对我国已建的 40 个大、中型工程的类比分析,确定龙滩碾压混凝土坝
的层面抗剪断强度参数的建议值见表 2.4[14,15]。国内外部分已建碾压混凝土坝的层面抗剪
断强度参数值见表 2.5[15]。

表 2.4 龙滩碾压混凝土坝的层面抗剪断强度参数建议值

坝高/m	胶材用量/(kg/m³)		龄期 /d	参 数 均 值	
	C	F		f'	C'/MPa
210	90	110	180	1.29	2.80
156	75	105	180	1.17	2.10

表 2.5 国内外部分已建碾压混凝土坝的层面抗剪断强度参数值

坝名	胶材用量/(kg/m³)		龄期 /d	抗剪断参数值	
	C	F		f'	C'/MPa
柳溪坝	47	19	35	1.00	0.90
上静水坝	79	171	730	1.11	3.02
玉川坝	91	39	90	1.31	2.77
岩滩坝	45	105	75	1.25	1.23
沙溪口坝	70	90	90	1.89	3.33

2.2.8 碾压混凝土坝抗渗等级及其试验[5,13,15]

由于碾压混凝土坝采用通仓、薄层连续铺筑并碾压的施工方法，因此，碾压混凝土层间结合面即层面不仅可能成为抗剪强度的薄弱面，而且还可能成为坝体抗渗性的薄弱面。因此，碾压混凝土坝设计中必须重视层面的抗渗性问题。

碾压混凝土坝层面是施工过程中形成的界面缝隙，其渗流属于缝隙水流，缝隙水流满足如下所示的司托克斯方程[15]：

$$q = V D_f = \gamma D_f^3 J / (12\mu) \tag{2.2}$$

式中：q 为缝隙单宽渗流量；V 为缝隙水流平均流速；D_f 为隙宽；γ 为水的重度；μ 为水的运动黏滞系数；J 为沿缝隙切向的水力梯度。

碾压混凝土的抗渗性是指碾压混凝土抵抗压力水渗透作用的能力，可用抗渗等级或渗透系数等表示。我国目前沿用的表示方法是抗渗等级。碾压混凝土抗渗等级是以标准试件在标准试验方法下所能承受的最大水压力确定的，抗渗等级分为：W2、W4、W6、W8、W10、W12 六级。

碾压混凝土的抗渗性也可用渗透系数表示。渗透系数越小，混凝土的抗渗性越强。渗透系数与抗渗等级之间一般具有表 2.6 所示的近似关系[5]。

表 2.6　　　　　　　　　　混凝土抗渗等级与渗透系数的关系

抗渗等级	渗透系数/(cm/s)	抗渗等级	渗透系数/(cm/s)
W2	1.96×10^{-8}	W8	2.61×10^{-9}
W4	7.83×10^{-9}	W10	1.77×10^{-9}
W6	4.19×10^{-9}	W12	1.29×10^{-9}

《水工碾压混凝土施工规范》中把现场压水试验作为现场评定碾压混凝土抗渗性的方法[17]，其可靠性、准确性是至关重要的。由于目前尚无专门的水工碾压混凝土压水试验规程，因此只能参照《水利水电工程钻孔压水试验规程》（SL 31）进行试验操作。

抗渗等级的试验测定是采用渗透仪实施的。试验方法采用现场压水试验法。混凝土试件经 28d（或 90d）养护后，安装在渗透仪上，按逐级加水压法进行水压试验。水压力从 $1 kg/cm^2$ 开始，以后每隔 8h 增加水压 $1 kg/cm^2$，当 6 个试件中有 3 个试件表面出现渗水时，该水压值减 1 即为抗渗等级。渗透仪装置原理如图 2.10 所示[15]。

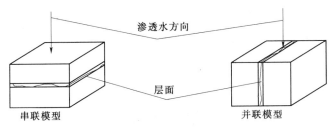

图 2.10　渗透仪装置示意图

压水试验时待测试件可分为两种试验模型：串联模型（渗透水方向垂直于层面）和并联模型（渗透水方向平行于层面），分别用于测定垂直于层面方向和平行于层面方向的渗透系数或抗渗等级。两种模型如图 2.11 所示[15]。

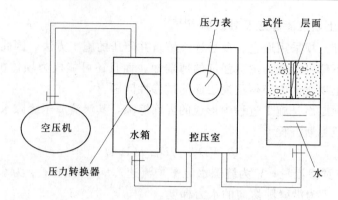

图 2.11 渗透试验模型示意图

龙滩碾压混凝土坝渗透试验结果见表 2.7[15]。

表 2.7 龙滩碾压混凝土坝渗透试验结果表

试 件 号	模 型	平均渗透系数/(cm/s)
A	串联	1.86×10^{-10}
	并联	1.25×10^{-6}
B	串联	2.44×10^{-10}
	并联	5.16×10^{-9}
C	串联	5.84×10^{-11}
	并联	1.10×10^{-8}
D	串联	1.89×10^{-10}
	并联	1.92×10^{-9}

抗渗等级这个指标虽然简单直观，但没有时间和渗透量的定量概念，不能确切反映碾压混凝土的渗透性能，而且不便于在工程设计中直接使用，不能像渗透系数那样直接应用于渗流计算中，也难以把现场压水试验结果与之联系。而渗透系数则能反映时间和渗透量的定量概念，能确切反映碾压混凝土的渗透性能，也便于为设计所直接采用。因此，许多学者建议采用渗透系数来评价碾压混凝土的抗渗性能，有些学者还提出了进行两者换算的近似关系式。如浙江大学胡云进等[16]，基于碾压混凝土芯样抗渗试验结果，经统计分析提出碾压混凝土渗透系数与抗渗等级（标号）之间的关系可用如下公式表示：

二级配碾压混凝土：

$$\lg k = -3.32 \times \lg(S+1) - 5.68 \qquad (2.3)$$

整个坝体碾压混凝土：

$$\lg k = -2.28 \times \lg(S+1) - 6.56 \qquad (2.4)$$

式中：k 为渗透系数，cm/s；S 为抗渗等级（标号）。

2.3 碾压混凝土坝施工技术

2.3.1 碾压混凝土的施工程序及质量控制措施

2.3.1.1 碾压混凝土的施工程序[7,17]

碾压混凝土筑坝的施工工序为：铺筑前的准备 → 拌和 → 运输 → 卸料和平仓 → 碾压 → 成

缝→缝面处理→异种混凝土浇筑→养生和防护→埋设件施工→特殊气象条件下的施工。主要施工工艺流程如图 2.12 所示。

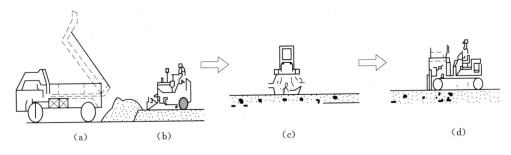

图 2.12 碾压混凝土坝主要施工工艺流程图
(a) 自卸汽车供料；(b) 平仓机平仓；(c) 振动碾压实；(d) 切缝机切缝

各工序的施工要点如下[17]：

（1）铺筑前的准备。在主体工程碾压混凝土铺筑前，应对砂石料生产系统、混凝土制备系统，运输、铺筑机具的数量、工况以及施工措施等进行检查，确认符合有关技术文件要求后，方能开始施工。碾压混凝土铺筑前，基岩面上应先浇筑一定厚度的常态混凝土。铺筑碾压混凝土，宜采用悬臂模板、混凝土预制模板、自升式模板或其他便于碾压施工作业的模板。采用悬臂模板时，应设置专用锚杆；采用混凝土预制模板或其他模板并作为坝体的一部分时，应保证模板搭接部分及模板与内部碾压混凝土之间的紧密连接。在长间歇的碾压混凝土层面（缝面）上，一般应在铺筑薄层砂浆以后才可铺筑碾压混凝土。

（2）拌和。拌制碾压混凝土宜选用强制式或自落式搅拌设备。拌和前应对搅拌设备的称量装置进行检定。确认达到要求的精度后，方能投入使用。碾压混凝土应搅拌均匀，其投料顺序和拌和时间由现场试验确定。拌和楼应有快速测定细骨料含水率的装置，并有相应的加水量补偿措施。卸料斗的出料口与运输工具之间的落差不宜大于 2m。

（3）运输。运输碾压混凝土宜采用自卸卡车、皮带输送机、坝头斜坡车道等机具，不得采用溜槽作为直接运输碾压混凝土的机具。运输机具在使用前应进行全面检查和清洗。采用自卸卡车运输混凝土时，车辆行上的道路必须平整；自卸卡车入仓前应将轮胎清洗干净，并防止将泥土、水带入仓内；在仓面行驶的车辆应避免急刹车、急转弯等有损混凝土质量的操作。采用皮带输送机运输混凝土时，应有防水分蒸发、水泥浆损失及粗骨料分离的设施。采用吊罐运输混凝土时，应有防分离措施。

（4）卸料和平仓。碾压混凝土宜采用大仓面薄层连续铺筑或间歇铺筑。铺筑层的厚度可由混凝土的拌制及铺筑能力、温度控制要求、坝体分块尺寸和细部结构等因素确定。采用自卸卡车直接进仓卸料时，宜采用退铺法依次卸料；平仓方向宜与坝轴线方向平行；卸料堆旁出现的分离骨料，应由人工或用其他机械将其均匀地摊铺到未碾压的混凝土面上；严禁不合格的碾压混凝土进仓；已进仓的应做处理，合格后方能继续铺筑。采用吊罐入仓时，卸料高度不宜大于 1.5m。碾压混凝土的平仓应采用薄层平仓法，平仓厚度宜控制在 17~34cm 范围内，经试验论证能保证质量时，平仓厚度可适当增大。平仓过的混凝土表面应平整、无凹坑，不允许向下游倾斜。

（5）碾压。振动碾机型的选择，应考虑碾压效率、起振力、滚筒尺寸、振动频率、振幅、行走速度、维护要求和运行的可靠性。建筑物的周边部位，采用小型振动碾成振动夯板等压实。其允许压实厚度，应经试验确定。振动碾的行走速度应控制在 1.0～1.5km/h 范围内。碾压厚度应不小于混凝土最大骨料粒径的 3 倍。施工中采用的碾压厚度及碾压遍数应与混凝土现场碾压试验成果和铺筑的综合生产能力等因素一并考虑。坝体迎水面 3m 范围内，碾压方向应垂直于水流方向；其余部位也宜为垂直水流方向。碾压作业宜采用搭接法。碾压条带间的搭接宽度 10～20cm；端头部位的搭接宽度宜为 100cm 左右。每层碾压作业结束后，应及时按网格布点检测混凝土的压实容重。所测容重低于规定指标时，应立即重复检测，并查找原因，采取处理措施。连续上升铺筑的碾压混凝土，层间允许间隔时间（系指下层混凝土拌和物拌和加水时起到上层混凝土碾压完毕为止），应控制在混凝土初凝时间以内，且混凝土拌和物从拌和到碾压完毕的历时不应大于 2h。

（6）成缝。碾压混凝土坝施工宜不设纵缝，横缝可采用切缝机切割、设置诱导孔或隔板等方法形成。缝面位置及缝内填充材料均应满足设计要求。切缝机切缝宜"先切后碾"。成缝面积每层应不少于设计缝面的 60%，填缝材料可用厚 0.2～0.5mm 的金属片或其他材料。设置诱导孔宜在碾压后立即进行或在层间间隔期内完成。成孔后孔内应及时用干燥砂子填塞。设置隔板时，相邻隔板的间距不得大于 10cm，隔板高度应比压实厚度低 2～3cm。

（7）缝面处理。施工缝及冷缝必须进行层面处理，处理合格后方能继续施工。层面处理可用刷毛、冲毛等方法清除混凝土表面的浮浆及松动骨料（以露出砂粒、小石为准）。处理合格后，先均匀刮铺 1.0～1.5cm 厚的砂浆层（砂浆强度等级比混凝土高一级），然后立即在其上摊铺混凝土，并应在砂浆初凝以前碾压完毕。冲毛、刷毛时间可根据施工季节、混凝土强度、设备性能等因素，经现场试验确定，不得提前刷毛。因施工计划的改变、降雨或其他原因造成施工中断时，应及时对已摊铺的混凝土进行碾压，停止铺筑处的混凝土面宜碾压成不大于 1∶4 的斜坡面。

（8）异种混凝土浇筑。浇筑完基岩表面的常态混凝土垫层后，宜间歇 3～7d，方可在其上铺筑碾压混凝土，但应避免长期间歇。靠岸坡岩面的常态混凝土垫层，应与主体碾压混凝土同步进行浇筑。常态混凝土与碾压混凝土的结合部位应按照图 2.13 所示[17]方法认真处理。两种混凝土应交叉浇筑，并应在两种混凝土初凝前振捣或碾压完毕。

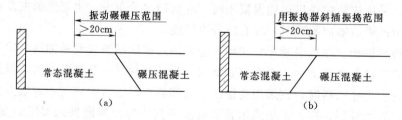

图 2.13　异种混凝土结合部位的处理
（a）先浇筑常态混凝土后铺筑碾压混凝土；（b）先铺筑碾压混凝土后浇筑常态混凝土

（9）养生和养护。施工过程中，碾压混凝土的仓面应保持湿润。正在施工和刚碾压完毕的仓面，应防止外来水流入。在施工间歇期间，碾压混凝土终凝后即应开始养护工作。

对水平施工层面，养护工作应持续至上一层碾压混凝土开始铺筑为止；对永久暴露面，宜养护 28d 以上。

（10）埋设件施工。在有埋设件区域进行碾压混凝土施工时，应对埋设件妥加保护，精心施工。碾压混凝土内部观测仪器和电缆的埋设，宜采用后埋法。对没有方向性要求的仪器，坑槽深度以能埋设仪器和电缆即可。对有方向性要求的仪器，则应予深埋，上部最少要有 20cm 厚的人工回填保护层。回填工作应在已碾压混凝土初凝以前完成。并应确保回填混凝土的密实性。在仪器安装、埋设、混凝土回填作业中，如发现有异常变化或损坏现象，应及时采取补救措施。在仪器和电缆埋没完毕后，应及时检测，确认符合要求后，应编写施工日志，绘制竣工图。观测电缆在埋设点附近应预留一定的富余长度。凡需垂直或斜向上引的电缆，应在碾压混凝土层内水平敷设至常态混凝土区域（或廊道）后再向上（或向外）引伸。

（11）特殊气象条件下的施工。施工期间应加强气象预报工作，及时了解雨情和气温情况，妥善安排施工进度。1h 内降雨量超过 3mm 时，不得进行铺筑、碾压施工。刚碾压完的仓面应采取防雨保护措施。在大风条件下施工，应采取专门措施保持仓面湿润。碾压混凝土施工宜在日平均气温 3～25℃情况下进行。日平均气温高于 25℃时，应采取防高温和防日晒施工措施。日平均气温低于 3℃时，应采取保温施工措施。

2.3.1.2 碾压混凝土的施工质量控制措施[7,17]

碾压混凝土常用的施工质量控制措施包括：

（1）保证层间结合良好，避免间歇时间过长，防止拌和料过干。对于经长间歇的碾压层面（缝面），要先打毛，后铺砂浆。

（2）防止骨料分离，卸料落差不应大于 2m，堆料高度不大于 1.5m，减少大骨料的含量。

（3）拌和料出机至开始碾压的时间间隔不大于 1h。

（4）对两种混凝土的结合部位应重新碾压。

（5）每一碾压层至少在 6 个不同的地点，每 2h 至少检测一次碾压质量。

（6）碾压混凝土浇筑后必须及时养护。

（7）尽量避免夏季或高温时段施工。

2.3.2 碾压混凝土斜层平推铺筑法[7,10,15,17,18]

传统的碾压混凝土大坝施工，一般采用水平层铺筑法。如果模板、入仓手段允许，施工总希望能更大方量、更长时间的连续进行，即实现连续升程。高重力坝坝体单位升程的方量较大，且极不均衡，又受层间塑性结合的限制，要实现全坝面水平连续升程，从资源配置（拌和系统）的经济性上考虑，几乎是不可能的。如何提高连续浇筑的方量或者增加设备连续运转的时间，是提高效率的主要途径。由于水平层铺筑法设备效率受到局限，因此，工程实践中提出了碾压混凝土斜层平推铺筑法。这种方法通过改变浇筑方式来提高每次开仓浇筑的方量、延长连续浇筑的时间。所谓"斜层平推铺筑法"就是指改变摊铺层的角度，把摊铺层与水平面的夹角由 0°改成 3°～6°，即以 1∶20～1∶10 的缓坡，进行斜层平推铺筑（以下简称"斜层铺筑法"）。水平层铺筑法和斜层铺筑法分别如图 2.14 和图 2.15 所示[10,15,18]。

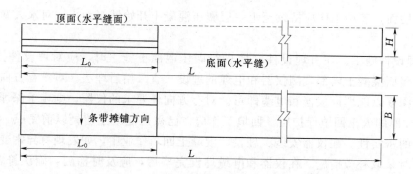

图 2.14 水平层铺筑法示意图

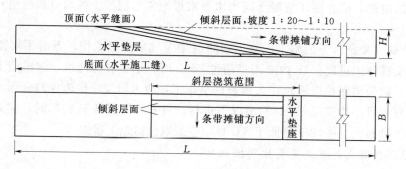

图 2.15 斜层铺筑法示意图

斜层铺筑法取消了浇筑单元的分区模板，实现了碾压混凝土长历时的连续铺筑，大大提高了碾压混凝土施工设备（拌和、运输、摊铺及碾压）的利用效率。具体来说，斜层铺筑法具有以下主要优点[15,18]。

2.3.2.1 提高效率，降低成本

（1）斜层铺筑法可以在有限的拌和能力下，不受仓面面积的控制，使碾压混凝土作业得以大方量、长时间的连续进行，大幅度提高全套碾压混凝土施工设备的综合效率，因而使生产成本降低。斜层铺筑法坝体每 3m 升程平均使用约 8d 左右时间，而相同情况采用水平层铺筑法的时间约需 15d 左右。根据分析，在其他条件相同的情况下，水平层铺筑法的效率仅为斜层铺筑法的 70%～80%。1997 年 11 月，江垭工程采用斜层铺筑法，创造了月浇筑混凝土 12 万 m³ 的最高纪录，而此前采用水平层铺筑法的月最高浇筑强度仅为 9 万 m³。

（2）为了扩大每次开仓的面积，提高生产率，降低成本，在拌和能力一定的情况下，水平层铺筑法往往不得不依靠高效缓凝剂，因此增加了混凝土的成本。而采用斜层铺筑法，根据仓面的具体尺寸，可以通过调节斜层坡比控制层间结合时间，从而不必过分追求高效缓凝效果。通过斜层铺筑法这种施工工艺的变更，既可以达到提高效率的目的，又不增加混凝土外加剂的成本。

（3）分仓浇筑。由于封仓口处理及模板安装等原因，每个仓面封仓阶段的效率都大幅度降低，费时费力。斜层铺筑法长时间连续浇筑，把多个分仓合并成一仓，封仓口的总数量变成原来的几分之一，对整个工程而言，这个数字相当可观。如果沿坝轴线方向斜层铺筑，可以取消所有模板，既省去了模板的安拆费用，又提高了分仓浇筑速度。

2.3.2.2 降低设备配置容量的要求

采用斜层铺筑这种施工方法，或者与水平层铺筑法联合运用，可以使整个工程所需的设备（尤其是关键设备，如拌和楼及混凝土运输系统等）的容量要求降低，使设备选择更具灵活性。

2.3.2.3 提高碾压混凝土质量

（1）对碾压混凝土而言，层间间隔时间越短，层面胶结的效果就越好。水平层铺筑法为了追求效率，不得不尽量挖潜，延长混凝土的初凝时间，甚至到初凝时间的极限，以争取更大的浇筑面积。而斜层铺筑法从工艺的改变入手，追求效率的提高，通过改变坡比而人为地控制层间间隔时间，使层间结合达到尽可能好的效果。江垭大坝的斜层铺筑法施工，层间间隔一般控制在3~4h，从钻芯取样及压水试验的结果来看，均取得了很好的层间结合效果。

（2）模板或结构物周边的常态混凝土或变态混凝土的使用在碾压混凝土大坝中是不可避免的，且需与碾压混凝土同步施工，但它们的初凝时间与碾压混凝土往往不一致。斜层铺筑法通过缩短层间间隔时间，可以使常态混凝土的层间也获得比较好的胶结效果。

（3）碾压混凝土施工入仓口的质量始终是个薄弱环节。由于斜层铺筑法大幅度减少了整个大坝入仓口的数量，在特殊运输条件下甚至可以取消入仓口，因此可提高碾压混凝土大坝的综合质量。

（4）由于斜层铺筑法的碾压混凝土覆盖时间较短，对高温季节施工的制冷混凝土，可以减少温度倒灌，喷雾等措施也易于实施。若遇降雨，由于斜坡面的存在，也可以降低雨水对新浇碾压混凝土的侵害。

值得注意的是，斜层铺筑法的上述优点是与水平层铺筑法相比较而言的。有些问题不是由施工方法决定的，而是由碾压混凝土自身的材料特性决定的，比如局部骨料分离问题，斜层铺筑法与水平层铺筑法都不可能绝对消除。

2.4 碾压混凝土拱坝

目前，碾压混凝土已广泛应用于拱坝，如南非已建成的克纳普特重力拱坝（坝高50m）、沃威登重力拱坝（坝高70m），我国已建成的普定拱坝（坝高75m）、沙牌拱坝（坝高132m）[20]。我国1996年建成的溪柄溪碾压混凝土拱坝布置如图2.16所示[19]。

碾压混凝土拱坝与碾压混凝土重力坝在施工工艺上基本相同，两种坝型的主要区别是温度控制和坝体接缝设计。

由于重力坝坝体可以单独承受水荷载，在坝体内可以设置不灌浆的横缝，以解除在坝轴方向坝体温度变形所受到的约束。设置横缝以后，在水流方向，基础对坝体温度变形的强约束区的高度只有坝底宽度的0.20倍左右，因此，只要在低温季节浇筑完强约束区的混凝土，其余部分坝体混凝土温度控制的矛盾就不大了。拱坝的情况有所不同，水荷载需依靠拱的作用传递到两岸的基岩上，坝内不能设置不灌浆的横缝。从基础到坝顶，在整个坝高范围内，坝体的温度变形都受到两岸基础的约束。如果在高温季节浇筑混凝土，在坝内将产生较大的温差和应力。所以温度控制是碾压混凝土拱坝与碾压混凝土重力坝最主要

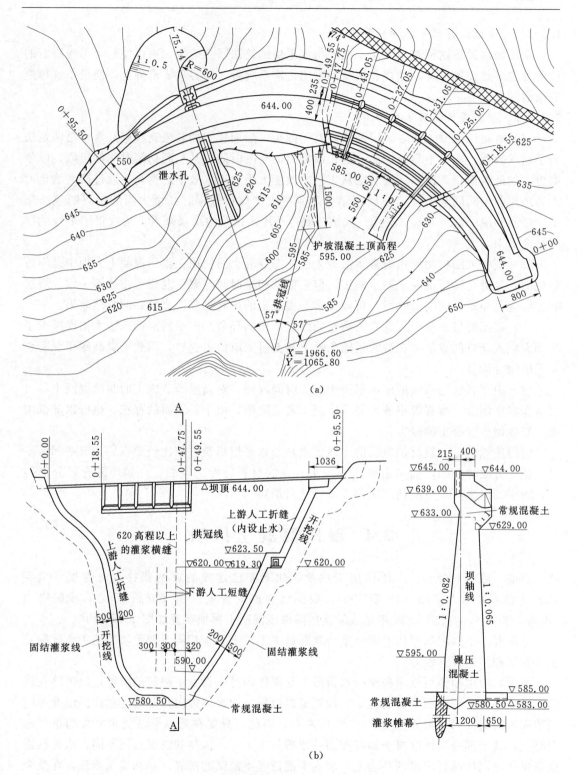

(a)

(b)

图 2.16　溪柄溪碾压混凝土拱坝布置图（单位：mm）

（a）平面布置图；（b）上游面展示图及拱冠断面图

的区别所在。拱坝拱与梁的分载特点如图 2.17 所示[15,21]。

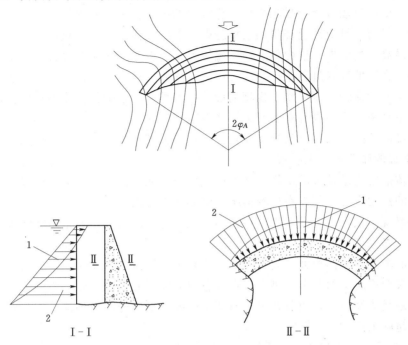

图 2.17　拱坝平面及剖面图
1—拱荷载；2—梁荷载

　　当然，两种坝型在其他方面还有一些差别。例如，由于拱坝的应力水平较高，因此混凝土胶凝材料用量需适当提高；拱坝坝体较薄，在防渗方面需采取一定措施。碾压混凝土中含有大量粉煤灰，水化热的产生速度较低，加上浇筑层面间歇时间较短，所以通过水平浇筑层面散发的热量较少，而拱坝的厚度又较薄，施工过程中水化热主要是通过两侧面散失的。

　　根据坝体规模、施工条件及温控要求等因素，拱坝在施工期一般需设置一定数量的接缝（横缝和纵缝），如图 2.18 所示[21]。当坝高较小、坝体较薄时，一般可不设纵缝。

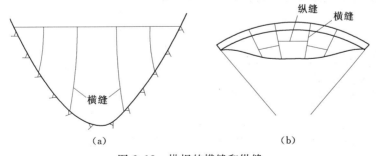

图 2.18　拱坝的横缝和纵缝
（a）拱坝上游立视图；（b）拱坝平面图

2.4.1　无横缝的碾压混凝土拱坝

　　在我国南方地区建坝，由于坝体稳定温度通常较高，因此对于坝体混凝土量比较小的拱坝，如果在几个低温月份可以浇筑完整个坝体，则在不设置横缝的条件下，坝体拉应力仍有可能在允许范围内[15]。

但是,无横缝碾压混凝土拱坝采用通仓浇筑的施工工艺,其封拱温度的确定与传统拱坝有所不同。目前,针对通仓浇筑的无横缝碾压混凝土拱坝,其封拱温度的计算均采用施工过程中的最高平均温度,这样就忽略了碾压混凝土在水化热温升过程中产生的压应力可以抵消一部分在后期温降过程中产生的拉应力,因此,这是一种偏安全的做法。然而,温度应力的大小对无横缝碾压混凝土拱坝的设计有着重要的影响。温度荷载的宽裕度过大会导致设计的不经济,因而很有必要对无横缝碾压混凝土拱坝的封拱温度做进一步的研究。如我国江西境内的高云山水电站坝体就是采用这种无横缝的碾压混凝土拱坝型式。

2.4.2 有横缝的碾压混凝土拱坝

对于坝体混凝土量较大的拱坝,如不设置横缝,在坝体内就可能出现很大的温差,从而产生很大的温度应力,所以在这种情况下就必须设置横缝。

高碾压混凝土拱坝也可设置完全切断的无抗拉能力的横缝,但是横缝的数目必须尽可能少,以尽可能减少对施工的干扰。

高碾压混凝土拱坝体积大,设置少量横缝后,坝体虽然分成两三个仓面,但仍能满足碾压混凝土大仓面施工的要求。事实上在大仓面上实施通仓碾压时,浇筑强度高,施工设备多,不一定是最经济的,而分几个仓面施工使准备工作与混凝土浇筑错开安排,有时反而有利于加速施工进度[15]。

2.4.2.1 碾压混凝土拱坝横缝设置的原则

碾压混凝土拱坝横缝设置的一般原则包括[22]:

(1)应尽量利用低温季节浇筑下部混凝土,最大限度地在无缝条件下浇筑下部混凝土。再往上,可根据不同情况设置若干横缝;

(2)考虑到碾压混凝土中水泥用量较少,其温差小于常态混凝土,所以横缝间距可以比常态混凝土拱坝大一些。根据坝体长度的不同,可考虑设置1~3条横缝;

(3)在横缝下部缝端的混凝土中,应设置一些抗拉钢筋,以防止坝体降温时混凝土被拉开。

碾压混凝土拱坝横缝设置的几种常见型式如图2.19所示[22]。

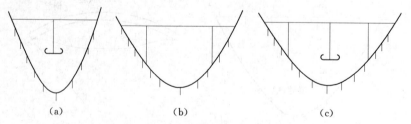

(a) (b) (c)

图2.19 碾压混凝土拱坝横缝设置型式
(a) 一条横缝;(b) 两条横缝;(c) 三条横缝

蓄水以前,横缝必须灌浆,灌浆前坝体必须冷却到规定温度。对于较薄的坝,无需人工冷却;对于较厚的坝,则需水管冷却。碾压混凝土拱坝的封拱灌浆时机,应由坝体温度控制设计确定。

封拱灌浆后坝体所产生的温度应力的大小与横缝灌浆时机有关。横缝灌浆时间越晚,坝体在封拱前的散热越充分，则封拱后产生的剩余热量越小，坝体的温度应力也越小[15]。

2.4.2.2 横缝的结构型式

碾压混凝土拱坝横缝常用以下两种结构型式[15,22]：

（1）预制宽缝。如图 2.20（a）所示[22]，用两个预制混凝土块形成一宽缝，净宽80～120cm，宽缝内设 2～3 排止水，预制块与碾压混凝土接触面上也应设置键槽，并埋设锚固钢筋。在坝体冷却至设计规定温度后，用细骨料的常规混凝土填满宽缝。

（2）预制灌浆缝。如图 2.20（b）所示[22]，把一个灌浆区的全部灌浆设备都埋设在一个预制混凝土块内，其中包括止浆片、进浆管、回浆管、升浆管、出浆盒、排气槽、排气管等，所有干管都从下游坝面进出。为防止坝体收缩时预制块与左侧坝体混凝土被拉开，应使一部分预制混凝土和钢筋伸入左侧碾压混凝土中。在施工中，与预制块接触处应有一定厚度的常态混凝土，并用振捣器振捣，以保证与预制混凝土之间的良好接触。

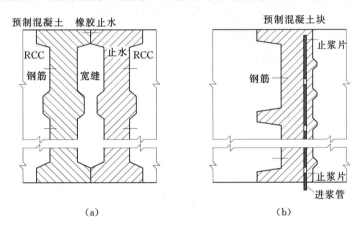

图 2.20　碾压混凝土拱坝横缝的结构型式
（a）预制宽缝；（b）预制灌浆缝

2.4.3　设诱导缝的碾压混凝土拱坝

2.4.3.1　诱导缝及其布置[15]

为了控制施工期温降引起的坝体裂缝，国内外已建成的几座碾压混凝土拱坝普遍设置了诱导缝。我国在国家"八五"科技攻关过程中深入研究了诱导缝的作用和合理布置问题，提出了诱导缝等效强度计算模型和断裂判别式以及有效作用范围估计方法，为诱导缝设计提高了理论依据，并对高碾压混凝土拱坝设置少量横缝的作用和适用条件提出了依据。

碾压混凝土拱坝一般不设置常态混凝土拱坝中那种密集的横缝，施工期的温度回降将在坝体中产生较大的拉应力。为了控制坝体的温度裂缝，需要沿拱径向设置某种形式的诱导缝。

所谓诱导缝是指坝体内人为设置的不贯通坝体断面的潜在"缝"，它有一定抗拉能力，但抗拉强度已被人为削弱；当拉应力超过缝断面上所保留的那部分混凝土的抗拉强度时，诱导缝就能自动张开，以消除拉应力，防止其周围坝体进一步产生裂缝。

研究表明，诱导缝的位置应该靠近拱坝中的最大拉应力区，当诱导缝强度降低的比例不超过 1/3 时，诱导缝离开拱端的距离不应远于 15～20m。实际工程中，一般河谷岸坡都有一定倾斜坡，如果诱导缝设计成一条垂直的缝，使其底部靠近低高程拱圈的拱端，而其上部则会离开较高处拱端很远距离，因而不能同时满足个高程拱圈控制裂缝的要求。

为了克服上述困难，使诱导缝在所有高程上都能起到控制拱端裂缝的作用，较为可行的布置方案有[15]：

（1）设置大致平行于岸坡的倾斜诱导缝，但倾斜诱导缝的施工较为困难。

（2）在两端附近多设置几条诱导缝，使每个高程上至少有一条诱导缝靠近拱端。

（3）类似方案（2）的布置，但部分诱导缝仅设于拱坝中下部，不向上部延伸。

工程具体条件也会影响诱导缝的布置，例如河谷地形地质条件突变处或坝体断面变化处可能产生局部拉应力集中等，在这些情况下也应考虑设缝的问题。

沙牌碾压混凝土拱坝横缝和诱导缝的布置如图 2.21 所示[21]。

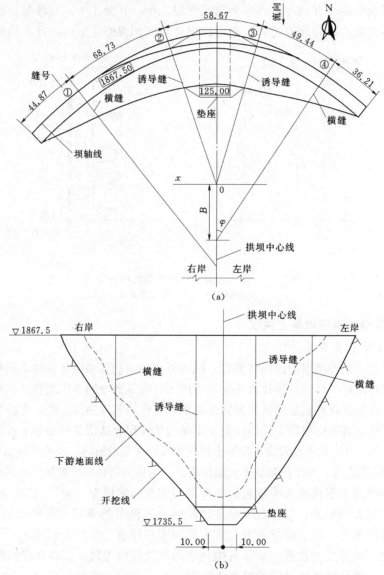

图 2.21 沙牌碾压混凝土拱坝横缝和诱导缝布置示意图

（a）平面图；（b）下游立视图

根据温度控制对分缝间距的要求，结合坝体温度应力场的特点，并考虑拱坝体型边界条件，沙牌碾压混凝土拱坝坝体上布置了四条诱导缝，横缝间距在 $35\sim70\text{m}$ 之间，符合碾压混凝土的一般防裂要求，两边坝块缝距较小，有利于释放两岸基岩约束影响。碾压混凝土施工时，碾压层按 0.3m 设计，拟定灌浆区高度为 0.9m。在每个灌浆区内均设置有灌浆设备，并形成一个自封闭区。所有干管设施均布置在下游坝面侧。在灌浆管路系统的布置中，布置了初次水泥灌浆和二次化学灌浆的二套管路系统。在诱导缝的上、下游坝面处预留有跨缝布置的梯形键槽，用于埋设止浆（止水）片，并在其中设置裂缝导向器。

诱导缝断面被削弱后仍保留的那一部分抗拉强度（亦称之为等效强度）对分析诱导缝的开裂状况十分重要。可采用三维有限元法，进行坝体在不同分缝条件下的三维有限元应力变形分析，以研究拱坝在不同开裂状态下的应力特征，论证诱导缝的布置位置、分缝条数，并研究诱导缝的布置方案。

2.4.3.2 诱导缝的结构型式[15,23]

诱导缝的构成是在缝断面按一定规律埋设诱导板，部分地切断混凝土的联系，使坝体在诱导缝断面处的连接面积减小，强度减弱。诱导板由中间有缝的双层金属板或双层混凝土板组成，根据诱导板的不同布置，实际工程所采用的诱导缝大致分为两种结构型式：一种是单向间隔诱导缝，对坝体断面削弱的面积较大，如图 2.22 所示[23]；另一种是双向间隔诱导缝，对坝体断面削弱的面积较小，如图 2.23 所示[23]。某碾压混凝土拱坝双向间隔诱导缝的结构形式如图 2.24 所示[15]。

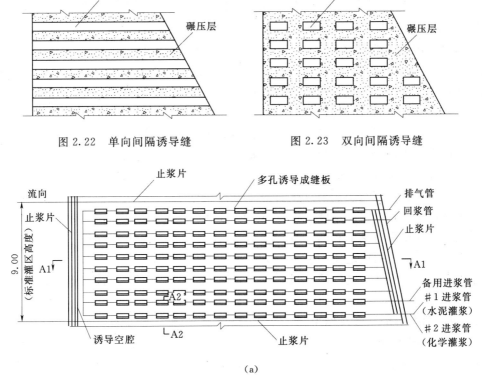

图 2.22 单向间隔诱导缝　　　　图 2.23 双向间隔诱导缝

（a）

图 2.24（一）　双向间隔诱导缝结构形式示意图

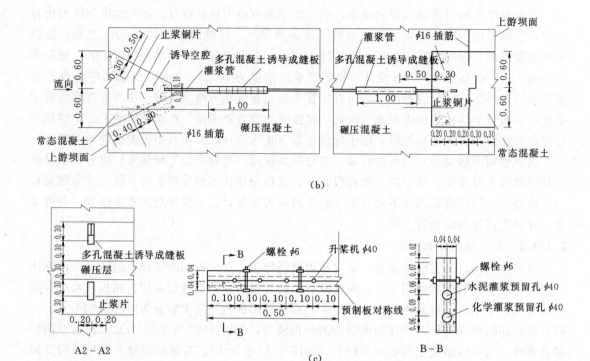

图 2.24（二）　双向间隔诱导缝结构形式示意图

（a）诱导缝立视图；（b）（A1－A1）诱导缝层面剖视图；（c）诱导成缝立面剖视图

2.4.3.3　诱导缝的等效强度机理[15,23]

在温降作用下，拱坝的坝体应力具有很强的非均匀分布特性，最大拉应力发生在拱端和拱冠断面。如果坝体内各断面的混凝土强度相等，裂缝应该出现在拉应力最大的拱端或拱冠断面，也可能位于抗拉强度最低的诱导缝断面，究竟属于何种情形，取决于诱导缝的等效强度和其所在断面的应力情况。为了让诱导缝在坝体拉裂前首先张开，就应该使诱导缝强度降低的比例大于其所在断面应力降低的比例，换句话说，诱导缝断面的应力与拱坝中最大拉应力的比值应大于诱导缝等效强度与混凝土坝体强度的比值。

一般情况下，拱端的拉应力较大，沿弧长的衰减也较快，因此，在拱端附近设置诱导缝的实际意义较大，而在拱冠附近设置诱导缝的作用则十分有限。但是诱导缝的强度不可能减少太多，因为减少抗拉强度意味着减少断面的连接面积，使抗压强度也受到同样的影响，对拱坝承受压应力是不利的，所以在实际工程中，诱导缝断面面积削弱都不太大，其等效强度与原混凝土强度之比一般不小于 2/3。

单向和双向间隔诱导缝的等效强度，可根据其结构布置型式，按照不同的计算模型分别进行计算[23]。

2.4.4　应力释放缝的型式及作用[15]

应力释放缝是在坝面切断坝体有限深度的人工缝。应力释放缝仅在上游坝踵附近布置。它的功能主要是释放坝踵的拉应力，在规定部位用人工的稳定缝代替由于结构应力作用而产生、且开裂部位及方向均不确定的不稳定裂缝。应力释放缝的布置及结构形式如图

2.25 所示[15]。

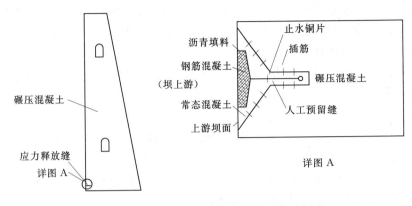

图 2.25 应力释放缝布置及结构形式示意图

在碾压混凝土拱坝结构中，为了使坝基接触面上混凝土与基岩接触良好，在接触面上需设置常态混凝土垫层。如沙牌拱坝周边设置的常态混凝土垫层厚度为 2.0m，应力释放缝就沿此垫层的上游侧布置，在河床部位沿垫座顶面以上 2.0m 处布置。

通常拱坝尤其是薄拱坝即使人工冷却到稳定温度场后灌浆，运行期冬春季温度下降仍受拉力，夏秋季温度上升加大拱座推力，由于温度通过变形产生荷载，因此应力释放缝能提供自由变形面，对释放温度应力最为敏感。拱坝在坝体混凝土干缩、水压力等作用下往往在坝踵部位引起拉应力集中，这些荷载会与温度荷载产生叠加效应，促使坝踵部位产生更大的拉应力。在拉应力区设置应力释放缝可以大大削减拱坝拉应力，将难以确定位置的拉应力区裂缝限制在有上游止水和下游止裂措施的应力释放缝上。

一般情况下，应根据三维应力变形有限元计算结果，分析在最不利条件下坝踵处可能的裂缝深度，由此即可确定应力释放缝的深度。例如，沙牌拱坝经综合分析，以不影响防渗帷幕的安全为原则，选取应力释放缝的深度为坝体厚度的 1/5。

在应力释放缝上游侧设置止水，在末端采用拔管方法形成圆形孔，以避免缝端应力集中。由上述可知，采用应力释放缝也可以在坝体混凝土温度未冷却到稳定温度时就蓄水发电，也不影响全断面的碾压施工，缝的构造形式简单，缝的作用明显，效果较好。但必须保证这种人工缝的稳定性。

设置应力释放缝后，碾压混凝土拱坝一般应考虑在基本荷载组合条件下，按下述方法进行应力分析：

（1）将坝体及缝面视为弹性材料，按温降荷载分析。

（2）将坝体及缝面视为弹塑性材料，允许坝体和缝面开裂或剪切滑移，按温降荷载分析。

2.4.5 横缝与诱导缝、应力释放缝的区别

概括起来，横缝与诱导缝、应力释放缝的主要区别如下[15]：

（1）横缝结构较复杂，施工不太方便；应力释放缝和诱导缝则相对简单。

（2）设置横缝以后，混凝土碾压仓面减少；但对于高拱坝，设置横缝却有利于改善坝体温度应力，并提高施工设备的利用率。布置诱导缝及应力释放缝以后，都可以实现全断

面通仓碾压施工。

（3）施工期，只要横缝位于受拉区就会释放对温度变形的约束，封拱灌浆后不构成拱坝的结构薄弱面。应力释放缝和诱导缝均不能完全解除对温度变形的约束，且应力释放缝和诱导缝处往往成为拱坝的结构薄弱面。

（4）采用横缝、诱导缝、应力释放缝，都应满足在坝体温度未冷却到稳定温度时就要蓄水发电的要求。

复 习 思 考 题

1. 碾压混凝土、VC 值、变态混凝土、诱导缝、应力释放缝的概念。
2. 碾压混凝土的材料特点及其施工技术。
3. 碾压混凝土坝的特点。
4. 碾压混凝土坝坝体断面的设计原则。
5. 碾压混凝土坝的坝体防渗结构型式及其特点。
6. 碾压混凝土坝的温控防裂措施。
7. 碾压混凝土坝控制层面抗剪强度的措施。
8. 碾压混凝土斜层平推铺筑法的施工特点。
9. 变态混凝土与二级配碾压混凝土组合防渗方案的优点及问题。
10. 碾压混凝土拱坝横缝与诱导缝、应力释放缝的区别。

参 考 文 献

［1］　中华人民共和国水利部 . SL 314—2004 碾压混凝土坝设计规范 ［S］. 北京：中国水利水电出版社，2004.
［2］　顾志刚，张东成，罗红卫 . 碾压混凝土坝施工技术 ［M］. 北京：中国电力出版社，2007：1 - 8，12 - 13，139 - 143.
［3］　中国大坝委员会秘书处 . 2005 年中国与世界大坝建设情况：中国水力发电工程学会水文泥沙专业委员会第七届学术讨论会论文汇编 ［C］. 杭州：中国水利发电工程学会，2007：251 - 253.
［4］　贾金生，袁玉兰，郑璀樱，等 . 中国水库大坝统计和技术进展及关注的问题简论 ［J］. 水力发电，2010，36（1）：6 - 10.
［5］　方坤河 . 碾压混凝土材料、结构与性能 ［M］. 武汉：武汉大学出版社，2004：10 - 11，191 - 192.
［6］　张光斗 . 碾压混凝土筑坝新技术 ［J］. 水力发电学报，1993，（1）：86 - 98.
［7］　徐玉杰 . 碾压混凝土坝施工技术与质量控制 ［M］. 郑州：黄河水利出版社，2008：59 - 67.
［8］　陈秋华 . 沙牌碾压混凝土拱坝设计 ［J］. 水电站设计，2003，19（4）：55 - 60.
［9］　辽宁省白石水库建设管理局，日本工营株式会设，辽宁省水利土木工程咨询公司，等 . 严寒地区 RCD 碾压混凝土坝设计与施工 ［M］. 北京：中国水利水电出版社，2002：64 - 65.
［10］　孙恭尧，王三一，冯树荣 . 高碾压混凝土重力坝 ［M］. 北京：中国电力出版社，2004：178 - 184，303 - 307，418 - 423.
［11］　彭一江，黎保琨，屈彦玲 . 碾压混凝土层面抗剪强度的细观数值研究 ［J］. 中国安全科学学报，

2004，14（3）：84－87.

[12] 段亚辉，王宏硕，陆述远. 提高碾压混凝土重力坝层面抗滑稳定性的措施［J］. 水利水电技术，
    1996，（1）：2－5.

[13] 中华人民共和国水利部. SL 352—2006 水工混凝土试验规程［S］. 北京：中国水利水电出版
    社，2006.

[14] 涂传林，何积树，陈子山. 龙滩碾压混凝土层面抗剪断试验研究［J］. 红水河，1999，18（2）：
    31－34.

[15] 解宏伟，陈曦. 高等水工结构［M］. 北京：中国水利水电出版社，2013：4－29，40－59.

[16] 胡云进，速宝玉，毛根海. 碾压混凝土渗透系数与抗渗标号关系研究［J］. 水力发电学报，2006，
    25（4）：108－111.

[17] 中华人民共和国水利部. SL 53—94 水工碾压混凝土施工规范［S］. 北京：中国水利水电出版
    社，1994.

[18] 姜长全. 碾压混凝土的斜层平推铺筑法［J］. 水力发电，1999，（7）：46－49.

[19] 张仲卿. 碾压混凝土拱坝［M］. 北京：中国水利水电出版社，2002：21－22.

[20] 贾金生，陈改生，马锋玲，等. 碾压混凝土坝发展水平和工程实例［M］. 北京：中国水利水电出
    版社，2006：1－7.

[21] 林继镛. 水工建筑物［M］. 4 版. 北京：中国水利水电出版社，2006：145，203.

[22] 朱伯芳. 大体积混凝土温度应力与温度控制［M］. 北京：中国水利水电出版社，1999：
    612－619.

[23] 田志斌. 具有诱导缝的碾压混凝土拱坝温度裂缝发展分析［D］. 西安：西安理工大学，2013：
    13－16.

第3章　混凝土面板堆石坝

3.1　概　　述

混凝土面板堆石坝是堆石坝中的一种坝型。堆石坝按防渗体类型划分，可分为土质防渗体堆石坝和非土质防渗体堆石坝两大类[1]。其中，土质防渗体堆石坝又可分为心墙堆石坝、斜心墙堆石坝和斜墙堆石坝；非土质防渗体堆石坝又可分为混凝土面板堆石坝、沥青混凝土面板堆石坝、沥青混凝土心墙堆石坝和土工膜防渗堆石坝。本章只讨论混凝土面板堆石坝。

混凝土面板堆石坝是指用堆石或砂砾石分层碾压填筑成坝体，并用混凝土面板作防渗体的坝的统称；坝体主要用砂砾石填筑的坝也可称为混凝土面板砂砾石坝；混凝土面板堆石坝的英文名为 concrete face rockfill dam，缩写为 "CFRD"[6]。

3.1.1　混凝土面板堆石坝的发展[1-5]

现代混凝土面板堆石坝筑坝技术诞生于20世纪60年代中期，是现代坝工建设领域取得的一项具有重大意义的技术成就。与传统堆石坝相比，现代混凝土面板堆石坝具有安全性好、工程量小、施工方便、导流简化及工期短等优点，现已成为许多工程的首选坝型。

混凝土面板堆石坝的发展历史大致可分为三个阶段：

(1) 早期抛填堆石阶段（19世纪60年代至20世纪30年代）；

(2) 过渡阶段（20世纪30年代至60年代中期）；

(3) 以堆石薄层碾压为特征的现代混凝土面板堆石坝阶段（20世纪60年代中期至今）。

最早的面板堆石坝出现在美国西部，如1869年建成的高12.5m的Chatowarth坝，1931年建成的100m高的Salt Spring坝等。这些坝的出现与当时的采矿和淘金业有关，坝体采用抛填堆石、辅以高压水冲实的简单施工工艺，最初采用木板防渗，后来逐渐为混凝土面板取代，以承受更高的水压力。

采用抛填堆石，堆石体密实性较差，沉降和水平变位较大。正是由于这一原因，采用抛填方法施工的堆石坝仅适用于坝高较低的工程。随着坝高的增高，堆石体沉降变形随之增大，混凝土面板难以承受较大的变形，将会产生严重开裂，从而导致大量漏水。由于上述问题的出现，人们对混凝土面板堆石坝的安全性产生了怀疑，以致在这之后的较长时期内，这种坝型的发展几乎一直处于停滞状态。

进入20世纪60年代，随着大型土石方施工机械，尤其是大型振动碾的出现，为堆石坝筑坝技术的发展注入了新的活力。著名土力学家太沙基在1960年提出采用碾压堆石修筑面板坝的构想，他认为碾压堆石变形很小，可以改善面板堆石坝混凝土面板的工作状况，因而可以建更高的面板坝，堆石体也可以使用较软弱的岩石。太沙基的这些论述对于混凝土面板堆石坝的再次兴起起到了重要的作用。从此，面板堆石坝堆石体的填筑施工，均采用薄层碾压的施工方法。至 1965 年，基本完成了由抛填堆石向碾压堆石的过渡，面板堆石坝进入以堆石薄层碾压为特征的现代混凝土面板堆石坝发展阶段。

由于具有如上所述的技术和经济上的优越性，在此后的数十年里，混凝土面板堆石坝这种新坝型在全世界范围内得到了广泛的应用，相应的设计理论和施工技术也得到了不断地发展和完善，从而使其成为一种颇具竞争力的坝型。

我国是于 20 世纪 80 年代初期开始从国外引进混凝土面板堆石坝筑坝技术的，虽然起步晚，但起点高、发展快。

1985 年，我国开始建设第一座混凝土面板堆石坝——湖北西北口大坝（坝高 95m）。1988 年，辽宁关门山混凝土面板堆石坝（坝高 58.5m，图 3.1）首先建成挡水[8]。到目前，我国已建和在建的混凝土面板堆石坝已达 200 余座，其中坝高在 100m 以上的有 50 余座。我国 CFRD 的总数和高 CFRD 的数量均占世界近一半。已建的水布垭面板坝（坝高 233m）为目前世界已建同类坝中的最高坝。

图 3.1　我国建成的首座混凝土面板堆石坝——关门山坝施工场面

随着混凝土面板堆石坝筑坝技术的发展，混凝土面板堆石坝越建越高、工程规模越来越大已成为现代混凝土面板堆石坝发展的基本趋势。

表 3.1 为我国部分高混凝土面板堆石坝工程的特性指标[1]。

表 3.1　　　　　　　　　我国部分高混凝土面板堆石坝工程的特性指标

坝名	地点	坝高 /m	坝体积 /万 m³	面板面积 /m²	库容 /亿 m³	装机容量 /MW	完成时间
水布垭	湖北巴东	233	1526	137000	45.8	1600	2008 年
天生桥一级	贵州、广西	178	1800	172700	102.6	1200	1998 年

坝名	地点	坝高/m	坝体积/万 m³	面板面积/m²	库容/亿 m³	装机容量/MW	完成时间
滩坑	浙江青田	162	980	95000	41.9	600	2009 年
紫坪铺	四川都江堰	158	1117	108800	11.12	760	2006 年
吉林台一级	新疆尼勒克	157	836	74000	24.4	460	2006 年
公伯峡	青海循化	132.2	476	57500	6.2	1500	2005 年

3.1.2　混凝土面板堆石坝的特点[1-5,7]

现代混凝土面板堆石坝筑坝技术的基本特征是薄型面板和趾板、级配垫层料、薄层碾压堆石及滑模浇筑面板混凝土等。

与其他坝型相比较，混凝土面板堆石坝的主要特点如下：

（1）混凝土面板堆石坝既有土石坝又有混凝土坝的优点，同时又克服了两者的局限性。

（2）利用薄型混凝土面板防渗，效果好而节省水泥，造价低廉。

（3）坝坡较陡，坝体体积小，减少工程量，节省坝体投资。

（4）采用薄层振动碾压堆石方法筑坝，滑模浇筑面板混凝土，施工基本不受气候影响，施工方便，缩短工期。

（5）施工期可利用坝体临时断面过水或挡水，简化施工导流及度汛措施。

（6）可利用其他建筑物开挖废弃料，不占或少占耕地。

在可行性研究阶段，四川紫坪铺水利枢纽工程曾针对混凝土重力坝和混凝土面板堆石坝两种坝型进行了综合比较，两种坝型工程投资及工期的比较结果见表 3.2[7]。

表 3.2　　　　　四川紫坪铺的两种坝型可行性研究比较

坝　　型	枢纽总投资	坝体投资	总工期	首台机组发电时限
混凝土重力坝：混凝土面板堆石坝	1：0.75	1：0.38	1：0.74	1：0.69

3.2　混凝土面板堆石坝设计

工程设计的依据是相应的设计规范。我国水利行业关于混凝土面板堆石坝现行的设计规范为《混凝土面板堆石坝设计规范》（SL 228—2013）[6]。在本节中，将主要结合该规范进行相关内容的介绍。

3.2.1　枢纽布置设计

以混凝土面板堆石坝为主体的水利水电枢纽与一般土石坝枢纽类似，主体建筑物包括大坝、泄水建筑物及引水发电系统等建筑物。枢纽布置设计的任务就是优化选择这些建筑物的位置，在适应当地地形、地质、水文、水工、施工等具体条件的情况下，达到既安全又经济的目的。

混凝土面板堆石坝枢纽布置设计的一般原则如下[6]：

（1）坝轴线选择应根据坝址区的地形、地质特点，有利于趾板和枢纽布置，并结合施工条件等，经技术经济综合比较后选定。

（2）堆石坝体可建在密实的河床覆盖层上。当覆盖层内有粉细砂层、黏性土层等地质条件时，应对坝体及覆盖层进行稳定和变形分析，论证坝体建在河床覆盖层上的安全性和经济合理性。

（3）趾板基准线（简称趾板线或趾板"X"线，是指面板底面延长面与趾板设计建基面的交线）的选择应按照下列要求进行：

1）趾板建基面宜置于坚硬的基岩上；风化岩石地基采取工程措施后，也可作为趾板地基。

2）趾板线宜选择有利的地形，使其尽可能平直和顺坡布置；趾板线下游的岸坡不宜过陡。

3）趾板线宜避开断裂发育、强烈风化、夹泥以及岩溶等不利地质条件的地基，并使趾板地基的开挖和处理工作量较少。

4）在施工初期，趾板地基覆盖层开挖后，可根据具体地形地质条件进行二次定线，调整趾板线位置。

（4）坝址地形地质条件有缺陷时，可用趾墙（挡墙）进行人工改造，使趾墙与面板连接，同时应对趾墙及周边缝进行专门设计。

（5）泄水、放水建筑物布置，应考虑下列要求：

1）泄水建筑物应满足规定的使用条件和要求，建筑物运用应灵活可靠；必须具备安全泄放一般洪水、设计洪水和校核洪水的能力。

2）泄水建筑物的布置和型式，应根据枢纽条件综合比较后确定。在地形条件有利的坝址，宜以开敞式溢洪道为主要泄水建筑物。当布置开敞式溢洪道确有困难时，也可采用泄洪隧洞，但宜采用开敞式进水口，下接泄洪洞。对于100m以上高坝，采用单一泄洪隧洞应详细比较论证；当溢洪道紧邻混凝土面板堆石坝布置时，应论证溢洪道泄洪时对坝体安全性的影响。

3）对于高坝、中坝和地震设计烈度为8度、9度的坝，不应采用布置在软基上的坝下埋管型式。低坝采用软基上的坝下埋管时，应有充分的技术论证。

4）对高坝、重要工程及地震设计烈度为8度、9度的坝，应设置放空设施。

5）岸边溢洪道布置困难，河床基岩坚硬，泄洪单宽流量不大的中、低混凝土面板堆石坝，经论证，可在坝顶设置溢洪道。

6）大坝和坝肩溢洪道以及其他有关建筑物，其地基防渗结构应相互连接，形成完整的防渗体系。

（6）混凝土面板堆石坝工程，应分析研究枢纽建筑物布置与开挖，尽可能为大坝提供料源，就开挖量和填筑量的平衡进行综合比较。

水布垭混凝土面板堆石坝的枢纽布置如图3.2所示[8]。

天生桥一级混凝土面板堆石坝的枢纽布置如图3.3所示[9]。

3.2.2　坝体分区设计

面板堆石坝的坝体分区以及各区筑坝材料的选定是面板堆石坝设计的一个主要内容。在借鉴国外面板堆石坝30多年工程经验，吸取库克（Cooke）和谢拉德（Sherard）的建

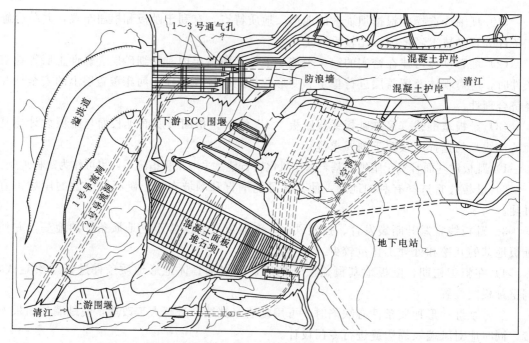

图 3.2 水布垭混凝土面板堆石坝枢纽布置图

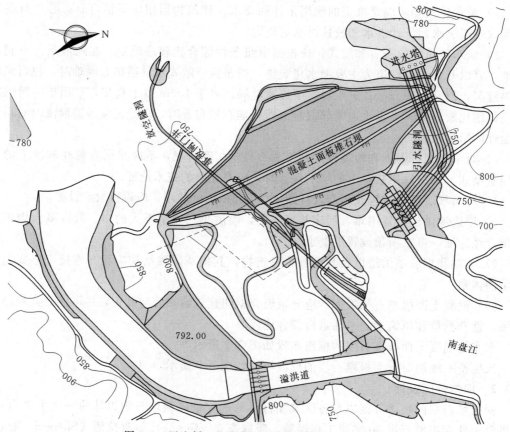

图 3.3 天生桥一级混凝土面板堆石坝枢纽布置图

议[10]以及总结我国多年面板堆石坝工程经验的基础上，我国《混凝土面板堆石坝设计规范》[6]提出了坝体分区设计的一般原则。

坝体分区设计的一般原则如下[6]：

（1）坝体应根据料源及对坝料强度、渗透性、压缩性、施工方便和经济合理等要求进行分区，并相应确定填筑标准。从上游向下游宜分为垫层区、过渡区、主堆石区、下游堆石区；宜在周边缝下游侧设置特殊垫层区；100m以上高坝，宜在面板上游面底部设置上游铺盖区及盖重。各区坝料的渗透性宜从上游向下游增大，并应满足水力过渡要求，下游干燥区的坝料可不受此限制。堆石坝体上游部分应具有低压缩性。坝体材料分区可通过工程类比确定。100m以上高坝的坝体分区，应在坝料试验的基础上，通过技术经济比较确定。

（2）用硬岩堆石料填筑的坝体可按照图 3.4[6]进行分区。设计中可结合枢纽建筑物开挖石料和近坝区可用料源，增加坝体其他分区。坝高 150m 以上的高坝，主堆石区与下游堆石区的分界面宜倾向下游。硬岩料是指饱和无侧限抗压强度不小于 30MPa 的岩石料；软岩料是指饱和无侧限抗压强度小于 30MPa 的岩石料。

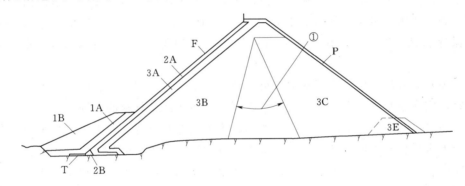

图 3.4 硬岩堆石坝体主要分区示意图

1A—上游铺盖区；1B—盖重区；2A—垫层区；2B—特殊垫层区；3A—过渡区；3B—主堆石区；
3C—下游堆石区；P—下游护坡；①—可变动的主堆石区与下游堆石区界面，角度依坝料
特性及坝高而定；3E—排水棱体（或抛石区）；F—混凝土面板；T—混凝土趾板

堆石坝体各区的位置、作用及要求见表 3.3[6,7]。

表 3.3　　　　　　　　　　　堆石坝体各区的位置、作用及要求

名称	位置	作　用	要　求
垫层区	面板下方	平整面板，避免应力集中；减少水荷载引起的变形；辅助防渗	最大粒径 80～100mm，有较多细料，级配良好；低压缩性和高抗剪强度
过渡区	垫层区和主堆石区之间	保护垫层并起过渡作用	最大粒径不大于 300mm，级配连续；低压缩性和高抗剪强度，自由排水性能
主堆石区	坝体上游	是承受水荷载的主要支撑体	最大粒径应不超过压实层厚度，细料不能太多；低压缩性、高抗剪强度、较好的透水性和耐久性；常用硬岩堆石料或砂砾料
下游堆石区	坝体下游	与主堆石区共同保持坝体稳定，其变形对面板影响较小	可用软岩堆石料

（3）用砂砾石填筑的坝体可参照图 3.5[6]进行分区，并可根据需要增减分区。

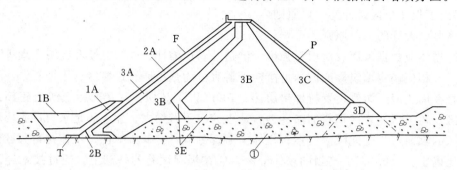

图 3.5　砂砾石坝体主要分区示意图

1A—上游铺盖区；1B—盖重区；2A—垫层区；2B—特殊垫层区；3A—过渡区；3B—主堆石（砂砾石）区；

3C—下游堆石（砂砾石）区；P—下游护坡；3D—排水区；3E—排水棱体（或抛石区）；

F—混凝土面板；T—混凝土趾板；①—坝基覆盖层

（4）对渗透性不满足自由排水要求的砂砾石、软岩坝体，应在坝体上游区内设置竖向排水区，竖向排水区可与过渡区结合，并与坝底水平排水区连接，将可能的渗水排至坝外，以保持下游区坝体的干燥。必要时可设置下游坝趾大块石棱体，以起到反滤排水作用。

（5）坝基为砂砾石层，或岩基中有可冲蚀的夹层，且与坝体材料的层间关系不满足反滤要求时，应在地基表面设置水平反滤过渡层，以防止地基材料的冲蚀。

（6）垫层区的水平宽度应由坝高、地形、施工工艺和经济比较确定。当采用汽车直接卸料，推土机平料的机械化施工时，垫层水平宽度以不小于 3m 为宜。如采用反铲、装载机等及配合人工铺料时，其水平宽度可适当减小，并相应增大过渡区宽度。垫层区可采用上下等宽布置；垫层区宜沿基岩接触面向下游适当扩大，延伸长度视岸坡地形、地质条件及坝高确定。应对垫层区的上游坡面提出平整度要求。在周边缝下游侧应设置薄层碾压的特殊垫层区，以对周边缝及其附近面板上铺设的堵缝材料及水库泥沙起反滤作用。特殊垫层区如图 3.6 所示[6]。

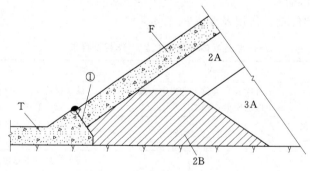

图 3.6　特殊垫层区示意图

T—混凝土趾板；F—混凝土面板；①—周边缝；2A—垫层区；

2B—特殊垫层区；3A—过渡区

（7）过渡区的水平宽度不应小于 3m，且不小于垫层区宽度。对于砂砾石坝，当设计的垫层区和主堆石（砂砾石）区之间满足水力过渡要求时，也可不设专门过渡区。

以水布垭坝体分区为例[11]，大坝坝体从上游至下游依次设置：上游铺盖区、混凝土面板、垫层区、过渡区、主堆石区、次堆石区及下游堆石区等。垫层区水平宽度为 4m，其上游固坡采用挤压边墙技术；过渡区水平宽度为 5m，并在主堆石区与岸坡接触部位设有过渡料的外包区；主次堆石区的分界以坝轴线为界向下游倾斜，坡度为 1:0.2；在高程 225m 以上及下游坝坡部位设置下游堆石区，以利于坝体排水与坝坡稳定；下游围堰与坝体结合。

水布垭面板坝和积石峡面板坝的坝体分区形式分别如图 3.7[8] 和图 3.8[12] 所示。

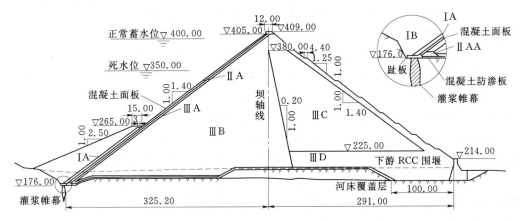

图 3.7　水布垭面板坝横剖面图（单位：m）

I A—上游盖重区；II A—垫层；II AA—小区；III A—过渡区；I B—上游盖重区；
III B—主堆石区；III C—次堆石区；III D—下游堆石区

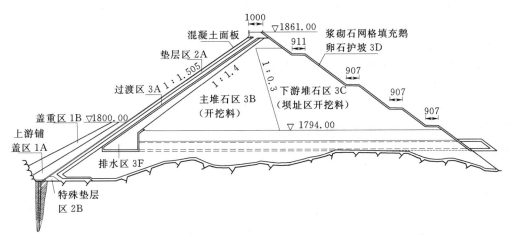

图 3.8　积石峡面板坝横剖面图（单位：高程为 m，其余为 cm）

3.2.3　筑坝材料及填筑标准

混凝土面板堆石坝的安全性主要包括如下内容[6-7]：

（1）足够的稳定性。混凝土面板堆石坝的稳定性主要由堆石坝体来保证，这就要求压实的堆石坝体材料应具有足够的抗剪强度。

（2）足够的防渗性。

（3）良好的变形性能。

（4）良好的抗震性能，包括在地震时坝体的动力稳定性，覆盖层中砂层的抗液化性能和面板的动力抗裂性能等。

因此，堆石坝体良好的工程特性是保证混凝土面板堆石坝安全可靠的基础，筑坝材料及其填筑标准对于混凝土面板堆石坝的安全性具有重要影响。

3.2.3.1　筑坝材料的一般要求

混凝土面板堆石坝筑坝材料的一般要求如下[6]：

（1）各种料物的料场勘察，应查明其储量、质量及开采条件。当利用枢纽建筑物区的开挖石料时，应按料场要求对开挖区进行建筑材料方面的勘察工作。

（2）筑坝材料应按有关规程进行室内物理力学性质试验。1 级、2 级坝的岩石室内试验，主要应包括相对密度、密度、吸水率、抗压强度和弹性模量等；100m 以上高坝，宜进行岩石矿物成分和岩矿化学分析。1 级、2 级高坝坝料的室内试验应包括级配、孔隙率、相对密度、抗剪强度和压缩模量等；垫层、砂砾料还应进行渗透和渗透变形试验。100m 以上高坝或设计烈度为 8 度、9 度的高坝，还应进行应力应变本构模型参数试验。应根据试验成果并结合工程类比，合理确定坝体各分区材料的物理力学特性指标。

（3）用于主堆石区的硬岩堆石料压实后应具有自由排水性能、较高的抗剪强度和较低的压缩性。堆石料最大粒径应不超过压实层厚度，小于 5mm 颗粒含量不宜超过 20%，小于 0.075mm 的颗粒含量不宜超过 5%。

（4）软岩堆石料压实后应具有较低的压缩性和一定的抗剪强度，可用于下游堆石区下游水位以上的干燥区。若用于主堆石区应进行专门论证。

（5）砂砾石料压实后具有较高的抗剪强度和较低的压缩性，宜用于填筑主堆石区，并作好坝体渗流控制设计。

（6）下游堆石区在坝体底部下游水位以下部分，应采用能自由排水的、抗风化能力较强的石料填筑。对 150m 以下的坝，下游水位以上部分，采用与主堆石区相同的材料时，可以适当降低压实标准，也可采用质量较差的堆石料。

（7）过渡料要求级配连续，最大粒径不宜超过 300mm，压实后应具有低压缩性和高抗剪强度，并具有自由排水性能。过渡区可采用专门开采的堆石料、经筛选加工的天然砂砾石料或洞挖石渣料等。

（8）高坝垫层料应具有连续级配，最大粒径为 80～100mm，粒径小于 5mm 的颗粒含量宜为 35%～55%，小于 0.075mm 的颗粒含量宜为 4%～8%。压实后应具有内部渗透稳定性、低压缩性、高抗剪强度，并具有良好的施工特性。

（9）周边缝下游侧的特殊垫层区，宜采用最大粒径小于 40mm 且内部渗透稳定的细反滤料，薄层碾压密实，压实标准不低于垫层区，同时对缝顶粉细砂、粉煤灰等能起到反滤作用。

（10）混凝土面板上游铺盖区材料（1A）宜采用粉土、粉细砂、粉煤灰等低黏性料。上游盖重区（1B）可以采用石渣料。

（11）下游护坡采用块石护坡时，宜选用抗风化能力强的硬岩堆石。

（12）坝体内的排水体，应选用耐风化和耐溶蚀的岩石或砾石，并具有良好的排水能力。

3.2.3.2 填筑标准

混凝土面板堆石坝筑坝材料的填筑标准要求如下[6]：

（1）垫层区、过渡区、主堆石区及下游堆石区材料的填筑标准应根据坝的等级、高度、河谷形状、地震烈度及坝料特性等因素，并参考同类工程经验，经分析论证后确定。

（2）坝体填料的填筑标准应同时规定孔隙率（或相对密度）和碾压参数。硬岩堆石料和砂砾石料的相关指标应符合表 3.4[6]的要求；砂砾料的相对密度不应低于表 3.4 的要求；软岩堆石料的设计指标和填筑标准，应通过试验和工程类比确定。

表 3.4　　　　　　　　　　　　硬岩堆石料或砂砾料填筑标准

料物或分区	坝高<150m		150m≤坝高<200m	
	孔隙率/%	相对密度	孔隙率/%	相对密度
垫层料	15～20		15～18	
过渡料	18～22		18～20	
主堆石料	20～25		18～21	
下游堆石料	21～26		19～22	
砂砾石料		0.75～0.85		0.85～0.90

（3）周边缝下游侧的特殊垫层区，应适当提高填筑标准，以减少周边缝的变形量。

（4）坝料填筑应提出加水要求，加水量可根据经验或试验确定。对软岩料加水量，应根据其天然含水率、软化性能和碾压后的渗透性综合确定。严寒和寒冷地区冬季施工不能加水时，应采取措施减小湿化的不利影响。

（5）填筑标准应通过生产性碾压试验复核和修正，并确定相应的碾压参数。

（6）对重要的高坝，或筑坝材料性质特殊，已有经验不能涵盖的情况，其填筑标准应进行专门论证。

基于上述填筑标准要求，水布垭面板堆石坝综合考虑坝的等级及高度、坝体布置的地形地质条件、筑坝材料来源及其工程特性等因素，通过坝料试验、施工碾压试验及大坝应力变形有限元分析等，并参照类似工程经验，选择的坝体各区材料的填筑标准见表 3.5[8]。

表 3.5　　　　　　　　　　水布垭面板坝坝体各区材料的填筑标准

分区	名称	干密度/(g/cm³)	孔隙率/%	级配要求			碾压参数			
				d_{max}/mm	小于5mm/%	小于0.1mm/%	层厚/cm	碾压遍数	洒水量/%	碾重/t
ⅡA	小区			40	35～60	5～10	20			
ⅡA	垫层区	2.25	17	80	35～50	4～7	40	8	适量	18
ⅢA	过渡区	2.2	18.8	300		<5	40	8	15	18
ⅢB	主堆石区	2.18	19.6	800		<5	80	8	15	25

续表

| 分区 | 名称 | 干密度 /(g/cm³) | 孔隙率 /% | 级 配 要 求 | | | 碾 压 参 数 | | | |
				d_{max} /mm	小于 5mm /%	小于 0.1mm /%	层厚 /cm	碾压遍数	洒水量 /%	碾重 /t
ⅢC	次堆石区	2.15	20.7	800		≤5	80	8	10	25
ⅢD	下游堆石区	2.15	20.7	800		<5	80	8		25

3.2.4 坝坡及坝顶结构设计

坝体轮廓由坝顶及上、下游边坡构成，设计面板坝时应选择稳定、经济的坝体剖面，其尺寸取决于坝高、坝体材料性质、地基性质以及施工和运用条件等。

3.2.4.1 坝坡设计

坝坡设计的一般原则如下[6]：

（1）当筑坝材料为硬岩堆石料时，上、下游坝坡可采用1:1.3～1:1.4；软岩堆石体的坝坡宜适当放缓，并结合坝坡稳定计算确定；当用质量良好的天然砂砾石料筑坝时，上、下游坝坡可采用1:1.5～1:1.6。

（2）下游坝坡上设有道路时，对道路之间的坝坡可做局部调整，但平均坝坡应不低于上述要求。

（3）高坝的下游坝坡可用干砌石、大块石堆砌或摆石砌护，并使坝体具有良好的外观。也可结合生态环境及美观需要采用其他型式。

（4）施工期垫层区的上游坡面应及时作好固坡处理。可视具体情况选用碾压砂浆、喷乳化沥青、喷混凝土或砂浆、混凝土挤压边墙等固坡措施。

基于上述坝坡设计的一般原则，公伯峡面板坝采用的坝下游护坡型式如图3.9所示，该坝混凝土挤压边墙布置如图3.10所示[13]。

图3.9 公伯峡面板坝坝下游护坡型式

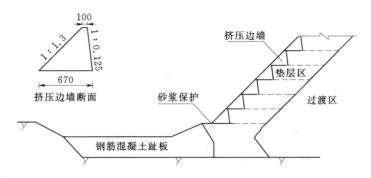

图 3.10　公伯峡面板坝混凝土挤压边墙布置图（单位：mm）

3.2.4.2　坝顶结构设计

坝顶结构设计的一般原则如下[6]：

（1）坝顶宽度应根据运行需要、坝顶设施布置和施工要求确定，宜为 5～10m，高坝宜适当加宽。

（2）坝顶上游侧应设置混凝土防浪墙，墙高宜低于 6.0m，墙顶宜高出坝顶 1.0～1.2m。防浪墙与面板连接的水平缝应设止水。防浪墙上游侧宜设置宽 0.8～1.0m 的检查小道。

（3）坝顶、防浪墙顶高程的确定应符合《碾压式土石坝设计规范》的规定。

（4）面板顶部高程不应低于正常运用的静水位。

（5）防浪墙应进行稳定和强度验算。防浪墙应设伸缩缝，其止水应和面板的止水或面板与防浪墙之间水平接缝的止水连接。

（6）坝顶应预留沉降超高，其值经计算并参考类似工程确定。防浪墙施工宜安排在坝体沉降基本稳定后实施。

（7）防浪墙底部高程以上的坝体，宜采用与过渡料级配相近的堆石料填筑，并铺设路面。

（8）坝顶应布置排水和照明设施，下游侧应设置护栏或挡墙等防护设施。

基于上述坝顶结构设计的一般原则，公伯峡面板坝设计坝顶宽度为 10m，坝顶全长为 429m，坝顶上游侧设 5.8m 高的 L 形混凝土防浪墙，墙顶高出坝顶 1.2m，坝顶下游侧设置 1.2m 高的钢护栏，并在坝顶设置了相应的排水和照明设施。公伯峡面板坝的坝顶结构形式如图 3.11 所示。

3.2.5　面板设计

面板堆石坝与土质防渗体堆石坝的主要区别就是在堆石坝体上游面采用混凝土面板作为大坝防渗结构，因此混凝土面板的主要功能就是坝体防渗，面板设计是面板堆石坝设计的一项重要内容。面板设计的关键是确保面板具有良好的防渗性、耐久性、对坝体变形的适应性及抗裂性等。为此，面板设计通常包括分缝分块、厚度选择、混凝土材料选择、钢筋布置及防裂措施等设计内容。

3.2.5.1　面板设计的一般要求

面板堆石坝混凝土面板设计的一般要求如下[6-7]：

图 3.11　公伯峡面板坝坝顶结构

（1）足够的防渗性能。混凝土面板作为大坝防渗体，应有足够的防渗性能。

（2）足够的耐久性。面板混凝土老化损坏，面板堆石坝就无法正常工作，这就是说，混凝土面板的耐久性直接决定着面板堆石坝的使用年限。

（3）足够的强度。面板与堆石坝体相接触，在各种荷载作用下，坝体沉降将对面板作用摩擦力，使其发生顺坡向的拉、压变形。堆石坝体向河谷中央及向其内部的变形也对面板作用摩擦力，使面板发生相应的变形。在自重及库水压力等作用下，面板还会产生一定的挠曲变形。这些变形在面板中均会产生一定的拉应力和压应力，为此，混凝土面板必须具有足够的强度以便抵御这些应力的作用。

（4）足够的抗裂性能。为确保面板具有足够的防渗性能，相应地面板应具有足够的抗裂性能。为此，面板设计除考虑其材料特性之外，还需考虑相应的结构措施（如分缝分块等）。

3.2.5.2　面板的分缝分块

面板分缝分块设计应满足以下要求[6]：

（1）应根据面板应力和变形及施工条件进行面板分缝分块。垂直缝（面板条块之间的竖向接缝）的间距可为 8～16m，狭窄河谷两岸部位的垂直缝间距可减小。

（2）面板垂直缝应根据地形地质条件、有限元计算成果并参照工程经验设置张性垂直缝和压性垂直缝。垂直缝在距周边缝法线方向 1.0m 左右，应垂直于周边缝布置成折线形式。

如图 3.12 所示为东津面板坝的垂直缝布置图[14]。

（3）对坝高 150m 以上的高坝，可结合面板应力变形分析成果设置水平结构缝（面板分期施工的水平接缝），并设止水。面板施工缝（水平临时缝）的设置应考虑施工条件，满足临时挡水或分期蓄水的要求；面板钢筋应穿过施工缝，缝中可不设止水。

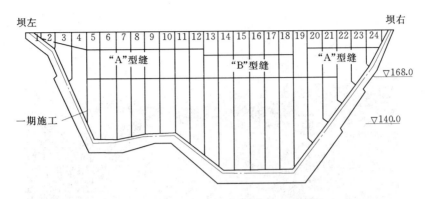

图 3.12 东津面板坝垂直缝布置图

"A"型缝—张性垂直缝;"B"型缝—压性垂直缝

（4）分期浇筑的面板,其分期面板顶部应低于填筑体顶部高程,高差按不同坝高宜为 5～20m,坝高者取大值。

（5）分期浇筑的面板,后续面板混凝土浇筑之前,应对已浇面板进行脱空检查,若产生脱空,应以低强度、低压缩性材料灌注密实。

公伯峡面板坝面板分缝分块情况如图 3.13 所示[5],面板实际施工结果如图 3.14 所示[5]。

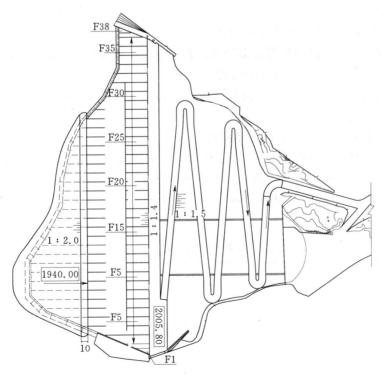

图 3.13 公伯峡面板坝面板分缝分块平面图

图 3.14　公伯峡面板坝面板实际施工结果

3.2.5.3　面板厚度

面板厚度设计应满足以下要求[6]：

（1）面板厚度的确定应满足下列要求：

1）应满足钢筋和止水布置要求，顶部厚度不应小于 0.3m，150m 以上的高坝宜加大面板顶部厚度。

2）控制渗透水力梯度不应超过 200。

（2）面板厚度由顶部向底部逐渐增加，在相应高度处厚度可按式（3.1）确定：

$$t = t_0 + \alpha H, \alpha = 0.002 \sim 0.0035 \tag{3.1}$$

式中：t 为面板厚度，m；t_0 为面板顶部厚度，m；H 为计算断面至面板顶部的垂直距离，m。

中低坝可采用 0.3~0.4m 的等厚面板。

随着坝高的增加，面板厚度增加，α 值增加，可使面板所承受的水力梯度在规定的范围内。我国部分高面板坝不同坝高的面板水力梯度统计结果见表 3.6[1]。水布垭面板堆石坝在校核洪水位 404.0m 时面板承受的实际最大水力梯度为 208，这是我国目前面板所承受的水力梯度最高值[1]。

表 3.6　　　　　　　　　　部分高面板坝的面板水力梯度统计表

坝高 H/m	α	实际工程选用水力梯度
200~230	0.0035	208
180~200	0.0034~0.0035	190~196
150~180	0.0035	180~190
120~150	0.003~0.0035	170~180
100~120	0.0025~0.0035	160~175
80~100	0.002~0.0031	140~170

3.2.5.4 面板混凝土材料

面板混凝土材料应满足以下要求[6]：

（1）面板混凝土应具有优良的施工和易性、抗裂性和耐久性。强度等级应不低于C25，抗渗等级应不低于 W8，抗冻等级应按相关规范的规定确定。

（2）面板混凝土宜采用 42.5 级中热硅酸盐水泥，也可采用 42.5 级硅酸盐水泥或普通硅酸盐水泥。当采用其他水泥品种和强度等级时，应通过试验确定。

（3）面板混凝土中宜掺用具有一定活性、较小干缩性的粉煤灰或其他优质掺合料。采用掺合料的种类及掺量应根据料源并通过试验确定。粉煤灰品质应符合《用于水泥和混凝土中的粉煤灰》（GB/T 1596）的规定，质量等级不宜低于Ⅱ级，掺量宜为 15%～30%。

（4）面板混凝土应掺用引气剂和高效减水剂，混凝土的含气量宜控制在 4%～6%。根据需要，也可掺用调节混凝土凝结时间的外加剂。采用外加剂的种类及掺量应通过试验确定，各种外加剂间应具有相容性。

（5）面板混凝土应采用二级配骨料，石料最大粒径不应大于 40mm，面板混凝土所用原材料应满足《水工混凝土施工规范》（SDJ 207）的要求。

（6）面板混凝土的水灰比，温和地区应小于 0.50，严寒和寒冷地区应小于 0.45。溜槽输送混凝土时，坍落度应满足施工要求，溜槽入口处的坍落度宜控制在 3～7cm。

3.2.5.5 面板钢筋布置

面板钢筋布置设计应满足以下要求[6]：

（1）面板宜采用单层双向钢筋，钢筋宜置于面板截面中部或偏上位置，每向配筋率宜为 0.3%～0.4%，水平向配筋率可小于顺坡向配筋率。

（2）100m 以上的高坝在拉应力区、周边缝附近、分期施工缝一定范围内宜配置双层双向钢筋。高坝的压性垂直缝、周边缝及临近周边缝的垂直缝两侧宜配置抗挤压钢筋。

（3）面板混凝土钢筋保护层厚度不应小于 8cm。

西北口面板坝面板钢筋布置及其施工过程如图 3.15 所示。

图 3.15　西北口面板坝面板钢筋布置及其施工过程

3.2.5.6　混凝土面板的防裂措施

混凝土面板常见的裂缝形式如下[1]：

（1）干缩裂缝。由于混凝土干燥过程中毛细孔内水分蒸发，使混凝土产生干缩变形所致。

（2）减缩裂缝。由于混凝土硬化、胶凝材料水化而使混凝土自身体积减小所致。

（3）温度裂缝。混凝土是不良导体，在气温下降时，混凝土表面温度会随之下降，与面板内部形成较大的不均匀温差，产生温度应力，进而可能产生温度裂缝。

（4）挠曲应力裂缝。混凝土面板是浇筑在垫层面上的薄板，所承受的荷载包括：面板混凝土的自重，趾板对面板底部的支撑力，坝体对面板的支撑力和摩擦力，蓄水期面板上的水压力荷载。面板的厚度和质量比坝体小得多，但是其刚度却比坝体大得多，在上述荷载作用下面板必然发生挠曲，部分区域产生拉应力，从而可能导致面板产生这种裂缝。

为此，混凝土面板一般应采取以下防裂措施[6]：

（1）面板建基面应平整，不应存在过大起伏差、局部深坑或尖角。

（2）当采用碾压砂浆或喷射混凝土作垫层料的固坡保护时，其28d抗压强度应控制在5MPa左右。当采用挤压边墙作垫层料的固坡保护时，宜采用低弹性模量的挤压边墙，并在挤压边墙表面喷涂乳化沥青。

（3）面板混凝土应优选外加剂和掺合料，降低水泥用量和用水量，减少水化热温升和收缩变形，保证面板混凝土具有较高的抗拉强度和极限拉伸值。有条件时，宜优先选用热膨胀系数较低的骨料。必要时，可掺用纤维材料。

（4）面板压性缝顶部的"V"形切口深度不宜大于5cm，底部砂浆垫不应侵占面板有效厚度，压性缝铜止水应降低鼻子高度。

（5）面板混凝土宜避开在高温或负温季节浇筑，并应根据需要控制混凝土入仓温度。

（6）面板混凝土浇筑时，宜按前述面板分缝分块中的相关要求，预留填筑面与面板顶部的高差，并设置预沉降期；对于坝高150m以上的高坝，宜加大分期面板顶部的填筑超高，并延长预沉降期。

（7）混凝土面板表面应采取保湿和保温养护措施，直到蓄水为止，或至少90d。

（8）面板混凝土浇筑至坝顶后，宜至少间隔28d再浇筑防浪墙混凝土；对于150m以上的高坝，间隔时间应延长。

（9）当面板裂缝宽度大于0.2mm或判定为贯穿性裂缝时，应采取专门措施进行处理。严寒和寒冷地区及抽水蓄能电站的混凝土面板堆石坝，宜提高裂缝处理标准。

我国部分高面板堆石坝的面板设计指标见表3.7[1]。

表3.7　　　　　　　　　　　　我国部分高面板堆石坝的面板设计指标

坝名	坝高/m	面板厚度/m			垂直缝间距/m		面板浇筑分期	面板混凝土标号	面板防裂措施
		顶部	底部	α	两岸受拉区	河床受压区			
水布垭	233	0.3	1.10	0.0035	8	16	3	C25、C30	聚丙烯腈纤维混凝土
天生桥一级	178	0.3	0.90	0.0035	16	16	3	C25	

续表

坝名	坝高/m	面板厚度/m			垂直缝间距/m		面板浇筑分期	面板混凝土标号	面板防裂措施
		顶部	底部	α	两岸受拉区	河床受压区			
滩坑	162	0.3	0.86	0.0035	6	12	2	C30	防裂剂、引气减水剂等
紫坪铺	158	0.3	0.83	0.0035	8	16	3	C25	

3.2.6 趾板设计

趾板作为面板的支承结构及面板与地基防渗设施之间的连接结构，其设计一般应遵循下列原则[6]。

(1) 趾板布置可在以下三种方式中选用。

1) 趾板面等高线垂直于趾板基准线。

2) 趾板面等高线垂直于坝轴线。

3) 趾板面等高线适应开挖以后的岩面。

第一种方式称之为平趾板。平趾板方便施工，宜优先考虑选用。

(2) 位于基岩上的趾板，可结合地形、地质条件，设置必要的伸缩缝，并和面板的垂直缝错开。趾板施工缝可根据施工条件设置。

(3) 趾板下岩石地基的容许水力梯度，应根据地基岩石的冲蚀性及其存在的缺陷情况确定，可按表 3.8[6] 选用。

表 3.8 岩石地基容许水力梯度

岩石风化程度	容许水力梯度	岩石风化程度	容许水力梯度
新鲜，微风化	≥20	强风化	5～10
弱风化	10～20	全风化	3～5

(4) 岩石地基上的趾板宽度应按容许水力梯度确定。高坝趾板宜按水头大小分高程段采用不同宽度。趾板的宽度应满足灌浆布置的要求，最小宽度不宜小于3m。也可采用在趾板下游增设防渗板的方式满足趾板地基的水力梯度要求。防渗板及其下游一定范围应采用反滤料覆盖。

(5) 岩基上趾板厚度宜与其连接的面板厚度相当，最小设计厚度应不小于0.3m，并可按高程分段采用不同厚度。

(6) 周边缝底部止水距建基面的垂直高度宜为0.7～1.0m。当采用高趾墙时，应在高趾墙附近设低压缩区。

(7) 超挖1.0m以上的趾板地基，在浇筑趾板前，宜先用混凝土回填至趾板建基面。

(8) 趾板混凝土材料的性能要求应与前述的面板混凝土相同，趾板的防裂要求也应与前述的面板混凝土相同。

(9) 基岩上趾板应采用单层双向配筋，每向配筋率宜按平板段截面面积的0.3%采用。非岩基上趾板宜采用顶、底双层双向配筋，每向配筋率宜采用0.3%～0.4%。趾板钢筋保护层厚度宜为 10～15cm。

（10）趾板应采用砂浆锚杆与基岩连接。趾板建基面附近有缓倾角结构面存在时，锚杆参数应由稳定与抵抗灌浆压力确定。

（11）趾板厚度超过 2m 或采用趾墙时，应进行稳定计算和应力分析。稳定计算可采用刚体极限平衡法，应力分析可采用材料力学法，必要时应采用有限元法进行应力变形分析。

（12）位于砂砾石冲积层上的趾板和防渗墙，宜采用混凝土连接板连接，混凝土连接板应在防渗墙及坝体部分面板完工后施工。

趾板的一般体型及其结构组成如图 3.16 所示[1]。

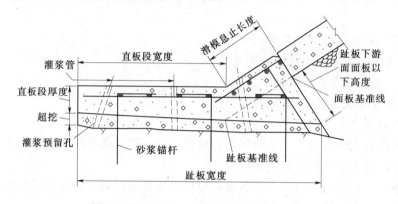

图 3.16　趾板的一般体型及其结构组成图

3.2.7　面板接缝止水设计

面板作为面板堆石坝的坝体防渗体，其分缝分块以后，面板各种接缝的止水设计就成为大坝设计的一个关键问题。一般情况下，面板顶部与防浪墙底部之间设置水平缝止水结构。若面板堆石坝坐落在河床及两岸基岩上，面板的周边设置趾板，面板与趾板之间设置周边缝止水结构，趾板以下基岩中设置防渗帷幕，由此形成完整的大坝防渗体系。若在不挖除覆盖层覆的情况下建造面板堆石坝，趾板建在覆盖层上，则面板与趾板还要与坝基防渗设施（一般是覆盖层中的混凝土防渗墙及基岩中的防渗帷幕）相连接形成完整的大坝防渗体系。

面板各种接缝止水设计的一般原则分别如下[6]：

（1）周边缝（面板与趾板或趾墙之间的接缝）应按坝高设置一道或多道止水，50m以下的坝应设置底部一道止水；也可设顶、底部两道止水，顶部止水可适当简化。50～150m 的坝宜设底、顶部两道止水。150m 以上的坝应设底、顶部两道止水，也可设底、中、顶部三道止水。底部止水应为金属止水，宜为铜片止水。中部止水可选用金属止水、PVC 止水等。顶部止水可选用柔性止水、无黏性自愈性止水、或两者相结合的形式。

以阿里亚面板坝和滩坑面板坝为例，其周边缝的止水结构分别如图 3.17 和图 3.18所示[1]。

再以水布垭面板坝为例，该坝在高程 350.0m 以下的周边缝中采用三道止水，其中底部和中部为铜片止水（中部止水为 Ω 形紫铜片，布置在周边缝中央偏表部；底部止水采用 F 形紫铜片），顶部为橡胶波纹止水兜带保护的柔性填料止水，如图 3.19 所示[1]；高程

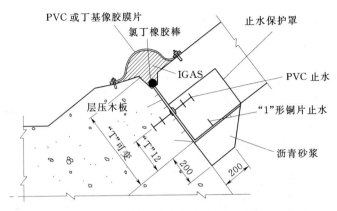

图 3.17　阿里亚面板坝周边缝止水结构（单位：mm）

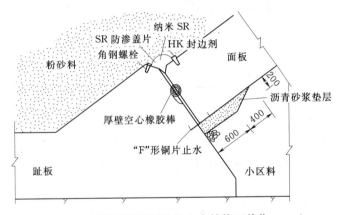

图 3.18　滩坑面板坝周边缝止水结构（单位：mm）

350.0m 以上的周边缝中，取消中部止水，只设顶、底两道止水。

如图 3.19 所示的周边缝止水结构又称为"淤填自愈型止水结构"。这种止水结构指在接缝表面覆盖粉细沙或粉煤灰，一旦止水部件失效，粉细沙或粉煤灰被水流带入接缝，在垫层料的反滤作用下，达到淤填接缝、控制渗流的目的。实践表明，淤填自愈型止水结构具有很好的渗流控制效果，而且对接缝大变形的适应能力也较强，因此目前在面板坝工程中得到了广泛应用。当然，这种止水结构发挥作用的关键是：垫层对粉细砂或其他淤填材料要能起到反滤作用，且淤填材料应有足够的数量[16]。

图 3.17、图 3.18 和图 3.19 中，各种止水设施的主要作用分别如下[1,15]：

1）橡胶棒起支撑作用，在高水压和接缝变位作用下它不会被压入接缝，从而减小高水压和接缝变位对其上部止水部件的破坏作用。

2）波浪形止水带对表层塑性嵌缝材料起密封作用，自身又是一道止水。

3）塑性嵌缝材料对接缝起封闭作用，同时在下部止水带发生意外破坏时，仍可以流入接缝发挥止水作用。

4）表层盖板（膜片）对塑性嵌缝材料具有保护作用。

5）底部铜止水，它止水可靠，施工质量易于保证，除了与表层止水共同发挥止水作用外，自身也是一道止水。

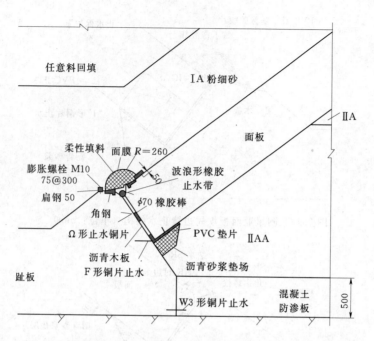

图 3.19　水布垭面板坝高程 350.0m 以下的周边缝止水结构（单位：mm）

IA—铺盖区；ⅡA—垫层区；ⅡAA—特殊垫层区

（2）面板垂直缝（面板条块之间的竖向接缝）应按张性缝和压性缝分别进行止水设计。

1）面板垂直缝宜设顶、底两道止水。硬拼缝和中、低坝的垂直缝顶部止水可适当简化。

2）150m 以下坝的面板压性缝可采用硬拼缝结构，地形地质条件复杂或筑坝材料特殊时，应研究面板设置部分压缩缝的必要性。

3）150m 以上坝的面板压性缝应设置部分压缩缝，其余可设为硬拼缝。压缩缝数量应根据坝高、地形地质条件及有限元计算成果确定。压缩缝内应设置具有一定强度、可压缩的填充板。

各种垂直缝常用的止水结构形式如图 3.20～图 3.22 所示[1]。

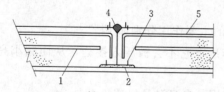

图 3.20　张性垂直缝的止水结构

1—面板钢筋；2—水泥砂浆垫层；3—底部止水；
4—顶部止水；5—高面板堆石坝抗剥落钢筋

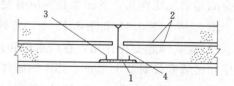

图 3.21　压性硬拼垂直缝的止水结构

1—水泥砂浆垫层；2—面板钢筋；
3—底部止水；4—平坦河谷底部
垂直缝钢筋可连续

天生桥一级面板坝的面板垂直缝止水结构形式如图 3.23 所示[1]。

公伯峡面板坝的面板垂直缝止水结构形式如图 3.24 所示[1]。

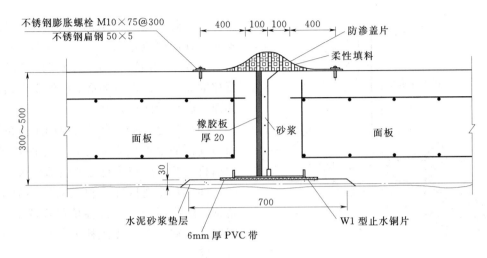

图 3.22 压性压缩垂直缝的止水结构

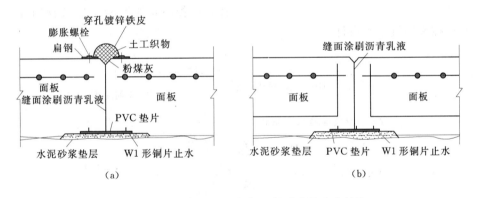

(a)　　　　　　　　(b)

图 3.23 天生桥一级面板坝面板垂直缝止水结构

(a) 张性垂直缝；(b) 压性硬拼垂直缝

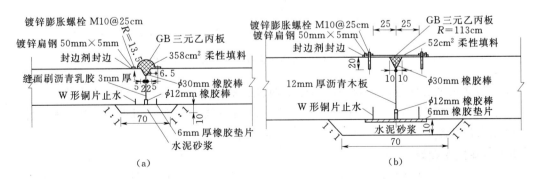

(a)　　　　　　　　(b)

图 3.24 公伯峡面板坝面板垂直缝止水结构 （单位：m）

(a) 张性垂直缝；(b) 压性压缩垂直缝

（3）趾板伸缩缝可采用铜片、PVC或橡胶片止水，并应与周边缝止水构成封闭系统。

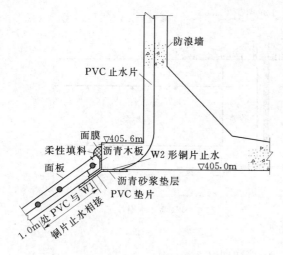

图 3.25　水布垭面板坝面板顶部水平缝止水结构

（4）防浪墙与面板的水平接缝，应设置底、顶部两道止水。

图 3.25 和图 3.26[1] 分别为水布垭和紫坪铺面板坝面板顶部水平缝的止水结构，其顶、底均设两道止水。

（5）各道止水应自成封闭的止水系统，周边缝顶部柔性填料应与垂直缝的顶部柔性填料连接，或与垂直缝的底部止水连接。

（6）寒冷地区在水位变动区不应采用角钢、膨胀螺栓作为柔性填料面膜的止水固定件，宜采用沉头螺栓方法固定加黏结方法固定。

（7）混凝土防渗墙与连接板之间的连接，面板与其他混凝土建筑物的连接，其接缝止水应按周边缝止水设计。

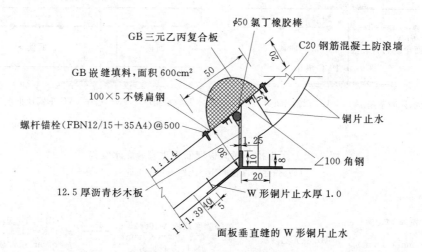

图 3.26　紫坪铺面板坝面板顶部水平缝止水结构

（8）接缝止水的构造、材料要求与施工期保护要求应按《混凝土面板堆石坝接缝止水技术规范》（DL/T 5115）、《水工建筑物塑性嵌缝材料技术标准》（DL/T 949）和《水工建筑物止水带技术规范》（DL/T 5215）的规定执行。

3.2.8　坝基处理设计

工程实际中，常将河床及岸坡基岩均出露，或两岸基岩出露、河床砂砾石覆盖层较薄趾板基础部分可以予以挖除至基岩上的坝基称为岩石坝基。本节主要讨论岩石坝基的处理设计。

3.2.8.1 坝基及岸坡开挖设计

坝基及岸坡开挖设计，应根据坝址处的地形地质条件以及坝高、坝体断面型式和大坝总体布置情况等，经综合分析来选择坝基开挖面。其中，趾板建基面的选择是坝基及岸坡开挖设计的关键所在。

坝基及岸坡开挖设计的一般原则如下[6]：

（1）趾板地基开挖面应平顺，不应出现陡坎和反坡，必要时可进行削坡和回填混凝土找平处理。

（2）高坝趾板建基面宜开挖到弱风化层上部，中、低坝可建于强风化层下部。如因地形地质条件限制，只能建于风化破碎或软弱岩层时，应进行专门论证，并采取相应加固处理措施。

（3）堆石坝体可置于风化、卸荷基岩上。趾板下游 0.3～0.5 倍坝高范围内的坝体地基宜具备低压缩性。

（4）堆石体地基在趾板下游 0.3～0.5 倍坝高范围内的岩质岸坡，宜开挖成不陡于 1：0.5 的坡度；岸坡很陡时，可开挖成不陡于 1：0.25 的稳定坡度或回填混凝土补坡，并设置低压缩堆石区；坝轴线上游其余部位应将妨碍堆石压实的陡坎、倒悬体清除，或用贫混凝土、浆砌石等补成平顺边坡。坝轴线下游岸坡应按满足自身稳定条件确定。

3.2.8.2 坝基处理设计

坝基处理设计包括坝基固结灌浆、帷幕灌浆及坝基主要地质构造处理等设计内容，应结合坝基尤其是趾板地基的地质条件，在综合分析的基础上来确定相应的处理措施，必要时还应进行各种可能的处理方案的综合比较。

坝基处理设计的一般原则如下[6]：

（1）坝基处理应做到减小地基变形，提高抗剪强度，防止渗漏和地基冲蚀破坏，改善地基表面的平整度，使之符合大坝正常和安全运行的要求。

（2）趾板的岩石地基应进行固结和帷幕灌浆处理。固结灌浆宜布置 2～4 排，深度应不小于 5m。帷幕灌浆应布置在趾板中部，并可与固结灌浆相结合。帷幕灌浆设计应按《碾压式土石坝设计规范》（SL 274）的规定执行。

（3）趾板范围内的基岩如有断层、破碎带、软弱夹层等不良地质条件时，应根据其产状、规模和组成物质，逐条进行认真处理，可用混凝土塞作置换处理，延伸到下游一定距离，上部用反滤料覆盖，并加强趾板部位的灌浆。

3.2.9 大坝稳定分析、应力变形分析及抗震措施设计

3.2.9.1 稳定分析

面板堆石坝为属于土石坝的一种坝型，坝体断面设计时其上、下游坝坡通常是按照已建工程经验，再结合所设计工程的坝体材料等情况予以分析选用，因此在良好的坝基地质条件及坝体施工质量等情况下，坝坡稳定是能够满足要求的，相应地可不进行坝坡稳定分析。但在实际工程设计中，尤其是中、高面板堆石坝设计中，从确保大坝稳定安全的角度出发，通常均按照一般土石坝稳定分析的要求和方法，进行各种工况的坝坡稳定分析。特别当存在下列情况之一时，必须进行相应的坝坡稳定分析[6]：①100m 及以上高坝；②地震设计烈度为 8 度、9 度的坝；③地形条件不利；④坝基有软弱夹层或坝基砂砾石层中存

在细砂层、粉砂层或黏性土夹层；⑤坝体用软岩堆石料填筑；⑥施工期堆石坝体过水或堆石坝体临时断面挡水度汛时。

坝坡稳定分析时，抗剪强度指标的采用、坝坡稳定的控制标准及地震工况的稳定计算方法应符合下列要求[6]：

（1）高坝的坝体填料及坝基土体的抗剪强度宜采用三轴试验测定。中、低坝的坝体填料及坝基土体的抗剪强度可由工程类比确定。试验用模拟料应能反映坝料的力学性质，试验条件应模拟实际工况。粗粒料的抗剪强度与法向应力呈非线性关系，确定其抗剪强度时应计及这一特性。

（2）坝体稳定计算方法及最小安全系数应按照规范《碾压式土石坝设计规范》（SL 274）执行。

（3）抗震稳定计算，应按照规范《水工建筑物抗震设计规范》（SL 203）执行。

3.2.9.2 应力变形分析

面板堆石坝应力变形分析的基本要求如下[6]：

（1）100m 及以上高坝或地形地质条件复杂的坝，坝体应力和变形宜用有限元法计算。其他的坝，可用经验方法估算坝体变形。有限元计算参数宜由试验测定，并参照工程经验适当修正。

（2）150m 以上高坝和地形地质条件复杂的坝，应进行面板应力和变形有限元计算。在有限元分析中，宜计入环境温度变化对混凝土面板应力的影响。

（3）在应力和变形有限元分析中，应反映坝体与混凝土面板接触面及面板接缝的力学特性，模拟施工填筑和蓄水过程。

（4）大坝动力计算分析应按规范《水工建筑物抗震设计规范》（SL 203）的规定执行。

（5）150m 以上高坝，在施工过程中应结合施工质量检测资料及坝体安全监测资料，及时分析、研究计算结果的合理性，校核、修正计算模型及参数，必要时应修改设计。

大量研究表明，有限元法是进行土石坝应力变形分析最为有效的一种数值计算方法，但其计算成果的精度除与计算模型（包括材料本构模型、接触面模型、面板接缝模型等）的合理性有关外，还与计算参数（包括物理力学参数、模型参数等）的可靠性密切相关。一般而言，合理的计算模型和可靠的计算参数是确保有限元计算成果精度的两个关键因素。目前，就堆石料而言，较为合理的本构模型有非线性弹性模型（如邓肯-张 $E-B$ 模型）和弹塑性模型（如南水双屈服面模型等）。计算参数通常应通过三轴试验确定，但其精度取决于制样条件、试验加载的应力路径、试验操作方法及资料整理水平等多种因素，需要综合控制才能获得相对可靠的参数试验结果。

另外，有限元计算时，考虑堆石体的流变特性是十分必要的。研究表明[6]，堆石体流变不仅与坝体施工期的面板脱空有关，而且还是运行期面板产生挤压破坏的主要原因；考虑堆石体的流变特性可以更客观地反映大坝的实际变形性状。

3.2.9.3 抗震措施设计

混凝土面板堆石坝遭遇地震时，最危险的部位是坝顶及坝顶附近的下游坡区域，其位置可由与坝体地震加速度反应和坝坡屈服加速度有关的临界高度和临界角来加以确定，在临界高度以上部位即为需要采取抗震加固的区域。为确保其地震稳定性，在设计时应提高该处坝料的强度，加大材料的阻尼等动力特性以尽快衰减振动影响，并采取相应的工程结构构造措施以提高坝体整体动力稳定性。

面板堆石坝抗震措施设计的一般原则如下[6]：

（1）确定地震区坝的安全超高时，应包括地震涌浪高度。设计烈度为 8 度、9 度时，安全超高应计入坝体和地基在地震作用下的附加沉降。对库区内可能因地震引起的大体积塌岸和滑坡等而形成的涌浪，应进行专门研究。地震涌浪高度和地震附加沉降应按《水工建筑物抗震设计规范》（SL 203）执行。

（2）设计烈度为 8 度、9 度时，应进行专门的抗震设计。应包括以下抗震措施：

1）应加大坝顶宽度，放缓坝坡或采用上缓下陡的下游坝坡，在坝坡变化处设置马道。

2）应在下游坝坡上部采取坡面防护和坝坡加固措施。

3）应加大垫层区及其与地基、岸坡接触带的宽度。

4）应降低防浪墙的高度。

5）部分面板压性缝内应填塞沥青浸渍木板、橡胶板等具有一定强度的可压缩填充材料。

6）分期面板施工缝缝面应垂直于面板表面，并在施工缝上下一定范围内布置双层钢筋。

7）应提高坝体堆石料特别是地形突变部位的压实密度。

（3）坝体用砂砾石料填筑时，应增加排水区的排水能力。下游坝坡以内一定区域宜采用堆石填筑。

（4）地震设计烈度为 8 度、9 度时，应对建在覆盖层地基上的面板堆石坝进行专门论证。

3.3　深覆盖层上的面板堆石坝

深覆盖层是水利水电工程建设常见的问题，由于新构造运动、河流演变、岸坡崩塌、山崩、滑坡、泥石流和冰川作用等往往在河床形成深厚的堆积、冲积或洪积层，在河谷坡脚形成深厚的堆积、坡积或崩塌层。在深覆盖层上建坝，混凝土面板堆石坝往往成为一种颇具竞争力的坝型[1]。

3.3.1　坝基处理设计

对于深覆盖层坝基而言，坝基砂砾石覆盖层是否需要挖除或以什么形式予以挖除，是一个涉及多种因素的复杂技术经济问题。解决该问题的基本前提是，全面而较为准确地查明覆盖层的分布状况及其物理力学和变形特性。为此，应首先通过详细的地质勘探查明覆盖层的组成、密实度及力学特性等，尤其要查清覆盖层中有没有影响坝体稳定的不良地质条件，如细砂层、粉砂层或黏性土夹层等，勘探手段除常规勘探外，也可采用旁压试验、动力触探、面波和声波等技术测试，以便获得更为可靠的勘探成果；然后，通过室内和现场土工试验提出覆盖层土体的物理力学和变形特性等指标；最后，由设计综合考虑技术经济等因素，拟定坝基覆盖层可能的处理方案，并对各方案进行坝体（含地基覆盖层）稳定分析和应力变形分析，在满足坝体稳定和应力变形要求的前提下，经综合分析择优选定覆盖层地基处理方案。

对于深覆盖层地基的表面松散层，一般可以考虑挖除，也可以用振动碾或强夯做加密处理。深覆盖层坝基开挖处理一般可采用如下两种方案[6]：

（1）将趾板及其下游一定范围内的砂砾石层挖除，趾板建于基岩面上，堆石坝体主体仍建基于砂砾石层上。这种方案一般适用于覆盖层厚度相对不大、趾板及其附近的覆盖层开挖施工难度相对较小的坝基处理。

（2）将趾板和堆石坝体均建基于砂砾石层上，趾板通过连接板与混凝土防渗墙相连接。当坝址处砂砾石覆盖层厚度较大难以挖除、经论证覆盖层可以满足坝体变形及坝基渗流控制等要求时，可考虑采用这种坝基处理方案。此时，坝基砂砾石覆盖层的防渗措施主要有混凝土防渗墙、帷幕灌浆、高压旋喷灌浆帷幕和混凝土沉井等四种，一般常用混凝土防渗墙进行坝基覆盖层的防渗处理。为协调变形，趾板通过连接板与防渗墙进行连接，以构成由混凝土防渗墙-连接板-趾板-面板-防浪墙及它们之间接缝止水组成的大坝完整防渗体系。

3.3.2　深覆盖层上筑坝的关键问题

截至目前[6]，我国建于深覆盖层上的面板堆石坝坝高一般不超过 140m，覆盖层最大厚度一般不超过 60m，深覆盖层上筑坝的工程经验还相对较少。因此，在深覆盖层上修建面板坝，尤其对于修建高坝或覆盖层厚度很大等情况，还有许多有待深入研究的技术问题。

概括起来，深覆盖层上修建面板坝的关键技术问题如下[2,6,7]：

（1）如何控制坝基渗流，以防止坝基发生有害的渗透变形。

（2）如何合理评价并处理覆盖层，并合理确定堆石坝体的填筑标准，以确保坝体对于覆盖层具有良好的变形适应性。

（3）当覆盖层内存在细砂层、粉砂层或黏性土夹层等不良地质条件时，坝体及覆盖层的稳定和变形问题。

（4）如何改进面板结构设计，以保证面板及其接缝止水具有足够的柔性，以获得较强的适应变形的能力。

（5）如何合理安排施工工序和时段，尽可能使坝体和坝基的主要沉降在面板及其接缝止水设施施工以前就基本完成，以减小运行期的坝体沉降，并避免坝体后期沉降对面板变形的不利影响。

3.3.3　深覆盖层上面板堆石坝工程实例

近几十年来，国内外有不少将趾板和堆石坝体均建基于砂砾石深覆盖层上的成功实例[6]：国外工程有智利的圣塔乔娜坝（坝高 110m，覆盖层厚 30m）、帕克拉罗坝（坝高 83m，覆盖层厚 113m）等，国内工程有云南那兰坝（坝高 109m，覆盖层厚 24.3m）、新疆察汗乌苏坝（坝高 110m，覆盖层厚 46.8m）、甘肃九甸峡坝（坝高 136.5m，覆盖层厚 56m）、四川多诺坝（坝高 108.5m，覆盖层厚 41.7m）等。我国将趾板建在深覆盖层上的部分混凝土面板堆石坝工程实例见表 3.9[1]。

表 3.9　　　　　　我国将趾板建在深覆盖层上的部分混凝土面板堆石坝工程实例

工程名称	地点	年份	坝高/m	覆盖层厚/m	覆盖层材料	覆盖层处理措施
柯柯亚	新疆	1982	41.5	37.5	砂砾石	0.8m 厚防渗墙
铜街子副坝	四川	1992	48	71	砂砾石、粉细砂夹层	2 道 1m 厚防渗墙,上接横梁
横山扩建坝	浙江	1994	70.2	72.26	铝红土、强风化岩石	0.8m 厚防渗墙
槽渔滩	四川	1995	16	22	砂砾石	0.8m 厚防渗墙
梅溪	浙江	1997	40	30	砂砾石	0.8m 厚防渗墙
梁辉	浙江	1997	35.4	39	砂砾石	0.8m 厚防渗墙
岑港	浙江	1998	27.6	39.5	砂砾石	防渗墙
塔斯特	新疆	1999	43	28	砂砾石	防渗墙
楚松	西藏	1998	39.67	35	砂砾石	2m 倒挂井防渗墙
汤浦东、西坝	浙江	1999	29.6/36.6	18	含泥粉细砂、含泥砂砾石	0.8m 厚防渗墙
汉平嘴	甘肃	2006	57	30	砂砾石	防渗墙
那兰	云南	2005	109	9~24	砂砾石	0.8m 厚防渗墙
察汗乌苏	新疆	2008	110	46.7	砂砾石	1.2m 厚防渗墙
九甸峡	甘肃	2009	136.5	56	砂砾石	1.2m 厚防渗墙

3.3.4　深覆盖层上面板坝的变形特征

大量工程分析计算表明,坝基覆盖层对上部坝体的变形有着显著的影响。

对于修建于基岩上的坝体,基岩的沉降变形微乎其微,因此坝体的变形主要是坝体在其自重和水荷载作用下的变形,坝体最大沉降区域一般位于坝体中部。对于修建于深覆盖层上的面板坝,坝体的最大沉降变形明显偏向坝体底部,坝基覆盖层在上部坝体荷重的作用下主要承受压缩变形,并且以坝轴线附近为界,覆盖层分别产生向上游侧和下右侧的横向位移。

以新疆察汉乌苏混凝土面板堆石坝为例[8],该坝最大坝高为 110m,坝基砂砾石覆盖层最大厚度为 46.7m。运用有限元法计算得到的蓄水期坝体和坝基覆盖层的水平位移、垂直位移和网格变形分别如图 3.27~图 3.29 所示[8]。从中可以看出:①坝基覆盖层对上部坝体的变形有着明显的影响。修建于深覆盖层上的面板坝,坝体的最大沉降变形明显偏向坝体底部;②坝基覆盖层在上部坝体的作用下承受压缩变形,并且以坝轴线附近为界,覆盖层分别产生向上游侧和向下游侧的横向位移。

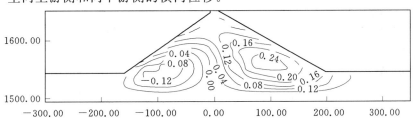

图 3.27　察汉乌苏面板坝蓄水期坝体和坝基的水平位移等值线图(单位:m)

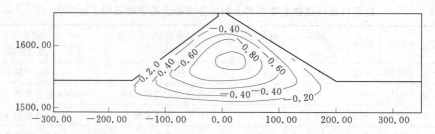

图 3.28 察汉乌苏面板坝蓄水期坝体和坝基的垂直位移等值线图（单位：m）

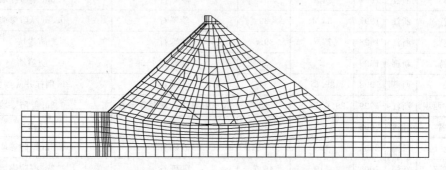

图 3.29 察汗乌苏面板坝蓄水期坝体和坝基的网格变形图

3.3.5 深覆盖层上面板坝坝基防渗体系

在采用混凝土防渗墙进行坝基深覆盖层防渗处理的情况下，趾板与防渗墙之间的连接，一般有两种连接型式[17]：

（1）柔性连接。即趾板或连接板与防渗墙顶采用平接的形式，防渗墙与连接板之间、连接板与趾板之间均设置伸缩缝，这些伸缩缝均按周边缝处理。

图 3.30 为防渗墙与趾板柔性连接型式示意图[17]。

（2）刚性连接。即趾板通过混凝土垫梁固定在防渗墙顶部，这样的连接一般采用双防渗墙的形式。

图 3.31 为防渗墙与趾板刚性连接型式示意图[17]。

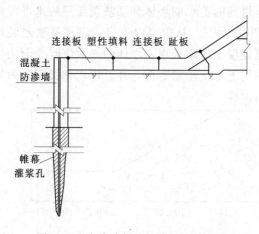

图 3.30 防渗墙与趾板柔性连接型式

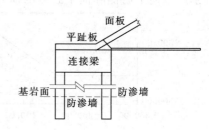

图 3.31 防渗墙与趾板刚性连接型式

90

【实例1】 九甸峡混凝土面板堆石坝坝基防渗体系布置[1]。九甸峡水利枢纽工程位于甘肃省黄河支流洮河中游的九甸峡峡谷进口段，大坝为混凝土面板堆石坝，最大坝高136.5m，坝顶长度232m，趾板建基在最大厚度为56m的砂砾石深覆盖层上。九甸峡面板堆石坝趾板、连接板与防渗墙的连接布置型式如图3.32所示[1]。

【实例2】 那兰混凝土面板砂砾石坝坝基防渗体系布置[17]。那兰混凝土面板砂砾石坝位于云南省红河洲金平县境内藤条江下游河段。最大坝高109m，坝址区河床砂砾石覆盖层厚9～24m。那兰面板砂砾石坝坝体剖面及坝基防渗体系布置如图3.33所示[17]。

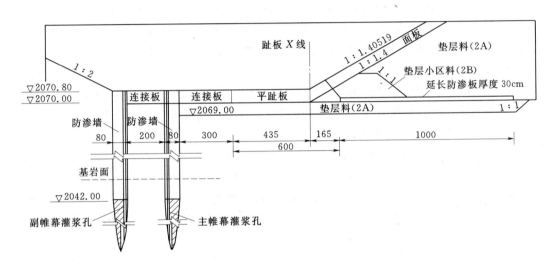

图 3.32 九甸峡面板坝趾板、连接板与防渗墙的连接布置图（单位：cm）

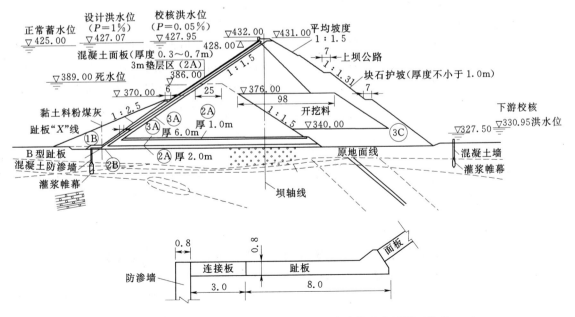

图 3.33 那兰面板砂砾石坝坝体剖面及坝基防渗体系布置图（单位：m）

3.4　面板堆石坝的坝顶溢洪道与放空设施

3.4.1　面板堆石坝的坝顶溢洪道

规范规定[6]，对于岸边溢洪道布置困难，河床基岩坚硬，泄洪单宽流量不大的中、低混凝土面板堆石坝，经论证可在坝顶设置溢洪道。

由于面板堆石坝坝体碾压比较密实，其变形量在施工期已大部完成，竣工蓄水运行后剩余变形量小，因此，对于坝高在 80m 以下的中、低混凝土面板堆石坝，当岸边泄洪设施难以布置，且河床基岩较好，泄洪流量不大等特定条件下，在坝顶设置正常的或非常的溢洪道是允许的，以便于枢纽整体泄洪布置，但这种泄洪布置方案须经专门论证并经主管部门审定，以确保安全[6]。

设置坝顶溢洪道的工程实例[6]，国外有印度尼西亚的巴吐皮西坝（Batubesi，坝高 32m），在坝顶设置了自溃式非常溢洪道，设计最大泄流量 800m³/s，单宽流量约 11～13m³/(s·m)；澳大利亚的克罗蒂坝（Crotty，坝高 83m，1991 年建成），设坝顶溢洪道，过水宽度 12.2m，设计最大泄流量 245m³/s，单宽流量 20m³/(s·m)；国内有榆树沟坝（坝高 67.5m，2001 年建成），设计最大泄流量 420m³/s，单宽流量 21m³/(s·m)；桐柏下库坝（坝高 70.6m，2007 年建成），设计最大泄流量 496m³/s，单宽流量 19.08m³/(s·m)；大城水库（坝高 42m，2007 年建成），设计最大泄流量 200m³/s，单宽流量 25m³/(s·m)。

【实例】　澳大利亚克罗蒂坝（Crotty）坝顶溢洪道布置实例[18,19]。1991 年建成的澳大利亚克罗蒂面板堆石坝，最大坝高为 83m，坝顶长 240m，上游坝坡 1：1.3，下游坝坡 1：1.5（考虑泄流安全而放缓）。该坝设置了一条坝顶溢洪道，作为试验研究之用。克罗蒂坝坝顶溢洪道布置如图 3.34 所示[18]。

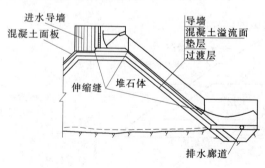

图 3.34　克罗蒂坝坝顶溢洪道布置图

克罗蒂坝坝顶溢洪道设计过水宽度为 12.2m，设计最大泄流量为 245m³/s，单宽流量为 20m³/(s·m)。坝顶溢洪道建成后曾经泄流，但泄流量未达到设计泄流量，大坝观测表明其运行性状良好。

克罗蒂坝坝顶溢洪道的布置设计要点如下[19]：

（1）下游坡面用钢筋网加固，以对泄槽提供约束力，并对过流时产生的振动起减震作用。

（2）挑流鼻坎建在基岩上，以免随坝体一起变形。

（3）泄槽两侧边墙外设 3m 宽的喷浆混凝土溅水排水，避免溅水进入坝体。

3.4.2　面板堆石坝的放空设施

我国许多面板坝均在面板上游设置了土料铺盖区，并在周边缝下游设置了特殊垫层区，在精心设计和严格控制施工质量的条件下，对于一般工程，面板的安全性是可以保证的，通过放空水库来进行面板检修的必要性不大，因此可不专设放空设施。我国早期不少混凝土面板堆石坝设计时，一般也均未设置专门的放空设施。随着坝高日益增大、建设条件日益复杂及运行管理要求越来越高，我国现行规范[6]明确要求：对高坝、重要工程及地震设计烈度为8度、9度的面板堆石坝应设置放空设施。

放空设施的作用：①便于检修面板；②在特殊情况下放空水库。

放空设施的布置：一般可将导流隧洞加以改造后作为放空洞。

水布垭面板坝及天生桥一级面板坝的放空设施（放空洞）布置分别如图3.2和图3.3所示。

3.5 施工期堆石坝体过水与临时断面挡水度汛

面板堆石坝的一个重要特点是在施工期因导流度汛需要，可以经未完成的堆石坝体表面过水或采用临时断面挡水形式，安全宣泄施工期洪水。

较高的面板堆石坝在施工期一般要经过一个或几个汛期，利用堆石坝体表面过水度汛或采用临时断面挡水度汛，不仅可以大大简化导流工程，缩短工期，节省投资，而且还可加速坝体堆石固结，提高堆石体密实度，减少堆石体后期变形，改善坝体稳定性及变形性能。

3.5.1 施工期堆石坝体过水

施工期堆石坝体表面过水度汛时[6]，应满足抗滑稳定及渗透稳定要求；坝体过流表面、下游坡面和坡脚应进行保护；保护措施应根据过流面体型和水流流速、被保护材料性质等条件综合确定，必要时应进行水力学模型试验。

坝面过水度汛时，对过流表面及下游坡面和坡脚应做好防护。防护材料一般可采用填块石的钢筋笼或钢筋网用锚筋固定在堆石体上，也有在下游坡面用碾压混凝土保护的工程实例，如水布垭面板堆石坝。重要工程应通过水力学模型试验，为选择和完善坝面过水的防护措施提供依据。

【实例】 施工期堆石坝体过水工程实例[20]。黄石滩水库工程是一座以灌溉为主，兼顾防洪、养殖的中型水利工程。黄石滩面板堆石坝坝顶宽8m，长210m，最大坝高75.6m，上游坝坡为1:1.4，下游坝坡为1:1.25～1:1.4。设计洪水标准为百年一遇，相应洪峰流量为1150m³/s，校核洪水标准为2000年一遇，相应的洪峰流量为1910m³/s。施工导流洪水设计标准按10年一遇，相应的洪峰流量为：枯水期为75m³/s，汛期为579m³/s。

导流度汛方案：2001年10月底河道截流，导流洞投入运行。面板坝趾板基础开挖工作迅速进行，2002年5月底完成373m高程以下趾板基础的处理、坝体填筑和趾板浇筑工作，并做好坝面防护，迎接2002年汛期的坝面过水。5月底前围堰挡水，导流洞过水，设计最大泄量75m³/s。汛期坝面过水度汛，洪水由导流洞和坝面联合下泄。汛期过后，清理坝面和基坑，开始第三年的枯水期施工，在2003年汛期到来之前，坝面施工上升到395m高程以上，具备拦挡50年一遇的洪水条件（$Q=934$m³/s）。2003年汛期坝面填筑工作不间断，直至达到设计坝顶高程。汛期坝面挡水，洪水全部由导流洞下泄，设计最大泄量 446m³/s。

过水度汛临时断面如图 3.35 所示[20]。

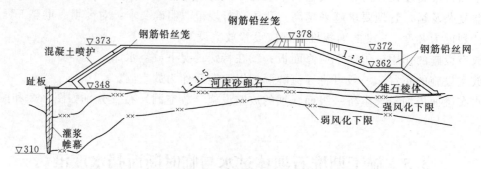

图 3.35　黄石滩面板坝施工期堆石坝体表面过水度汛剖面图

过水度汛坝面的保护措施如下：

（1）坝面上游侧 8m 范围内全河段设置钢丝笼框格，铅丝笼内填 40cm 以上块石。纵横向每隔 2m 设加强钢筋，加强钢筋与预埋的锚筋连接。坝面垂直河向设 1m 宽钢筋框格，框格间距 8m，内部抛填 20cm 以上块石，石笼与锚筋连接。框格之间填筑堆石料，碾压后表面铺筑 40cm 以上块石，并用铅丝网遮罩，铅丝网与钢筋石笼绑扎牢固。

（2）下游坡面底部，按垂直水流方向摆放宽 1.5m，高 1m 的钢筋块石笼，每隔 3m 摆放 1 排，每排石笼底顺水流方向间距 2m 加焊钢筋连接。石笼与锚筋焊在一起。在预留 3m 空隙内回填堆石料推平，经碾压，在表面再铺一层厚 40cm，粒径大于 30cm 的块石，用钢筋网与上、下游已摆放好的笼子连成整体。

（3）下游两岸边坡按每上升 1.6m，水平间距 1.6m 预埋带弯钩的锚筋。坡面摆放 1.6m×1.6m 钢筋骨架，框格再干砌块石。在表面罩铅丝网（8♯铅丝，网格 10cm×10cm）。钢筋骨架网格用铅丝与铅丝网绑扎牢固。

3.5.2　施工期临时断面挡水度汛

坝体临时断面挡水度汛时[6]，应满足抗滑稳定和渗透稳定要求；垫层区的上游坡面应予保护。保护措施根据过流面体型和水流流速、被保护材料性质等条件综合确定，必要时应进行水力学模型试验。

在利用坝体临时断面挡水时，上游垫层坡面应予保护，以免风浪或暴雨冲刷，也可作为施工期防止人为破坏的防护。固坡措施可视具体情况选用碾压砂浆、喷乳化沥青、喷混凝土或砂浆、混凝土挤压边墙等。

【实例】　施工期临时断面挡水度汛工程实例[21]。洪家渡混凝土面板堆石坝最大坝高 179.5m，坝顶长 427.79m，宽高比为 2.38，属狭窄河床高面板堆石坝，其余枢纽建筑物均集中布置在左岸，施工导流采用左岸两条隧洞导流，电站装机 60 万 kW。工程于 2000 年 11 月开工，于 2005 年 6 月完建。面板分三期施工，一期面板高程为 1031m，要求相应堆石高程为 1033m；二期面板高程为 1100m，相应堆石高程为 1102m；三期面板高程为 1142.7m。坝体分期施工及临时断面挡水度汛剖面如图 3.36 所示[21]。

导流度汛方案：根据洪家渡水电站坝址自然条件，采用低围堰截流、高强度填筑坝体临时断面挡水方式度过第一个汛期。

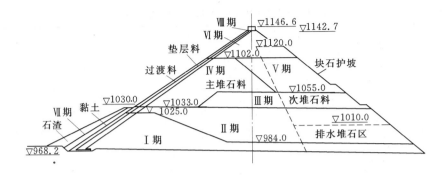

注：图中虚线为坝料分区线，实线为填筑分期线。

图 3.36 洪家渡面板坝分期施工及临时断面挡水度汛剖面图

洪家渡坝体施工分期模式为"一枯度汛抢拦洪、后期度汛抢发电"，即截流后第一个枯水期将坝体填筑到安全度汛水位，汛期坝体不过流，靠坝体临时断面挡水；在施工后期，将坝体填筑到导流洞封堵后的度汛水位，同时满足首台机发电水位要求。此种分期模式既减小了上游围堰的工程量和施工难度，又减少了坝体施工度汛的难度，为实现提前发电的目标奠定了基础。

具体度汛措施如下：

（1）度汛坝体即为第 1 期填筑的坝体，要求在汛前完成，达到度汛所要求的 1025m 高程。具备拦挡 100 年一遇洪水（$Q = 5210 \text{m}^3/\text{s}$）的条件。

（2）斜坡垫层料保护：喷 10cm 厚聚丙烯化学纤维混凝土保护。坡面保护的目的：①作为混凝土面板浇筑之前坝体汛期挡水的临时措施；②防止面板施工过程中对垫层料坡面的人为损坏。

3.6 面板堆石坝的变形特征及其控制

3.6.1 面板堆石坝变形的影响因素及其特征

影响面板堆石坝变形的主要因素如下[7]：

（1）坝高 H：变形量与坝高 H 的平方成正比。

（2）堆石料的压缩模量 E：变形量与压缩模量 E 成反比。

（3）河谷形状：窄深河谷，初期变形小，后期变形大；宽浅河谷，初期变形大，后期变形小。许多工程经验表明，当坝址河谷地形较窄进而导致大坝底部较窄时，坝体易形成底部拱效应，而拱效应的消除将使大坝产生不均匀沉陷，易引起面板的结构性裂缝，进而影响到大坝的安全运行。

面板堆石坝的一般变形特征如下[7]：

在水库蓄水前，坝轴线下游的坝体已完成总变形量的 90% 以上，而靠近面板附近的坝体仅完成总变形量的 25%～60%，愈靠近坝的上游坡脚，蓄水后发生的变形量愈大，因而对面板的影响愈大。

国内外部分混凝土面板堆石坝的变形量见表 3.10[7]。

表 3.10   国内外部分混凝土面板堆石坝的变形量

坝名	建成年份	坝高 /m	坝体最大沉降/mm		水平变位 /mm	面板翘曲 /mm
			施工期	蓄水期		
天生桥	1999	178	3124	—	673	
西北口	1990	95	189	455	73	77
关门山	1988	58.5	89	110	—	42
赛沙那	1971	110	449	114	—	140
阿其卡亚	1974	140	630	140	—	160
阿里亚	1980	160	3580	200	—	775
马其他石	1981	75	390	130	—	—
沙瓦基那	1984	148	730	100	—	—
株树桥	1991	78	792	657	629	—

3.6.2 面板堆石坝的变形控制

随着混凝土面板堆石坝筑坝技术的发展，混凝土面板堆石坝越建越高、工程规模越来越大已成为现代混凝土面板堆石坝发展的基本趋势。目前，混凝土面板堆石坝的发展正面临着从 200m 级坝高向 300m 级坝高发展的挑战[25]。

研究表明[25]，高面板堆石坝设计要尤其重视大坝的变形控制问题；早期的经验设计认为"绝大部分水平荷载是通过坝轴线以上坝体传到地基中去的，而愈往下游堆石体对面板变形的影响愈小，故坝料变形模量可从上游到下游递减"的认识对 150～200m 级面板坝是不完全适用的。

郦能惠提出[26]，"坝体分区设计应遵循四条原则：料源决定原则、水力过渡原则、开挖料利用原则和变形协调原则。重点是变形协调原则，既要做到坝体各区的变形协调，又要做到坝体变形和面板变形之间的同步协调"。

因此，随着坝高日益增大及建设条件日益复杂，高面板堆石坝的变形特性及其控制是一个仍有待进一步深入研究的关键技术问题。

复 习 思 考 题

1. 硬岩料、软岩料、特殊垫层区、趾板基准线、周边缝、垂直缝、挤压边墙、淤填自愈型止水结构的概念。
2. 混凝土面板堆石坝的特点。
3. 堆石坝体各区的位置和作用。
4. 混凝土面板的防裂措施。
5. 面板接缝止水设计的一般原则。
6. 深覆盖层上筑坝（混凝土面板堆石坝）的关键问题。
7. 深覆盖层上面板坝趾板与坝基混凝土防渗墙的连接形式及其特点。
8. 施工期堆石坝体表面过水度汛的优点及问题。

参 考 文 献

[1] 郦能惠. 高混凝土面板堆石坝新技术 [M]. 北京：中国水利水电出版社，2007：12，238 - 243，282 - 296，337 - 354，557 - 566，590.

[2] 蒋国澄，傅志安，凤家骥. 混凝土面板坝工程 [M]. 武汉：湖北科学技术出版社，1997：11 - 18，208 - 209，215 - 216.

[3] 杨泽艳，周建平，蒋国澄，等. 中国混凝土面板堆石坝的发展 [J]. 水力发电，2011，37（2）：18 - 23.

[4] 纪云生. 混凝土面板堆石坝在我国的发展 [J]. 水力发电，1989，(10)：45 - 48.

[5] 王瑞骏. 混凝土面板的温度应力与干缩应力及其渗流特性 [M]. 西安：西安地图出版社，2007：1 - 9，85 - 86.

[6] 中华人民共和国水利部. SL 228—2013 混凝土面板堆石坝设计规范 [S]. 北京：中国水利水电出版社，2013.

[7] 解宏伟，陈曦. 高等水工结构 [M]. 北京：中国水利水电出版社，2013：87，105 - 108.

[8] 蒋国澄，赵增凯，孙役，等. 中国混凝土面板堆石坝 20 年 综合·设计·施工·运行·科研 1985—2005 [M]. 北京：中国水利水电出版社，2005：91 - 93，582 - 588.

[9] 张宗亮，徐永，刘兴宁，等. 天生桥一级水电站枢纽工程设计与实践 [M]. 北京：中国电力出版社，2007：32.

[10] Cooke J B，Sherard J L. Concrete face rockfill dams：Ⅱ design [J]. Journal of Geotechnical Engineering，ASCE，1987，113（10）：1096 - 1112.

[11] 杨启贵，刘宁，孙役，等. 水布垭面板堆石坝筑坝技术 [M]. 北京：中国水利水电出版社，2010：103.

[12] 雷艳，王康柱，蔡新合. 积石峡水电站混凝土面板堆石坝坝体分区优化设计及坝料调整 [J]. 西北水电，2011，(2)：19 - 23.

[13] 孙玉军，洪镝，武选正. 公伯峡面板堆石坝混凝土挤压式边墙技术的应用 [J]. 水力发电，2002，(8)：45 - 47.

[14] 汤焱林. 东津电站面板坝第一期混凝土面板浇筑 [J]. 葛洲坝水电，1995，(2)：26.

[15] 贾金生，郝巨涛，吕小彬，等. 高混凝土面板堆石坝周边缝新型止水 [J]. 水利学报，2001，(2)：35 - 38.

[16] 丁留谦，周晓光，杨凯虹，等. 超高面板坝淤填自愈型止水结构可行性的初步研究 [J]. 水利学报，2001，(1)：76 - 80.

[17] 周建平，宗敦峰，杨继学，等. 现代堆石坝技术进展 [M]. 北京：中国水利水电出版社，2009：56 - 61.

[18] 何光同. 混凝土面板堆石坝坝顶溢流技术探讨 [J]. 水利水电科技进展，2000，20（3）：40.

[19] 俞瑞堂. 克罗蒂面板坝坝身溢洪道设计及运行监测 [J]. 华东水电技术，1998，(3)：60 - 66.

[20] 钟家驹. 土石坝工程 [M]. 西安：陕西科学技术出版社，2008.

[21] 潘先文，张建，李祖艳. 洪家渡水电站面板堆石坝度汛坝体填筑施工 [J]. 贵州水力发电，2003，17（2）：29 - 31.

[22] 蒋国澄，曹克明. 中国的混凝土面板堆石坝：国际高土石坝学术研讨会论文集 [C]. 北京：中国水力发电工程学会，1993：67 - 82.

[23] 蒋国澄. 中国的混凝土面板堆石坝. 水力发电学报 [J]. 1994，(3)：67 - 78.

［24］　蒋国澄，曹克明．中国混凝土面板堆石坝十年回顾：中国混凝土面板堆石坝十年学术研讨会论文集〔C〕．北京：中国水力发电工程学会，1995：1－19．

［25］　马洪琪．300m 级面板堆石坝适应性及对策研究〔J〕．中国工程科学，2011，13（12）：4－8．

［26］　郦能惠．高混凝土面板堆石坝设计理念探讨〔J〕．岩土工程学报，2007，29（8）：1143－1150．

第4章　坝工应力分析的有限元法

4.1　概　　述

4.1.1　坝工及坝工应力

坝工即大坝工程的简称。根据大坝的受力、材料及施工等特点，坝工分类如图 4.1 所示。

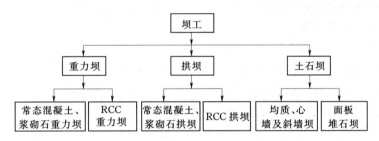

图 4.1　坝工分类

按照坝体上荷载的作用效应不同，可将坝工应力分为静应力和动应力两大类。静应力又可根据产生应力的原因的不同分为以下两类：

（1）外载作用应力。指由坝体及设备自重、水压力、泥沙压力等外载作用产生的应力。在外荷载作用下，混凝土材料会产生徐变变形，土石料会产生流变变形。这两种变形均是在外荷载作用下，随时间而增长的变形。这两种变形受到约束时产生相应的应力。其中，徐变在外荷载去除后可部分恢复。徐变变形的成因是水泥石，水泥石由结晶体、胶体和空隙组成，水泥石中的胶体在荷载作用下发生流动，卸载给结晶体和骨料，使二者发生变形。

（2）体变形应力。指由温度变形、干湿变形及自生体积变形等结构体积变形受到约束而产生的应力。温度变形是指随温度变化混凝土产生的热胀冷缩，温度变化主要包括：由于浇筑温度和水化热与外界气温的差值、浇筑后由浇筑时气温变化到长期运行后的稳定温度及外界气温变化等而产生的温度变化。干湿变形是指混凝土失去水分产生干缩，吸收水分产生湿胀，主要起因于空隙水变化时引起的毛细管引力。自生体积变形是由某些化学或物理因素促成，如水泥颗粒（结晶体）吸水引起水泥胶体的脱水和紧缩，混凝土骨料的碱性反应等。

动应力也可分为以下两类：

（1）地震动应力。指地震时，由于各种地震惯性力的作用而产生的应力。

（2）其他动应力。指由于动水压力、设备振动等所产生的应力。

4.1.2　坝工应力问题

按照材料力学理论，应力即为内力的集度。因此，按照结构内力产生的条件不难发现，应力的力学实质是荷载、材料和边界约束的综合效应。对坝工而言，由于其荷载的多样性、材料的复杂性和工况的多变性，因此概括起来说，坝工应力往往是时间与空间的函数。与坝工应力相关的关键技术问题也即坝工应力问题主要有以下几个方面：

（1）强度破坏问题。如混凝土坝（混凝土重力坝、拱坝等）的抗拉、抗裂破坏及土石坝的抗剪破坏等问题。

（2）坝体结构变形、失效问题。如混凝土坝中闸门槽变形导致闸门无法正常启闭操作、坝内廊道变形导致廊道内监测设备不能正常运行，土质防渗体土石坝由于拱效应而导致防渗体裂缝、面板坝由于面板沉陷或剪切变形而导致面板接缝止水失效等问题。

（3）坝体或坝基（坝肩）失稳问题。如重力坝和拱坝在施工期岸坡坝段的抗倾覆稳定、重力坝坝体或坝基在运行期的抗滑稳定、拱坝在运行期的坝肩（拱座）抗滑稳定、土石坝的坝坡抗滑稳定等问题。

（4）其他问题。如混凝土坝渗流场-应力场-温度场的耦合问题，混凝土坝的材料耐久性问题，土石坝渗流场与应力场的耦合问题，土石坝的渗透变形问题等。

随着计算机技术、材料试验技术和结构分析理论等的不断发展和完善，为较为准确地分析解决各类大坝应力问题创造了有利条件。但因坝工结构的复杂性及影响坝工结构应力产生和发展的主客观因素的多样性和多变性，坝工应力问题仍是一个有待深入研究的复杂而重要的技术问题。

4.1.3　坝工应力分析的目的、内容及特点

4.1.3.1　坝工应力分析的目的

坝工应力分析的主要目的如下：

（1）掌握大坝在各种工况下的应力分布规律，为大坝断面设计提供依据。主要是分析在各种典型工况下，大坝典型横剖面及纵剖面上各种应力分量（正应力、剪应力）及主应力的分布状况，为坝体材料分区设计提供依据。

（2）通过大坝施工期的应力仿真分析，为确定大坝施工方案提供依据。大坝施工期应力仿真分析就是模拟大坝应力产生及发展的荷载条件、材料条件、环境条件（如气温、地温等）及实际施工过程，按照时间序列逐级分析坝体施工期各部位应力变形演变过程的一种应力分析方法。大坝施工期的施工方案（包括施工工序、施工强度、施工方法等）设计是大坝设计的一项重要内容。对同一座大坝，不同的施工方案将导致不同的应力演变过程，并产生不同的应力结果。通过对不同施工方案大坝施工期的应力仿真分析，可以为评价各施工方案的技术可行性和对确保大坝安全的有效性等提供依据。

（3）通过对大坝运行期的应力仿真分析，为制定大坝运行管理措施提供依据。大坝运行期应力仿真分析就是在施工期应力仿真分析的基础上，模拟大坝的实际运行过程（包括坝上、下游水位变化，坝上游泥沙淤积面变化，混凝土坝各种泄水孔口泄流量变化，水温条件等），按照时间序列分析坝体运行期各部位应力变形演变过程的一种应力分析方法。不同的运行方式会在大坝中产生不同的应力演变过程，并产生不同的应力结果。通过针对各种运行方式的大坝运行期的应力仿真分析，可以为评价不同运行方式对确保大坝安全的

有效性、为制定大坝的运行管理措施等提供依据。

4.1.3.2　坝工应力分析的主要内容

应力分析的基本过程是[1]：①进行荷载计算并确定荷载组合（工况）；②选择适宜的方法进行应力计算；③检验坝体各部位的应力是否满足强度要求。具体来说，坝工应力分析的主要内容如下：

（1）各个时期大坝应力及变形的变化规律分析。如大坝关键部位（如重力坝的坝踵和坝趾、拱坝的拱冠和拱端等）施工期和运行期的应力随时间的演变规律分析。

（2）各种工况下大坝应力及变形的分布规律分析。如在水库正常蓄水位、设计洪水位、校核洪水位及地震等工况下，进行大坝整体应力及变形的分布规律（状态）分析等。

（3）各种工况下控制性断面、主要坝体结构构造部位（区域）的应力极（最）值分析。如在水库正常蓄水位、设计洪水位、校核洪水位及地震等工况下，进行大坝最大横断面（标准断面）、大坝纵断面、坝体泄水孔及廊道相对密集断面等的最大应力及最小应力分析等。

4.1.3.3　坝工应力分析的主要特点

由于坝工应力问题如上所述的特点，因此坝工应力分析一般具有如下特点：

（1）荷载种类多，计算工况多。作用于大坝的荷载从是否随时间而变化的角度来划分有静荷载和动荷载，静荷载常见的有坝体自重、坝上设备自重等，混凝土坝还包括作用于上下游坝面上的静水压力、上游坝面上的泥沙压力和浪压力、各水平截面（含坝底）上的扬压力等，土石坝还包括渗透体积力等；动荷载主要包括动水压力、设备振动及地震等荷载。除此而外，混凝土坝还有温度变形、干湿变形及自生体积变形等体变形荷载，土石坝还有初次蓄水时的湿化变形等体变形荷载。另外，在外荷载作用下，混凝土坝会产生徐变变形，土石坝会产生流变变形，这两种变形均是在外荷载作用下，随时间而增长的变形，受到约束时也将产生相应的应力。坝工运行的影响因素错综复杂，大坝实际运行工况是多种多样的，为此，设计时从偏于安全的角度，往往依据规范选择几种较为不利的运行工况来确定其相应的荷载组合。

（2）材料组成复杂，本构模型及其参数不易确定。重力坝和拱坝常用混凝土材料浇筑或碾压填筑而成，但根据坝的级别、各部位工作条件及运行要求等的不同，重力坝和拱坝断面上各个区域往往需要选用不同的混凝土标号（包括强度标号、抗渗等级、抗冻等级等），如坝上游面一定厚度范围内常需设置强度及抗渗性均较高的防渗层混凝土，与基岩接触面上则需设置一定厚度的强度适中而抗渗性较高的垫层混凝土，泄水孔口表面则需设置强度及抗渗性均较高的钢筋混凝土等，这些区域的混凝土即使均采用线弹性本构模型，由于标号不同，各区的弹性模量及强度参数等也是存在一定差异的。土石坝由土石料填筑而成，土石料的应力变形特性随着材料来源、母材物理力学性质以及施工方法等的不同，即使均采用相同的如非线性弹性邓肯-张 E－B 本构模型，其模型参数也是存在很大差异的。目前，本构模型理论研究还不尽完善，而模型参数又主要依靠材料试验来获取，因此，在面对多种材料组成这一复杂情况的同时，如何合理确定各种本构模型及其参数仍是影响坝工应力分析结果合理性的一个关键问题。

（3）边界条件复杂。严格来说，坝工应力来源于复杂的空间边界对于坝体变形的三维约束，大坝是一个高次超静定的结构。边界条件复杂是坝工应力分析不同于一般结构应力分析的一个显著特点。较为合理而准确的坝工应力分析，有赖于对复杂边界条件作出更为接近工程实际的简化处理。

（4）结构庞大、复杂，计算分析工作量大。不同于一般的简单结构，大坝结构庞大，受力条件、材料组成、变形条件及约束条件十分复杂，由此导致坝工应力的计算分析工作量通常很大。

4.2　重力坝应力变形的有限元分析

4.2.1　重力坝的主要应力问题

在进行重力坝的应力分析时，坝内孔洞等削弱部位的局部应力，宽缝重力坝的头部、闸墩、导墙等个别部位的应力，以及坝体与坝基的接触面、坝体断面尺寸发生突变处的截面上的应力等控制性应力问题非常重要，必要时还需分析坝基的上、下游局部应力及坝体内部应力。根据对特定工况下（如正常蓄水位，设计洪水位及校核洪水位）这些控制性截面和局部区域的应力分析结果，可为大坝的断面设计、构造设计及坝基处理设计等提供依据[2]。

对于混凝土重力坝而言，坝体为大体积混凝土结构。根据国内外已建的大体积混凝土结构的运行情况看，几乎所有的结构都或多或少地出现了裂缝，而这些裂缝大多是由温度应力、干缩应力及其他应力产生的。大体积混凝土表面比较小，水泥水化热释放比较集中，内部温升比较快。混凝土内外温差较大时，会使混凝土产生温度裂缝，影响结构安全和正常使用。因此应对大体积混凝土的温度应力问题进行深入细致的研究，从而为选择混凝土材料、确定施工方案等提供依据。

4.2.2　重力坝的应力分析方法

重力坝的应力分析为坝体设计的重要内容之一，随着重力坝高度的不断增加，应力分析也愈显得重要。重力坝应力分析的方法很多，大致可归结为理论计算（包括材料力学法、弹性理论法及有限元法等）和模型试验两大类，这两类方法是可以彼此补充、相互验证的，其结果都要受到原型观测结果的检验[1]。

4.2.2.1　模型试验法[1]

目前常用的测试应力的结构模型试验方法主要有光测法和脆性材料电测法两类。光测法主要解决弹性应力问题，也称光测弹性试验法，能较好地反映孔口及角缘的应力集中现象。脆性材料电测方法除能进行弹性应力分析外，还可进行破坏试验。近年来发展起来的地质力学模型试验方法，可以进行复杂地基的试验。此外，利用模型试验还可进行坝体温度场和动分析等方面的研究。模型试验方法在模拟材料特性、施加自重荷载和地基渗流体积力等方面，目前仍存在一些问题有待进一步研究和改进。由于模型试验费时，对于中、小型工程，一般可只进行理论计算。近代由于理论计算中的数值解法发展很快，对于一般的平面问题，常常可以不做试验，主要依靠理论计算解决。

4.2.2.2　材料力学法[1,3]

这是现行重力坝设计规范中规定采用的基本应力分析方法。该方法的基本假定是水平截面上的垂直正应力 σ_y 呈直线分布。根据这一假定就可以应用平衡条件依次求出坝体内任一点上的各个应力分量及主应力。这种方法计算的基本模型是将坝体视作固接在地基上的一条变截面悬臂梁。

材料力学法的主要优点是，计算简单，应用范围广，适用于各种坝体形状和各种外荷载。因此，可用材料力学法进行研究的问题也较多。这个方法的主要缺点是，未考虑地基的影响，因而所求出的应力不能严格满足变形相容条件；而且它不能被用来研究某些特殊问题，如应力集中问题，温度应力和收缩应力问题，地基刚度对坝体应力的影响及地基内的应力问题，以及坝体和地基内各点沿各方向的变形问题。

通过与比较精确的理论和试验研究结果的对比，可以发现：在均匀整体浇筑的重力坝上部（约占全高的 2/3），水平截面上 σ_y 的实际分布接近于直线变化，用材料力学法算出的应力也接近于用其他更精确的方法求出的结果。但在坝体下部，σ_y 的非线性分布影响较显著，这种影响又称为"基础约束影响"。

材料力学法虽然存在上述缺点，但至今仍作为进行重力坝应力分析的基本方法，其原因就在于以下两点：

（1）对于坝高在 100m 以下的重力坝，坝内的应力数值并不很大，应力往往不是控制因素，所以可采用较近似的方法进行应力计算。在重力坝设计规范中即明确规定，对于坝高在 70m 以下的坝体，当地质条件较简单时，可以只按照材料力学法计算应力；对于100m 左右的坝，也可以用这个方法作为基本方法，再辅以必要的研究和试验工作；但对于 150m 或以上的高坝，精确确定坝体应力就成为重要的任务，除采用材料力学方法外，还必须进行详细的分析和试验工作。

（2）坝体混凝土具有一定的塑性和徐变性质，在应力集中区域或在荷载的长期作用下，都会发生应力重分布，从而使应力分布更接近于直线分布状态。因此，从"极限设计"或"破坏阶段"的观点来看，材料力学法成果在大多数情况下能满足设计要求。

4.2.2.3　弹性理论法[1,3]

法国数学家及工程师列维（M. Levy）1898 年基于若干严格的假定，用经典弹性理论得出了平面无限楔形体在重力和一些边界力作用下应力分布的理论解答。但由于实际坝体断面、地基条件和荷载性质十分复杂，与该法的基本假定存在较大差异，因此，弹性理论法的实用性较差。

弹性理论法在力学模型和数学解法上都是严格的，虽然目前只有少数边界条件简单的典型结构才有解答，但通过对典型结构的计算，可以检验其他方法（如材料力学法）的精确性，也可用于辅助分析坝体应力的分布规律。

4.2.2.4　弹性理论差分法[1]

弹性理论差分法在力学模型上是严格的，在数学解法上采用差分格式，是近似的。由于差分法要求方形网格，对复杂边界的适应性差，所以其实用性更差。

4.2.2.5　有限元法[1,2]

通过数十年的大量研究，发展了很多理论解法和数值解法，对重力坝的应力分布状态和规律也有了更全面的了解。有限单元法的创立和电子计算机的发展，更为复杂的分析工作提供了有效的工具。目前在设计高坝或复杂地基上的坝体时，已无例外地要进行有限单元动、静应力分析或进行某些特殊研究。

有限元法在力学模型上是近似的，在数学解法上是严格的。它可以处理复杂的边界条件，考虑多种材料的不同特性，模拟复杂的地质条件。20 世纪 60 年代以来，通过数学工作者的不懈努力，目前有限元法的应用已从求解应力场扩大到求解磁场、温度场和渗流场等。有限元法不仅能解决弹性问题，还能解决弹塑性以及弹塑黏性问题；不仅能解决静力问题，还能解决动力问题；不仅能计算单一结构，还能计算复杂的组合结构。因此，有限元法目前已成为一种综合能力及仿真计算能力均很强的数值计算方法[1]。

随着计算机附属设备和软件工程的发展，近年来在前处理和后处理功能方面也有很大进步，如网格自动剖分、计算成果的整理和绘图、屏幕显示和光笔的应用等。一些国内外通用有限元计算软件也渐趋成熟，从而可使设计人员从过去繁琐的计算中解脱出来，实现设计计算工作的自动化[1]。

但是，有限元法用于结构应力分析时，其计算结果往往受到计算模型、计算参数以及计算人员经验等诸多因素的影响，因此人们对其计算精度和结果的可靠性仍存在一定的疑虑。

我国现行的混凝土重力坝设计规范规定将有限元法作为大坝应力分析的辅助方法，并已提出相应的应力控制标准，规定高坝及修建在复杂地基上的中坝均宜进行有限元应力分析[2]。

4.2.3　混凝土及岩石类材料的本构模型

4.2.3.1　混凝土及岩石类材料的应力应变关系试验结果[4]

用刚性压力机做岩石力学试验可以得到岩石的全应力应变关系曲线，如图 4.2 所示[4]。全应力应变关系曲线一般可分成三个区段：①OA 区段，该段曲线接近于直线；②AB 区段，该段曲线向下弯曲，B 点是全过程的高峰；③BC 区段，为下降曲线段。

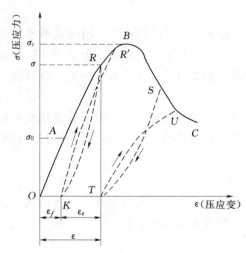

图 4.2　岩石的全应力应变关系曲线

在 OA 区段内，岩石通常呈弹性性质，岩石的结构和性质并无大的改变。AB 段岩石出现不可逆变形，也即塑性变形，在连续加载卸载循环过程中，出现残余变形。

BC 段为岩体不稳定阶段，亦称应变软化阶段，此时应力应变关系曲线的斜率为负值，卸载时（如图示 ST）导致较大的永久变形。卸载路径 ST 和再加载路径 TU 不同，U 点常低于 S 点。BC 阶段的应力应变关系只有在刚性压力机上才能得到。

整个试件的破坏过程是一个渐进破坏过程。在 AB 阶段，岩石内部裂隙扩张，这是由于岩石内杂乱无序排列的微裂纹应力集中所造成的。实际上最终破坏不出现在峰值处，而是在超过峰值后 BC 曲线上的某点处。

4.2.3.2 混凝土及岩石类材料的本构模型[5-8]

长期以来，不少学者通过多种途径开展了混凝土及岩石类材料的本构模型研究，提出了不少具有理论和应用价值的研究成果。其中，应用相对较广的混凝土及岩石类材料本构模型如下：

（1）线弹性模型。线弹性模型的基本特征是：对应于一定的温度，物体在变形过程中，应力与应变之间呈一一对应的关系，这种关系与载荷的持续时间及变形历史无关；卸载后，其变形可以完全恢复。这种模型假定混凝土及岩石类材料在变形过程中，应力与应变之间呈线性关系，服从胡克定律。线弹性模型计算简单，计算工作量小，但计算精度较差[6]。

（2）弹塑性模型。根据大量岩土材料的试验资料可知，大多数岩体及混凝土都可视为弹塑性介质，即在一定应力水平下表现为线弹性，超过此限即表现为塑性。通过对岩土材料的应力应变曲线进行简化，并将强度极限作为岩土材料变形特性的转折点（弹性范围的极限称为屈服点，当应变超过屈服点时，材料变形进入塑性阶段，因而屈服点是塑性力学中的一个重要参量）。当不考虑弹塑性耦合特性时，根据对塑性阶段变形假定的不同，弹塑性模型又可分为以下几种[6]：

1）理想弹塑性模型。当材料进入塑性状态后，具有明显的屈服流动阶段，而强化程度较小。若不考虑材料的强化性质，则可得到如图 4.3 （a）所示[6]的理想弹塑性模型，又称为弹性完全塑性模型。

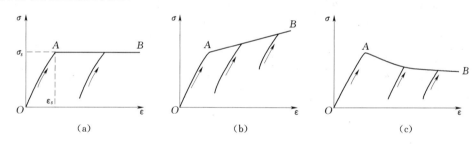

图 4.3 弹塑性模型
（a）理想弹塑性；（b）硬化塑性；（c）软化塑性

在图 4.3 （a）中，线段 OA 表示材料处于弹性阶段，线段 AB 表示材料处于塑性阶段，应力可用如下公式求出：

$$\sigma = \begin{cases} E\varepsilon, & \varepsilon \leqslant \varepsilon_s \\ E\varepsilon_s = \sigma_s, & \varepsilon > \varepsilon_s \end{cases} \tag{4.1}$$

式中：E 为弹性模量；σ_s 为屈服强度。

由于式 （4.1）只包括了材料常数 E 和 σ_s，故不能描述应力应变曲线的全部特征；又由于在 $\varepsilon = \varepsilon_s$ 处解析式有变化，故给具体计算带来一定困难。这一模型抓住了韧性材料的主要特征，因而与实际情况符合得很好，是最简单且最常用的弹塑性模型。

2）应变硬化模型。在材料的拉伸压缩试验中，材料经过屈服滑移之后，材料重新呈现抵抗继续变形的能力，称为应变硬化。具有如图 4.3 （b）所示[6]应力应变关系曲线的模型，称为应变硬化模型。其屈服面随着加载而扩大，直至与破坏面重合。

3）应变软化模型。应变软化是指材料经一次或多次加载和卸载后，进一步变形所需的应力比原来的要小，即出现材料变软（屈服后强度降低）的现象。应变软化过程中，随着应力的加大，应变增长的速率加快。具有如图 4.3（c）所示[6]应力-应变关系曲线的模型，称为应变软化模型。

在弹塑性小变形情况下，弹性力学中的平衡方程式和几何方程式仍然成立，但是物理方程却不同了，因为除了弹性变形它还涉及材料的塑性变形性质。在有限元法中，常用普朗特—路斯塑性流动增量理论来建立应力增量与应变增量之间的弹塑性关系。根据该理论，增量形式的弹塑性应力应变关系为[7]：

$$\Delta \sigma_{ep} = [\boldsymbol{D}]_{ep} \Delta \varepsilon \tag{4.2}$$

式中：$[\boldsymbol{D}]_{ep}$ 为弹塑性矩阵。

对于三维空间问题，$[\boldsymbol{D}]_{ep}$ 可由以下关系确定[7]：

$$[\boldsymbol{D}]_{ep} = [\boldsymbol{D}]_e - [\boldsymbol{D}]_p \tag{4.3}$$

$$[\boldsymbol{D}]_e = \frac{E}{1+\mu} \begin{bmatrix} \frac{1-\mu}{1-2\mu} & & & & & \\ \frac{\mu}{1-2\mu} & \frac{1-\mu}{1-2\mu} & & \text{对称} & & \\ \frac{\mu}{1-2\mu} & \frac{\mu}{1-2\mu} & \frac{1-\mu}{1-2\mu} & & & \\ 0 & 0 & 0 & \frac{1}{2} & & \\ 0 & 0 & 0 & 0 & \frac{1}{2} & \\ 0 & 0 & 0 & 0 & 0 & \frac{1}{2} \end{bmatrix} \tag{4.4}$$

$$[\boldsymbol{D}]_p = \frac{9G^2}{(H'+3G)\sigma^2} \begin{bmatrix} \sigma_x'^2 & & & & & \\ \sigma_x'\sigma_y' & \sigma_y'^2 & & \text{对称} & & \\ \sigma_x'\sigma_z' & \sigma_y'\sigma_z' & \sigma_z'^2 & & & \\ \sigma_x'\tau_{xy} & \sigma_y'\tau_{xy} & \sigma_z'\tau_{xy} & \tau_{xy}^2 & & \\ \sigma_x'\tau_{yz} & \sigma_y'\tau_{yz} & \sigma_z'\tau_{yz} & \tau_{xy}\tau_{yz} & \tau_{yz}^2 & \\ \sigma_x'\tau_{zx} & \sigma_y'\tau_{zx} & \sigma_z'\tau_{zx} & \tau_{xy}\tau_{zx} & \tau_{yz}\tau_{zx} & \tau_{zx}^2 \end{bmatrix} \tag{4.5}$$

式（4.4）、式（4.5）中，矩阵中各元素沿主对角线对称；E 为材料弹性模量；μ 为泊松比；G 为剪切弹性模量；σ 为等效应力；H' 为塑性强化段等效应力与等效应变曲线的斜率，对于理想弹塑性材料 $H'=0$；σ_k、τ_{mn} 为应力分量（k，m，$n=x$，y，z）；σ_k'、τ_{mn}' 为应力偏量（k，m，$n=x$，y，z）。G、σ、σ_k'、τ_{mn}' 分别由下式确定[7]。

$$G = \frac{E}{2(1+\mu)} \tag{4.6}$$

$$\sigma = \sqrt{\frac{3}{2}} \sqrt{\sigma_x'^2 + \sigma_y'^2 + \sigma_z'^2 + 2(\tau_{xy}'^2 + \tau_{yz}'^2 + \tau_{zx}'^2)} \tag{4.7}$$

$$\sigma_k' = \sigma_k - \sigma_{ep}, k = x, y, z \tag{4.8}$$

$$\tau'_{mn} = \tau_{mn}, m = x, y, z; n = x, y, z \tag{4.9}$$

$$\sigma_{ep} = \frac{\sigma_x + \sigma_y + \sigma_z}{3} \tag{4.10}$$

最终可得空间问题的弹塑性矩阵为[7]：

$$[\boldsymbol{D}]_{ep} = \frac{E}{1+\mu} \begin{bmatrix} \frac{1-\mu}{1-2\mu} - \omega\sigma'^2_x & & & & & \\ \frac{\mu}{1-2\mu} - \omega\sigma'_x\sigma'_y & \frac{1-\mu}{1-2\mu} - \omega\sigma'^2_y & & & \text{对称} & \\ \frac{\mu}{1-2\mu} - \omega\sigma'_x\sigma'_z & \frac{\mu}{1-2\mu} - \omega\sigma'_y\sigma'_z & \frac{1-\mu}{1-2\mu} - \omega\sigma'^2_z & & & \\ -\omega\sigma'_x\tau_{xy} & -\omega\sigma'_y\tau_{xy} & -\omega\sigma'_z\tau_{xy} & \frac{1}{2} - \omega\tau^2_{xy} & & \\ -\omega\sigma'_x\tau_{yz} & -\omega\sigma'_y\tau_{yz} & -\omega\sigma'_z\tau_{yz} & \omega\tau_{xy}\tau_{yz} & \frac{1}{2} - \omega\tau^2_{yz} & \\ -\omega\sigma'_x\tau_{zx} & -\omega\sigma'_y\tau_{zx} & -\omega\sigma'_z\tau_{zx} & -\omega\tau_{xy}\tau_{zx} & -\omega\tau_{yz}\tau_{zx} & \frac{1}{2} - \omega\tau^2_{zx} \end{bmatrix}$$

$$\tag{4.11}$$

式（4.11）中

$$\omega = \frac{9G}{2\sigma^2(H'+3G)}$$

在混凝土及岩石类材料的试验中，当 $\sigma = \sigma_s$（σ_s 为材料屈服强度）时，材料出现宏观裂纹。在复杂应力状态下，当材料出现宏观裂纹时，应力与应变之间所满足的条件称为强度条件。这种提法与塑性理论中的屈服准则相类似，所以也可将强度条件称为屈服准则，该准则表示材料将由弹性状态进入塑性状态。

目前，混凝土及岩石类材料多用 Mohr - Coulomb 或 Drucker - Prager 准则。两种准则的统一表达式为[8]：

$$F = \alpha I_1 + \sqrt{J_2} - K = 0 \tag{4.12}$$

式中：I_1 为应力张量的第一不变量；J_2 为应力偏量的第二不变量；α、K 分别为与材料性质相关的计算参数。

Mohr - Coulomb 准则（屈服面为六边形角锥面）[8]：

$$\alpha = \frac{\sqrt{3}}{3} \frac{\sin\varphi}{\sqrt{3}\cos\theta - \sin\theta\sin\varphi} \tag{4.13}$$

$$K = \frac{\sqrt{3}c\cos\varphi}{\sqrt{3}\cos\varphi - \sin\theta\sin\varphi} \tag{4.14}$$

$$\theta = \frac{1}{3}\sin^{-1}\left(-\frac{3\sqrt{3}}{2}\frac{J_3}{J_2^{3/2}}\right) \tag{4.15}$$

式中：c 为凝聚力；φ 为内摩擦角；J_2、J_3 分别为应力偏量的第二、第三不变量。

Mohr - Coulomb 准则可以反映材料的体积变形特征，但其屈服面在 π 平面内为六角形，存在尖顶和棱角，影响数值解的收敛。

Drucker - Prager 准则（屈服面为圆锥面）[8]：

$$\alpha = \frac{\tan\varphi}{(9+12\tan^2\varphi)^{1/2}} \tag{4.16}$$

$$K = \frac{3c}{(9+12\text{tg}^2\varphi)^{1/2}} \tag{4.17}$$

式中：各符号意义同前。

Drucker - Prager 准则屈服面在 π 平面内为圆形，消除了棱角，有利于收敛。

两种准则屈服面在平面上的投影如图 4.4 所示[8]。

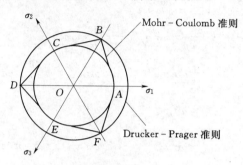

图 4.4　两种准则屈服面在 π 平面上的投影

上述两个准则因其简单且程序处理简便而被广泛采用。其共有缺点是不能有效反映材料的渐进破坏特征以及应变硬化和应变软化特性。

上述本构模型及屈服准则中的材料参数，如 E、μ、φ、c 等，均应通过试验确定。

4.2.3.3　无拉分析模型及地质结构面弹塑性模型[4]

（1）无拉分析模型。混凝土及岩石类材料均属脆性材料，其抗拉强度相对很小，在受拉开裂后不能再承受拉应力。考虑混凝土及岩石类材料受拉破坏后力学行为的非线性分析常称为"无拉分析"。混凝土及岩石受拉破坏的应力-应变关系具有与塑性软化类似的特性，即初始受拉时具有线弹性特征，受拉破坏后其抗拉强度降为零，如图 4.5 所示[4]。

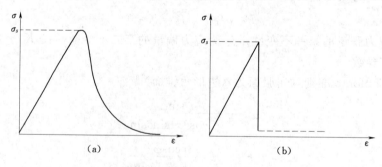

图 4.5　岩石受拉应力-应变曲线

因此，在涉及大坝安全度及坝体易拉部位的断裂问题分析时，可以按照弹塑性分析的类似格式，对这些部位的单元进行无拉分析。

无拉分析的基本假定如下：

1）受拉破坏前为线弹性，服从虎克定律。

2）当任一方向拉应力超过材料抗拉强度时则发生拉裂，拉裂使该方向应力变为零。

3）拉裂应变假定为弹性应变与开裂"应变"之和。

无拉分析的强度条件（屈服准则）为：

拉裂破坏前：
拉裂破坏后：
$$\left.\begin{array}{l} F_i=\sigma_i-R_t\leqslant 0, i=1,2,3 \\ F_i=\sigma_i=0, i=1,2,3 \end{array}\right\} \tag{4.18}$$

式中：σ_i 为主拉应力；R_t 为材料抗拉强度。

仿照弹塑性本构关系的推导，可导出如下无拉分析的"弹塑性矩阵"：

1）当 σ_1 为受拉主应力且 $F_1=\sigma_1-R_t>0$ 时，其弹塑性矩阵可用下式确定：

$$[\boldsymbol{D}]_{ep}=\frac{E}{1-\mu^2}\begin{bmatrix} 0 & 0 & 0 \\ 0 & 1 & 0 \\ 0 & \mu & 1 \end{bmatrix} \tag{4.19}$$

2）当 σ_1、σ_2 均受拉且 $F_1=\sigma_1-R_t>0$、$F_2=\sigma_2-R_t>0$ 时，其弹塑性矩阵可用下式确定：

$$[\boldsymbol{D}]_{ep}=\begin{bmatrix} 0 & 0 & 0 \\ 0 & 1 & 0 \\ 0 & 0 & E \end{bmatrix} \tag{4.20}$$

3）当 σ_1、σ_2、σ_3 均受拉时，则该单元完全破坏不能承受任何应力。

式（4.19）和式（4.20）所示的"弹塑性矩阵"，均可按一定规则集成到结构整体刚度矩阵中去。

（2）地质结构面弹塑性模型。对于岩体节理、断层破碎带及软弱夹层等地质结构面，其应力变形的非线性主要表现为剪切滑移和受拉开裂两种形式。在实际模拟这些结构面时，一般可采用节理单元进行模拟。节理单元的计算原理此略。节理单元受拉开裂的强度条件和"弹塑性矩阵"同无拉分析模型。

节理单元剪切滑移的强度条件（屈服准则）为：

初始抗剪条件：
残余抗剪条件：
$$\left.\begin{array}{l} F=|\tau_s|-c-(-\sigma_n)\tan\varphi \\ F'=|\tau_s|-c-(-\sigma_n)\tan\varphi' \end{array}\right\} \tag{4.21}$$

式中：$-\sigma_n$ 为法向压应力（σ_n 以拉为正）；c、φ 分别为节理初始凝聚力和内摩擦角；φ' 为残余摩擦角。

仿照弹塑性本构关系的推导，可导出节理单元剪切滑移的"弹塑性矩阵"为：

$$\left.\begin{array}{l} [D]_{ep}=[D]_e-[D]_p=\dfrac{1}{s_0}\begin{bmatrix} s_0K_s-K_s^2 & -s_1K_s \\ -s_1K_s & s_0K_n-s_1^2 \end{bmatrix} \\ s_0=K_s+K_n\tan^2\varphi, s_1=K_n\tan^2\varphi \end{array}\right\} \tag{4.22}$$

式中：K_s、K_n 分别为节理单元切向及法向劲度系数。

式（4.22）所示的"弹塑性矩阵"，也可按一定规则集成到结构整体刚度矩阵中去。

4.2.3.4 混凝土坝有限元分析时本构模型的实际选用

在混凝土坝（重力坝，拱坝）有限元法应力计算中，目前线弹性模型和弹塑性模型均有采用。由于后者计算较为繁琐，而且目前关于荷载计算及混凝土和岩基材料参数的确定都还不十分精确，再加之坝体混凝土主要是在弹性阶段工作，故一般情况下不需要进行精度较高的弹塑性分析。实际计算时，一般可按以下两种情况选用坝体混凝土和坝基岩体的本构模型：

（1）中、低坝及地质条件简单的工程。一般可将坝体混凝土及坝基岩体均视作线弹性材料，按线弹性模型进行分析。

（2）高坝、地质条件复杂的坝或需要进行大坝纵缝变形、坝基深层抗滑稳定、大坝安全度及坝踵断裂等特殊问题研究时，坝体混凝土和坝基岩体本构模型的选用需经专门分析论证后确定。一般情况下，可将坝体混凝土及坝基完整岩体均视作理想弹塑性材料；地质结构面按节理单元模拟，并视情况选用剪切滑移或受拉开裂模型进行分析；关键部位（如坝踵、纵缝等）可按无拉分析模型进行分析。

4.2.4　材料非线性方程的求解方法

对于材料非线性问题进行有限元分析，由于考虑的是小变形，因此平衡方程和几何方程依然成立，即：

$$\int [B]^T \{\sigma\} \mathrm{d}V = \{R\} \tag{4.23}$$

$$\{\varepsilon\} = [B]\{\delta\} \tag{4.24}$$

但物理方程是非线性的，可以写成如下的一般形式：

$$f(\{\sigma\}, \{\varepsilon\}) = 0 \tag{4.25}$$

必须注意，应力形式的平衡方程式（4.23）由于小变形的关系仍然是线性的，但是以结点位移列阵 $\{\delta\}$ 表示的平衡方程则不再是线性的了。因为应力 $\{\sigma\}$ 和应变 $\{\varepsilon\}$ 之间是非线性的，从而应力 $\{\sigma\}$ 和位移 $\{\delta\}$ 之间也是由非线性关系所联系。于是式（4.23）可以写成：

$$[K(\{\delta\})]\{\delta\} = \{R\} \tag{4.26}$$

把基本方程写成上述形式，有利于采用各种方法寻求近似解。通常采用的解法有迭代法、增量法及混合法三种。各种解法的基本原理如下[10-11]。

4.2.4.1　迭代法

迭代法的基本原理是通过不断迭代，调整结点变量 δ 的值，使基本方程（4.26）得到满足或近似满足。迭代的每一步相当于在全部荷载作用下对结构的一次线弹性分析。

4.2.4.2　增量法

增量法是将全荷载分为若干级荷载增量，在每级荷载增量下，假定材料是线弹性的，从而解得各级的位移、应变和应力增量。最后各级累加，即可得全荷载作用下总的位移、应变和应力。

增量法相当于用分段直线来逼近实际的非线性应力应变关系曲线，从而是将非线性问题近似化为线性问题来进行处理。当荷载级划分的足够小时，增量法求得的解可接近真实解。按照增量计算原理的不同，增量法又可分为基本增量法和中点增量法两种。

（1）基本增量法。在基本增量法中，对每级荷载增量，用每级的初始应力（或应变）状态所对应的材料模量进行计算。亦即用前级荷载终了时的应力状态，从实际应力应变关系曲线上取切线斜率作为材料模量 E_t、μ_t（或 B_t），用于本级计算。基本增量法如图 4.6

（a）所示[10]。

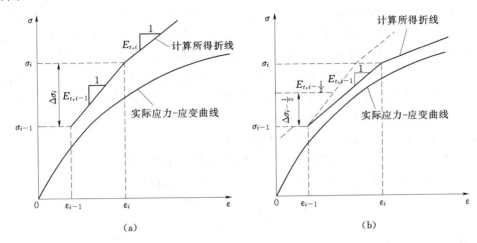

（a）　　　　　　　　　　　　（b）

图 4.6　增量法比较图

（a）基本增量法；（b）中点增量法

以第 i 级荷载增量 $\{\Delta R\}_i$ 为例，其计算步骤如下：

1）用前级荷载终了时的应力 $\{\sigma\}_{i-1}$（或应变 $\{\varepsilon\}_{i-1}$）求 $E_{t,i-1}$ 等材料模量参数。

2）用线弹性有限元法推求刚度矩阵 $[\boldsymbol{K}]_{i-1}$。

3）由荷载增量 $\{\Delta R\}_i$ 和刚度矩阵 $[\boldsymbol{K}]_{i-1}$，可求出 i 级荷载增量作用下的位移增量 $\{\Delta\delta\}_i$，亦即解方程组（线性方程组）：

$$[\boldsymbol{K}]_{i-1}\{\Delta\delta\}_i=\{\Delta R\}_i \tag{4.27}$$

4）由 $\{\Delta\delta\}_i$ 求同级的应变增量、应力增量：

$$\left.\begin{array}{l}\{\Delta\varepsilon\}_i=[\boldsymbol{B}]_{i-1}\{\Delta\delta\}_i\\\{\Delta\sigma\}_i=[\boldsymbol{D}]_{i-1}\{\Delta\varepsilon\}_i\end{array}\right\} \tag{4.28}$$

5）叠加增量，可得从 1 到 i 个荷载增量引起的总的位移、应变和应力：

$$\left.\begin{array}{l}\{\delta\}_i=\{\delta\}_{i-1}+\{\Delta\delta\}_i\\\{\varepsilon\}_i=\{\varepsilon\}_{i-1}+\{\Delta\varepsilon\}_i\\\{\sigma\}_i=\{\sigma\}_{i-1}+\{\Delta\sigma\}_i\end{array}\right\} \tag{4.29}$$

6）全部荷载作用下总的位移、应变和应力为：

$$\left.\begin{array}{l}\{\delta\}=\displaystyle\sum_{i=1}^{n}\{\Delta\delta\}_i\\\{\varepsilon\}=\displaystyle\sum_{i=1}^{n}\{\Delta\varepsilon\}_i\\\{\sigma\}=\displaystyle\sum_{i=1}^{n}\{\Delta\sigma\}_i\end{array}\right\} \tag{4.30}$$

式中：n 为荷载总级数。

（2）中点增量法。基本增量法的每级计算中，采用的是其初始应力状态对应的 E_t、μ_t（或 B_t）等材料模量参数，其计算结果难免与实际曲线有较大偏离。事实上就某级荷载而言，应力（或应变）从初始状态变化到加上本级荷载后的终了状态，E_t 等参数也是在变化的。计算中若采用该级荷载前后的平均应力所对应的 E_t 等参数，解答精度显然会提高。但平均（中点）应力值本身要通过试算得到，方法有两种：其一是将该级荷载增量的全部施加于结构，求出该级荷载终了状态的应力，将其与初始应力平均；其二是将该级荷载增量的 1/2 施加于结构，解得的应力就是平均应力，然后以该平均应力确定 E_t 等材料模量参数，对该级荷载重新做一次计算，作为该级解答。第二种方法即为目前较常用的"中点增量法"。中点增量法如图 4.6（b）所示[10]。

以第 i 级荷载增量 $\{\Delta R\}_i$ 为例，其计算步骤如下：

1）根据初始应力 $\{\sigma\}_{i-1}$ 求 $E_{t,i-1}$ 等材料模量参数，并进而形成刚度矩阵 $[\boldsymbol{K}]_{i-1}$。

2）加本级荷载增量之半即 $\{\Delta R\}_i/2$ 于结构，由线性方程组：

$$[\boldsymbol{K}]_{i-1}\{\Delta\delta\}_{i-\frac{1}{2}}=\frac{\{\Delta R\}_i}{2} \tag{4.31}$$

解位移增量 $\{\Delta\delta\}_{i-\frac{1}{2}}$。

3）根据 $\{\Delta\delta\}_{i-1/2}$，求 $\{\Delta\varepsilon\}_{i-1/2}$、$\{\Delta\sigma\}_{i-1/2}$，并进而累加得 $\{\varepsilon\}_{i-1/2}$、$\{\sigma\}_{i-1/2}$。

4）由 $\{\varepsilon\}_{i-1/2}$ 或 $\{\sigma\}_{i-1/2}$ 确定 $E_{t,i-1/2}$ 等材料模量参数，再形成矩阵 $[\boldsymbol{K}]_{i-1/2}$。

5）重新加 i 级全荷载增量 $\{\Delta R\}_i$，用下式解出本级位移增量 $\{\Delta\delta\}_i$：

$$[K]_{i-\frac{1}{2}}\{\Delta\delta\}_i=\{\Delta R\}_i \tag{4.32}$$

6）由 $\{\Delta\delta\}_i$ 求 $\{\Delta\varepsilon\}_i$、$\{\Delta\sigma\}_i$，进而求 $\{\varepsilon\}_i$、$\{\sigma\}_i$，得到施加 i 级荷载增量 $\{\Delta R\}_i$ 后的结果。

7）仿照上述步骤逐级进行计算，直至 $i=n$（荷载总级数），就得全部结果。

将基本增量法和中点增量法进行比较（见图 4.6），可以看出，当荷载增量从 $i-1$ 级到 i 级施加时，相应于实际应力应变曲线（$\sigma-\varepsilon$ 线），两种方法都是用折线系列中的一段直线来替代曲线，并以直线斜率作为材料切线模量 E_t；但基本增量法的直线斜率由 σ_{i-1} 处曲线的切线斜率决定，至 σ_i 处直线与实际曲线偏离相当大；而中点增量法的直线斜率由 $\sigma_{i-1/2}$ 处曲线的切线斜率决定，σ_i 处直线与实际曲线的偏离明显较小。

增量法尤其是中点增量法对于坝工逐级加、卸载的施工及运行特征适应性较好，而且还具有较高的计算精度，因此在坝工应力有限元计算中应用得最为广泛。

4.2.4.3　混合法

混合法是将增量法与迭代法结合起来的一种方法。先把载荷分成较少的几级增量，然后对每个增量进行迭代计算。混合法能兼取增量法与迭代法的优点，因而采用也较多[11]。

4.2.5　重力坝应力分析的平面有限元法

用有限元法求解结构应力的基本步骤如下：

（1）结构离散化。即将求解区域划分为有限个单元。采用什么样的单元形态是一个与计算精度、计算时间和准备工作量等因素有关的问题，应根据具体情况选择合适的单元形态。

（2）单元分析。包括构造单元的位移函数（主要是形状函数 $[\boldsymbol{N}]$），建立单元的等效结点荷载列阵 $\{R\}^e$、几何矩阵 $[\boldsymbol{B}]$、弹性矩阵 $[\boldsymbol{D}]$（或弹塑性矩阵 $[\boldsymbol{D}_{ep}]$）和单元刚度矩阵 $[\boldsymbol{K}]^e$ 等。

（3）整体分析。由单元刚度矩阵 $[K]^e$ 集合成结构的整体刚度矩阵 $[K]$，由单元结点荷载列阵 $\{R\}^e$ 集合成整体结点荷载列阵 $\{R\}$；由整体平衡方程组 $[K]\{\delta\}=\{R\}$ 求解结构的整体结点位移列阵 $\{\delta\}$。

（4）计算应力。从整体结点位移列阵 $\{\delta\}$ 中取出单元的结点位移列阵 $\{\delta\}^e$，由 $\{\sigma\}^e=[D][B]\{\delta\}^e$ 求出单元应力。

对重力坝应力进行平面有限元分析时，一般把坝体作为平面应力问题，坝基作为平面应变问题进行分析。坝基应包括主要的地质构造，要取足够大的范围，在所取范围的边缘位移应已很小，可以忽略，可假定为固定或铰支边界。所取地基范围，一般在坝踵和坝趾分别向上、下游方向至少取一倍坝高，坝基深度也至少取一倍坝高。先把坝体和地基离散化，得到有限个离散单元，在单元角点或边线某些选定点作为铰接，称之为结点。整个系统单元划分得愈细、单元的数目愈多，则应力计算成果的精度愈高，但是相应的计算工作量也会越大，计算机耗时和费用也会越高，所以划分多少个单元为宜，有个精度要求和经济的优化问题。一般在应力较高的重要部位或关键的应力部位单元划分得应较细，如坝踵和坝趾附近、坝体下部、坝体中孔洞周围及坝基地质结构面处等；在应力较低或应力梯度较小的次要部位单元可划分得较粗，如坝基的边远处及坝体上部等。此外，单元的结点数增多，计算的精度也会相应提高，所以为了达到同样的计算精度，结点数较多的单元可以比结点数较少的单元划分得大些，相应的单元总数就可以减少，计算工作量也可以减小。

重力坝应力平面有限元分析时常用的单元形式如下：

（1）常应变三角形单元：简单、适应性强，但单元数多、应力需修匀。

（2）六结点曲边三角形单元：适应性强、精度高，但结点数多、计算量大。

（3）四边形等参元：简单、精度较高，但适应性较差。

（4）多种单元的混合式或过渡式：按坝体结构设置。

（5）节理单元：常用于坝基中厚度较大的地质结构面。

如图 4.7 所示[10] 即为按上述单元剖分原则获得的一非溢流重力坝及其地基的平面有限元离散图。

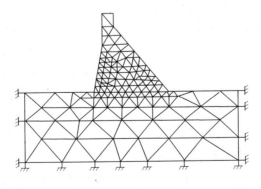

图 4.7　重力坝及其地基的平面有限元离散图

荷载一般按照下列方法来进行施加[10]：①作用在坝面上的外荷载（水压力及泥沙压力等）可以按静力等效的原理分配到坝面单元的相应结点上；②单元重力作为体积力也可

按静力等效原理分配到单元的各结点上；③对于坝体内的扬压力，可以根据扬压力在坝内各水平截面上的分布形式求出坝内任一点的扬压力，由此可求出单元各结点上的扬压力值；假定扬压力在单元边线上呈直线分布，则可算出单元每一边线上的扬压力合力，作为体积力再按静力等效的原理分配到单元各结点上，得到结点扬压力等效荷载；④对于地基内的扬压力，可按防渗帷幕、排水孔幕的布置以及坝底扬压力的分布图形，在坝基中绘制流网图，据此可粗略确定地基内各结点的扬压力荷载。

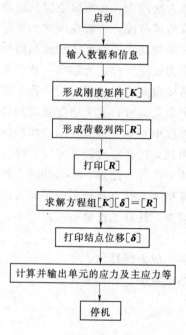

图 4.8　有限元计算基本程序框图

有限元应力计算的基本程序框图如图 4.8 所示[10]，其中以形成刚度矩阵和求解方程组两个步骤为整个程序的关键部分。就平面问题来说，输入的数据和信息一般有：结点坐标 x、y；边界结点的约束信息；单元的特征数据，如弹性模量 E、泊松比 μ、重度 γ；荷载作用点的号码及荷载值等。

重力坝坝体混凝土一般均可视为各向同性的线弹性体，但混凝土材料的应力应变关系实际上是非线性的，在某些重要的高混凝土重力坝应力分析中，考虑材料特性进行非线性（如前述的弹塑性）有限元计算，并模拟实际的施工、蓄水、温度变化等加载过程，则求得的应力分布将更加符合实际。

我国现行规范关于混凝土重力坝有限元应力计算结果的控制标准如下[1-2]：

（1）控制方式：限制水平截面上垂直正应力 σ_y 的拉应力区分布范围。

（2）控制标准：①坝基上游面：计扬压力时，σ_y 拉应力区的宽度宜小于坝底宽度的 0.07 倍或坝踵至帷幕中心线的距离；②坝体上游面：计扬压力时，σ_y 拉应力区的宽度宜小于计算截面宽度的 0.07 倍或计算截面上游面至排水孔（管）中心线的距离。

【算例】　美国德沃歇克混凝土重力坝的平面有限元应力分析实例[3]。美国德沃歇克坝位于爱荷达州中北部清水河北支上，坝高 211m，于 20 世纪 60 年代开始修建，建成于 70 年代初，是美国最早应用平面有限元法进行重力坝应力分析的范例之一。有限元计算时，坝体和坝基岩体材料均采用线弹性模型，混凝土 $E_c = 2.11 \times 10^4 \text{MPa}$，$\mu_c = 0.2$，$\gamma_c = 24.8 \text{kN/m}^3$，坝基岩体 $E_f = 2.01 \times 10^4 \text{MPa}$，$\mu_f = 0.2$，水的容重 $\gamma_w = 10 \text{kN/m}^3$。计算工况为库水位达正常蓄水位 487.8m，坝下游水位为 295.1m。大坝有限元模型如图 4.9 所示[3]。用有限元法计算得到的计算域内各点主应力（σ_1、σ_3）矢量分布如图 4.10 所示[3]。不计扬压力时，坝踵处主拉应力为 1.67MPa，坝趾处主压应力（σ_3）为 6.67MPa。有限元应力计算结果所揭示的应力分布规律与采用弹性理论法计算所得结果基本一致。

另外，从图 4.10 可以看出，坝踵和坝趾处产生了明显的拉应力、压应力集中，这是由于地基约束所产生的。分析表明，坝踵和坝趾处的应力集中现象主要源于坝体混凝土与坝基岩体的弹性模量之比 E_c/E_f，采用有限元法可以有效分析 E_c/E_f 对坝踵和坝趾处应力集中程度的影响。

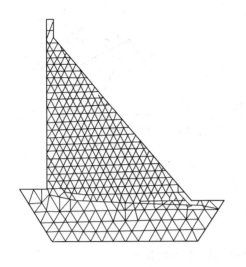

图 4.9　大坝有限元模型图

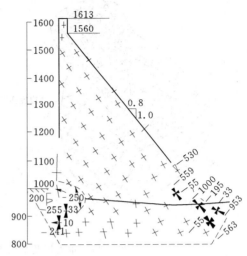

图 4.10　主应力矢量图（单位：lb/in²）

4.2.6　重力坝应力分析的三维有限元法

重力坝需进行三维有限元分析的一般情况有[2,10]：

（1）需对某个（些）典型坝段及其地基进行应力分析，如孔洞较多的坝段、坝基有复杂地质构造的坝段及岸坡坝段等。

（2）蓄水前对横缝进行了灌浆的整个大坝。

（3）坝体长高比较小的重力坝，坝轴线方向变形不容忽略的重力坝或其部分坝段。

对重力坝进行三维有限元分析的基本原理和方法步骤与前述平面（二维）有限元法基本相同，只是计算工作量大大增加了。三维有限元分析时，计算域要取足够大的范围，一般在坝的上、下游各取至少一倍坝高的范围，地基深度在地基面以下也至少取一倍坝高。将坝体连同地基的连续体离散化，得到有限个离散单元。在坝体与坝基接触面附近单元应划分得较细，在离地基较远处和坝的上部单元可划分较粗。如图 4.11（a）所示为一重力坝及其地基的三维有限元离散图[10]。单元形式可用四面体或六面体，较为简单而常用的是四面体单元，如图 4.11（b）所示[10]。这种单元只在顶点处铰接，成为空间铰接点。

三维有限元法应力计算的基本未知量是结点三向位移，应力计算方法与平面情况类似，只是结点自由度（未知量）数目不同而已。三维应力有限元计算时，坝体混凝土和坝基岩体本构模型的选取原则也与平面分析类似，需根据具体情况和计算精度的实际需要经综合分析以后进行选取。其中，弹塑性模型以及相应的非线性问题的求解方法已于前述，此处不再赘述。

现行规范关于二维与三维有限元应力计算结果的控制标准未作明确区分，所以一般仍可采用前述的应力控制标准。一般可根据三维有限元应力计算结果，先切取若干典型大坝横断面，并提取断面上的应力分布计算结果，然后在各典型横断面上，分析其各个典型水平截面上垂直正应力 σ_y 的拉应力区分布范围是否满足前述应力控制标准的要求，由此判断各典型横断面及大坝整体是否能够满足规范关于应力的要求。

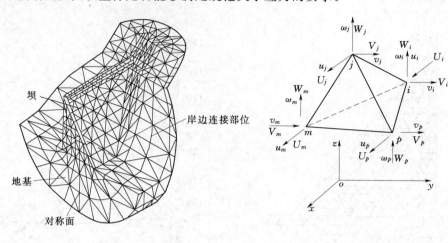

（a）　　　　　　　　　　　　　（b）

图 4.11　重力坝及其地基的三维有限元离散图

4.2.7　重力坝抗滑稳定分析的有限元法

我国现行规范将刚体极限平衡法作为重力坝抗滑稳定分析的基本方法[2]。刚体极限平衡法假定坝体和坝基均为刚体，不考虑其变形，这与坝体和坝基的实际工作特性明显不符。但由于按此方法设计的大坝未出现过明显的抗滑失稳问题，因此这个方法一直沿用至今。众所周知，当采用刚体极限平衡法验算抗滑稳定时，计算得到的抗滑稳定安全系数是一个笼统的安全指标，不能反映大坝失稳破坏的演进过程。事实上，在可能导致大坝失稳的各种荷载作用下，坝体和坝基首先会呈现变形的不断增大，并促使应力不断增大，直至坝体或坝基沿某个截面（可能的滑移通道）产生剪切破坏从而整体失稳。因此，抗滑稳定与坝体和坝基的应力变形状态是相辅相成的，将两者割裂开来处理是近似的，也是不尽合理的。

目前在实际工程设计中，对于高坝及地质条件复杂的坝，特别对于坝基中存在较大的软弱结构面（断层破碎带、软弱夹层等）时，在主要采用刚体极限平衡法进行大坝抗滑稳定分析的同时，还辅以有限元法进行大坝的抗滑稳定分析。有限元法可以考虑坝体和坝基材料的变形特性，能模拟复杂的地质构造，能较准确地计算出坝体和坝基的应力变形及其发展过程，并给出坝体及坝基抗滑失稳的渐进破坏过程，无疑是一种比刚体极限平衡法更为合理和准确的抗滑稳定分析方法。运用有限元进行重力坝抗滑稳定分析时，首先需进行大坝应力变形分析，然后即可基于坝体断面或整个坝段的应力计算结果，确定坝体或坝基沿某个截面（可能的滑移通道）的滑移力与抗滑力，据此进行与此应力状态相应的抗滑稳定分析。

为便于与规范关于抗滑稳定的控制标准进行对照，抗滑稳定分析结果一般仍可沿用单一安全系数法，抗滑稳定安全系数可按以下两种方法确定[10]：

（1）单元抗滑稳定安全系数。基于有限元应力计算结果，确定某一可能的滑移面上各单元的应力，进而得出各单元的抗滑稳定安全系数 K_i（角标 i 表示第 i 个单元）为：

$$K_i = \frac{f_i' \sigma_i + c_i'}{\tau_i}$$

（4.33）

式中：σ_i、τ_i、f'_i、c'_i 分别为第 i 个单元的法向正应力（以压为正）、剪应力、抗剪断摩擦系数、抗剪断凝聚力。

这样求出的 K_i 表示每一单元的抗滑稳定局部安全系数，将每个单元的 K_i 沿滑移面绘成分布曲线，即可获得大坝沿此滑移面抗滑稳定安全度的分布规律。

（2）整体抗滑稳定安全系数。根据应力计算成果，分析若干可能的失稳通道，将每个通道分成若干段 Δs_i （$i=1$，2，…，n），按下式计算大坝沿此通道的整体抗滑稳定安全系数：

$$K = \frac{\sum_{i=1}^{n} (c'_i + f'_i \sigma_i) \Delta s_i}{\sum_{i=1}^{n} \tau_i \Delta s_i} \tag{4.34}$$

式中：σ_i、τ_i、f'_i、c'_i 分别为 Δs_i 段的法向正应力（以压为正）、剪应力、抗剪断摩擦系数、抗剪断凝聚力；n 为分段总数。

4.3 拱坝应力变形的有限元分析

4.3.1 拱坝的主要应力问题

由于结构及荷载作用方式的不同，拱坝具有不同于其他坝型的应力问题。拱坝的主要应力问题[15]如下：

（1）坝体应力对体型布置及拱座稳定的影响。在同一工况下，采用不同体型的拱坝必然会产生不同的应力结果，而体型布置是否合理的一个重要判断标准就是其应力尤其是主拉应力和主压应力能否满足规范要求。因此，坝体应力是衡量拱坝体型布置合理与否的一个关键影响因素。同理，坝体应力与拱坝传递给拱座的推力是密切相关的，一般而言，坝体应力尤其是坝轴向主压应力越大，通过拱传递给拱座的推力将越大，因此，坝体应力也是拱座稳定的一个重要影响因素。

（2）分期蓄水、分期施工和施工顺序对坝体应力的影响。坝体应力是逐渐积累起来的，施工期不同的分期施工方案和不同的施工顺序不然产生不同的坝体应力结果。运行期不同的分期蓄水方案则会在施工期应力效应的基础上产生不同的运行期的应力结果。因此，对于拱坝而言，很有必要考察不同的分期蓄水、分期施工和施工顺序等方案对坝体应力的影响。

（3）坝体内大孔洞对坝体应力的影响。运行期拱坝是一个整体壳体结构，坝体内大孔洞如各种泄水孔洞的存在，使坝体被局部"掏空"，从而使得坝体应力在孔洞周边发生"突变"，改变了坝体应力分布的渐变性。因此，考察坝体内大孔洞对坝体应力的影响是拱坝应力分析的一个重要问题。

（4）基础变形对坝体应力的影响。拱坝是一个高次超静定的空间结构，与基础之间通过复杂的空间曲面相接触，基础变形的形态及其大小对拱坝的坝体应力必然会产生不可忽视的影响。

（5）封拱温度对坝体应力的影响。温度荷载是导致拱坝产生应力的主要荷载之一。施工期拱坝坝体通常是分段施工的，温度荷载对单独坝段应力的影响相对有限，但竣工前要通过封拱灌浆将各个坝段连接为一个大坝整体时，如果封拱温度选择不当，则有可能在封拱后的大坝整体中产生十分不利的应力结果。为此，很有必要研究不同的封拱温度对坝体应力的影响状况，以便为设计选择合理的封拱温度提供依据。

（6）混凝土徐变对坝体应力的影响。混凝土徐变是坝体混凝土固有的一种变形形式，徐变通常会导致应力的松弛，但徐变又与水泥品种、骨料品种、水灰比及温度等多种因素有关。因此，在考虑坝体混凝土材料及温度等多种相关因素的基础上，研究混凝土徐变对坝体应力的影响是十分必要的。

（7）横缝灌浆前各单独坝段的坝体应力及抗倾覆稳定性。施工期拱坝坝体是分段施工的，各单独坝段的具体布置条件不同，其相应的应力分布及抗倾覆稳定性也相应不同。研究横缝灌浆前各单独坝段的坝体应力及其抗倾覆稳定性是拱坝应力分析一项重要内容。

（8）设重力墩、推力墩或周边缝时对坝体应力的影响。为改造两坝肩不对称的地形条件或处理坝肩不良的地质条件，以达到改善坝体应力的目的，有些工程需要在两坝肩或一侧坝肩设置重力或推力墩；有些工程（如英古里坝双曲拱坝，最大坝高 271.5m）为均匀扩散坝基（肩）应力，改善坝体应力分布状况，并减少地基产生裂缝的可能性，在坝体底部周边设置周边缝。这些特殊结构或结构措施的存在，必然对坝体应力产生显著的影响。对于设置重力墩、推力墩或周边缝的拱坝而言，研究这些特殊结构或结构措施对于坝体应力的影响方式及影响程度，对于准确评价并优化其布置设计方案是十分必要的。

4.3.2　拱坝应力分析的内容及方法

4.3.2.1　应力分析的主要内容

拱坝应力分析的主要内容如下[15]：

（1）各计算截面上的应力分布。拱坝需要重点进行应力分析的计算截面一般包括拱端截面、拱冠截面和其他特征截面等。分析这些典型计算截面上的应力分布规律，可以为校核拱坝的总体布置设计及断面设计方案等提供依据。

（2）坝体上、下游面在各计算点上的主应力。由于坝体的体型特征及其受力特点所致，相对于坝体内部而言，上、下游坝面上的主应力往往相对较大，因此坝体上、下游坝面各计算点上的主应力往往是拱坝应力分析的重点之所在。

（3）坝体削弱部位（如孔洞等）的局部应力。坝体内孔洞等结构的存在，将削弱孔洞所在的坝体断面的承载能力，导致孔洞周边产生"突变"性的局部应力，进行诸如此类削弱部位的局部应力分析，可以为校核这些部位的结构设计（如孔洞布置、断面尺寸、衬砌设计等）方案提供依据。

（4）必要时分析坝基内部应力。对于高坝、重要工程尤其是坝基（坝肩）地质条件相对复杂的拱坝，将坝体和一定范围的坝基作为一个整体来进行应力变形计算，不仅可以了解坝基内部的应力分布状态，而且可以反映坝体与坝基之间变形和应力的相互影响，这样的应力分析结果应该更能反映坝体和坝基的实际应力变形情况。

对于具体工程，可根据工程规模、坝的具体情况和不同的设计阶段等，计算上述内容的部分或全部，或另加其他内容。

4.3.2.2　应力分析方法

由于拱坝结构及其受力的特殊性，不少学者进行过拱坝应力方法的研究和探讨。按照应力分析手段或基本假定的不同，一般可将拱坝应力分析方法归结为以下几种[1,11,15]：

（1）结构力学法。结构力学法是将整个坝体视作弹性固结于地基的超静定结构，三向受力，考虑地基变形对坝体应力的影响。主要有纯拱法、拱冠梁法及拱梁分载法等。

结构力学法的基本假定如下：

1）坝体和基岩都是均匀、各向同性的弹性体。

2）忽略库岸、库底在库水压力作用下的变形影响。

3）拱的径向截面在变形后仍保持平面。

4）用伏格特（F·Vogt）公式计算地基变形。

纯拱法是把拱坝假设为由互不影响的独立拱圈所组成，每个拱圈作为两端固结的弹性平面拱，用结构力学解三次超静定问题求解拱的应力。该法虽然可以计入每层拱圈的基础变位及温度、水压力的作用，但忽略了拱坝的整体作用，因而算得的拱应力偏大。纯拱法目前已很少单独采用。

拱冠梁法是按拱冠梁与若干层水平拱圈在其交点变位一致的原则分配荷载的拱坝应力分析方法，只适用于对基本对称的拱坝进行相对近似的应力计算。拱冠梁法目前已很少采用。

拱梁分载法可以改善纯拱法单独计算拱圈的缺点，在一定程度上反映拱坝的整体作用。这个方法的基本概念是把荷载分为两部分：一部分是由互相独立的水平拱圈系统承担，另一部分由拱坝沿径向切成的独立的悬臂梁系统承担，利用拱和梁在交点处变位相等的原理，可以确定拱圈和梁承受荷载的比例。确定拱梁荷载分配的方法可以用试荷载法，也可以用计算机求解联立方程组。荷载分配后，梁按静定结构计算应力，拱按纯拱法计算应力。拱梁分载法是目前较为常用的一种进行拱坝应力分析的结构力学方法。

（2）有限元法。有限元法是将拱坝坝体视作支承在一定范围坝基岩体上的空间壳体结构或三维连续体，在三向荷载（静、动荷载）作用下，坝基和坝体共同变形并产生应力。

我国混凝土拱坝设计规范规定[15]：拱坝应力分析应以拱梁分载法或有限元法计算成果，作为衡量强度安全的主要标准。1级、2级拱坝和高拱坝或情况比较复杂的拱坝（如拱坝内设有大的孔洞、基础条件复杂等），除用拱梁分载法计算外，还应采用有限元法计算。

从20世纪后期以来，有限元法在拱坝应力分析中得到了广泛应用，并取得了较好的成果。尤其在坝体设有大孔口、基础条件比较复杂等情况下，拱梁分载法由于受计算假定的限制，难以取得满意的计算结果，而有限元法可以反映各种复杂的因素，获得更接近于拱坝实际工作状况的应力分析成果。

（3）结构模型试验法。该方法是通过拱坝结构的模型试验来测定其应力状态。试验模型常用的有石膏模型、光弹性模型及地质力学模型等。模型试验方法不仅能研究坝体、坝基在正常运行情况下的应力和变形，而且还可进行破坏试验。目前在模型试验中需要研究解决的主要问题有：寻求新的模型材料，施加自重、渗透压力及温度荷载的实验技术等。我国混凝土拱坝设计规范规定[15]：必要时，应进行结构模型试验对拱坝应力加以验证。

4.3.3 拱坝应力分析的有限元法

有限元法是一种仿真功能强大、适应范围广泛、计算精度相对较高的数值分析方法，具有结构力学法所无法比拟的许多优点。有限元法可以模拟各种复杂的拱坝体型及坝体结构构造，可以模拟分析复杂的坝基地质条件及其变形对于拱坝应力和稳定的影响，可以模拟分析坝体和基础的非线性变形行为（如坝体和基础的开裂与破坏，接缝变形影响等），可以模拟拱坝施工和运行的过程，可以进行渗流场、温度场及应力场的耦合分析等。目前，有限元法已广泛应用于各种拱坝应力问题的分析研究。

拱坝应力有限元分析的力学模型是将坝体视作支承在一定范围坝基岩体上的空间壳体结构或三维连续体，在三向荷载（静荷载、动荷载）作用下，坝基和坝体共同变形并产生应力。地基计算范围的选取通常有两种：①取坝体上、下游及深度方向 1～1.5 倍的最大坝高范围；②取以最大坝高处坝底面上下游方向的中点为圆心、1～1.5 倍坝高为半径的半圆沿坝体底面的延伸范围。两种地基计算范围的选取方法如图 4.12 所示[10]。

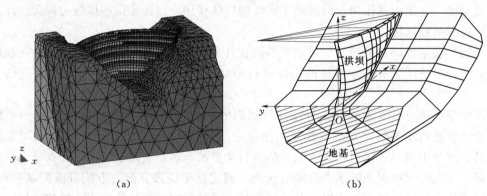

(a)　　　　　　　　　　　　　(b)

图 4.12　地基计算范围选取及网格剖分
(a) 地基计算范围选取方法 1；(b) 地基计算范围选取方法 2

拱坝应力分析中坝体常用的单元有三维实体单元和壳体单元两大类。前者适用于所有形态的拱坝，结点数多，精度高，计算工作量也大，其单元形状如图 4.13 所示[10]。后者有薄壳单元和厚壳单元之分，一般仅适用于薄拱坝，其单元形状如图 4.14 所示[10]。三维实体单元和壳体单元的具体类型及其特征分别见表 4.1 和表 4.2[10]。

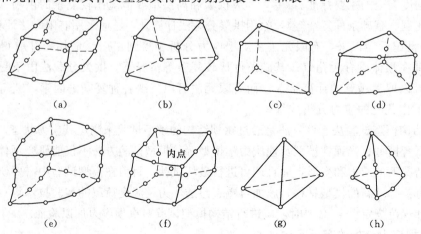

(a)　　　　　(b)　　　　　(c)　　　　　(d)

(e)　　　　　(f)　　　　　(g)　　　　　(h)

图 4.13　三维实体单元图

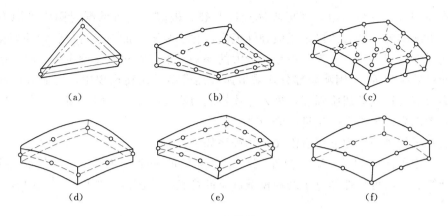

图 4.14　壳体单元图

表 4.1　　　　　　　　　三维实体单元类型及其特征表

序号	单元类型			单元结点数	单元自由度数	棱边中间结点数	备注
1	三维等参单元	二次曲棱六面体		20	60	1	图 4.13 (a)
2		直棱六面体		8	24	0	图 4.13 (b)
3		五面体	直棱	6	18	0	图 4.13 (c)
4			曲棱 二次	15	45	1	图 4.13 (d)
5			曲棱 三次	24	72	2	图 4.13 (e)
6		变结点数六面体		8～21		0～1	图 4.13 (f)
7	四面体单元	直棱		4	12	0	图 4.13 (g)
8		二次曲棱		10	30	1	图 4.13 (h)

表 4.2　　　　　　　　　　壳体单元类型及其特征表

序号	单元类型		单元结点数	单元自由度数	棱边中间结点数	备注
1	薄壳单元		3	18	0	图 4.14 (a)
2	3～32 可变结点数单元	薄壳单元	3～16		0～2	图 4.14 (b)
3		厚壳单元	8～32		0～2	图 4.14 (c)
4	二次曲面厚壳单元		8	40	1	图 4.14 (d)
5	三次曲面厚壳单元		12	60	2	图 4.14 (e)
6	三维等参厚壳单元		16	48	1	图 4.14 (f)

　　对坝基而言，一般岩体可用六面体单元，靠近坝体底部逐渐加密。对坝基中较大的软弱结构面，可用无厚度节理单元或六面体实体单元等单元形式模拟。

　　拱坝坝体划分单元时应注意，由于坝体与岩基的接触面附近应力较高，还常有较大的拉应力，在拱坝中央区域上下游坝面也常出现拉应力，故在这些部位划分的单元宜较小、较密或结点较多，在其余部位单元可较大，结点可较少。

　　鉴于拱坝坝体混凝土一般工作于线弹性变形阶段，故一般情况下坝体混凝土材料可采用线弹性模型进行分析，但当考虑坝体局部开裂、极限破坏等情况时则应采用弹塑性模型。对于无缺陷的坝基岩体可采用线弹性模型，次要缺陷一般在进行材料特性匀化处理后也可按线弹性模型考虑。若坝基中存在较大的缺陷（如存在对拱座稳定影响较大的软弱结构面、断层破碎带等），则缺陷部分须采用弹塑性模型。在高拱坝中，可能有局部部位的坝体混凝土应力达到其屈服强度，进入非线性应力应变状态，此时，对这些部位的坝体混凝土也应考虑采用弹塑性模型进行分析[10]。

目前常用的拱坝应力分析有限元计算程序如下：

（1）专用程序。如 ADAP，这是国内学者开发的一个拱坝静、动力分析专用程序，该程序计算成果的可靠性经过了结构模型试验的检验，在国内不少拱坝工程中有过成功的使用经验。

（2）通用软件。如 SAP、ANSYS、ADINA、ABQUS 等通用有限元软件，这些通用软件用于拱坝应力有限元分析时，尽管有些可能存在材料本构模型缺乏或适用性较差等局限性，但由于这些软件具有前后处理功能强大、计算效率高等优点，因此在目前拱坝应力有限元分析中仍得到了广泛应用[10]。

为了保证计算精度和计算成果的可靠性，用有限元法进行拱坝应力计算时，一般应特别注意以下几点要求：

（1）单元的剖分要有足够的密度，使计算成果能满足设计精度的要求。

（2）单元的型式应结合拱坝体形合理选用，例如，壳体单元只适用于薄拱坝，厚拱坝通常宜采用三维等参实体单元等。

（3）基础单元型式及其密度必须与坝体保持协调。

（4）应特别注意根据坝体和坝基的实际状况、变形特性及所分析问题的性质等，合理选择材料的本构模型及其参数，模型参数最好通过材料试验并结合工程类比来综合确定。

（5）荷载施加方法应合理并反映实际情况。如坝体自重应考虑坝体的实际施工过程，温度荷载应考虑温度变化过程等。

关于有限元应力计算结果的控制标准，传统上有以下三种[15]：

（1）根据有限元法计算所得的拉应力值进行控制。坝体按弹性阶段工作时，有限元计算成果将在角缘附近引起应力集中，局部应力一般较大，这是用拉应力值进行应力控制的一明显不足之处。

（2）根据拉应力范围进行控制。假定坝体按弹性阶段工作，不考虑坝体开裂的影响。在得出有限元应力成果后，把拉应力区的范围在整个截面中所占的比例作为控制指标。在我国现行的混凝土重力坝设计规范中已采用这一控制指标。

（3）根据开裂范围进行控制。假定坝体只能承受压应力不能承受拉应力，拉应力区均按开裂处理。通过有限元非线性分析，得出坝体的开裂范围，并将开裂范围作为控制指标。国内外有些高坝就是通过这样的方法进行分析和控制的。

在上述三种处理方法中，如按第（2）种方法对拉应力范围进行控制，根据拱坝的受力特性，在坝体温降时，坝体上部的拱圈有可能在整个断面上出现拉应力，尽管拉应力值并不大。如以第（3）种方法控制开裂范围，虽然比较接近于坝体工作的实际情况，但拱坝开裂计算在国内实际工程中的应用还不多。因此，不论用拉应力范围进行控制，或用开裂范围进行控制，都难以给出相应的控制指标。相比较而言，第（1）种方法用有限元法计算所得的拉应力值进行控制，较为明确，但方法又存在局部应力集中这一不足。

为此，我国一些学者为消除局部应力集中问题，并便于提出应力控制标准，提出了"有限元等效应力"法[15]。所谓"有限元等效应力"，是指将有限元法分析所得的坝体有关应力分量，沿单高拱的径向截面和单宽梁的水平截面进行面积分，求得截面内力，再用材料力学法求出的截面应力。近二十余年来，国内有些工程采用"有限元等效应力"法进行控制，结果表明，所获得的坝体上、下游面的有限元等效应力，基本可以消除原始有限元应力计算结果中的局部应力集中问题，从而为提出相应的应力控制标准奠定了基础。

规范规定[15]，用有限元法进行拱坝应力计算时，应补充计算"有限元等效应力"，按"有限元等效应力"求得的坝体主拉应力和主压应力，应符合下列应力控制指标的规定：

（1）容许压应力。与拱梁分载法的控制指标相同。

（2）容许拉应力。对于基本荷载组合，拉应力不得大于 1.5MPa；对于非地震情况特殊荷载组合，拉应力不得大于 2.0MPa。超过上述指标时，应调整坝的体形减少坝体拉应力的作用范围和数值。

【算例】 某混凝土双曲拱坝有限元应力分析实例[11]。某混凝土双曲拱坝体型如图4.15（a）[11]所示。最大坝高为 120m，坝底最大厚度为 23.35m。有限元计算时，地基变形

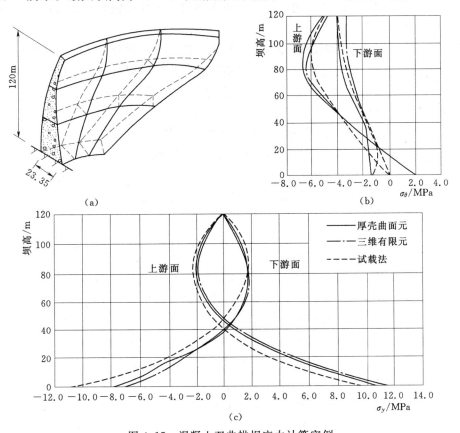

图 4.15 混凝土双曲拱坝应力计算实例

（a）计算网格；（b）拱冠断面铅直应力 σ_y；（c）拱冠断面环向应力 σ_θ

采用伏格特方法进行计算，坝体分别采用厚壳曲面单元和三维实体单元进行模拟。同时，该坝还采用试载法（拱梁分载法）进行了坝体应力计算。计算工况均为正常蓄水位工况。图 4.15（a）为坝体采用厚壳曲面单元时的计算网格，图 4.15（b）[11]为三种方法关于拱冠断面上、下游面铅直应力 σ_y 的计算结果，图 4.15（c）[11]为三种方法关于拱冠断面上、下游面环向应力 σ_θ 的计算结果。

从图 4.15 可以看出，坝体采用厚壳曲面单元与采用三维实体单元相比较，二者关于铅直应力 σ_y 的计算结果基本一致，只是在坝体下游面下部二者 σ_y 计算结果差别较大；关于环向应力 σ_θ 的计算结果，二者主要在坝体上、下游面的中上部和下游面的下部差别较大。与上述两种有限元法的计算结果相比，试载法（拱梁分载法）关于 σ_y 和 σ_θ 的计算结果与其有很明显的差异，尤其是在坝体上、下游面的下部。

4.3.4　拱座稳定分析的有限元法

拱坝是一种支承在两岸拱座（坝肩）及坝底基岩上的空间壳体结构，在水压力等外荷载作用下，拱坝内将产生复杂的空间应力分布状态，大部分荷载将以轴向压力的方式传递到两岸拱座岩体上，因此拱坝的稳定性，主要依靠两岸拱座的反力来维持，坝底部的抗滑力对维持拱坝稳定所起的作用相对较小。

由于拱座岩体结构的复杂性以及拱坝对于拱座的传力特点，拱座的稳定问题包括两个方面：①拱座岩体的可能滑动问题；②在拱座下游附近如存在较大断层或软弱带时而有可能引起的拱座变形稳定问题。

目前国内外关于拱座稳定性的分析方法较多，按所使用的分析手段的不同可分为两大类：①模型试验法；②理论计算分析法。理论计算分析法根据对岩体材料性质假定的不同又可分为两类[14]：①将坝和地基岩体均视为弹性体或弹塑性体的有限元法；②将拱座岩体视为刚体的刚体极限平衡法。

规范规定[15]：①拱座抗滑稳定计算方法以刚体极限平衡法为主，1 级、2 级拱坝或地质情况复杂的拱坝还应辅以有限元法或其他方法进行分析；②对于拱座下游附近存在较大断层或软弱带可能引起的变形问题，应采用有限元法或模型试验进行专门研究，必要时应采取加固措施控制变形量。加固的必要性和加固方案可通过平面或空间有限元分析或模型试验进行比较论证后确定。

有限元法从理论上讲是一种很好的拱座稳定分析方法。但是，由于拱座稳定分析是一个相当复杂的课题，除岩体结构及其性状不易搞清楚外，拱座稳定破坏的过程也是相当复杂的，一般先经强度破坏阶段再进入整体失稳，即由岩体局部屈服、变形及应力与变形的不断调整发展而引起整体滑移；从力学模型上看，岩体这类介质既连续又非连续，且不适于用线弹性理论，而需用非线性的理论分析；从拱座本身结构看，它是一个具有复杂边界的空间块体结构，一般二维分析不能反映真实拱座变形，需用三维有限元分析才能获得较为接近实际的结果。这些都为有限元法分析拱座稳定问题带来很大困难。

4.3.4.1　拱座稳定分析的有限元模型

利用有限元法分析拱座稳定问题，通常是先求解拱座内的应力，并与拱座岩体的允许应力进行比较，以校核其是否发生强度破坏，再对拱座整体稳定进行分析。拱座稳定分析的有限元模型一般有二维（平面）和三维（空间）两种。二维模型是切取拱坝的一个平面，包括一定地基范围内的水平拱圈或垂直悬臂梁，按平面应变问题进行分析。单元划分时分别取单位宽度的垂直悬臂梁或单位高度的水平拱圈，如图 4.16（a）和图 4.16（b）所示[10]。对于三维模型，则按空间整体划分单元，如图 4.16（c）所示[10]。

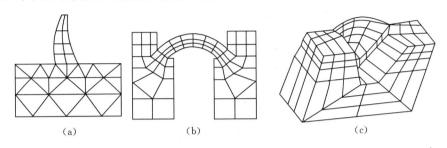

$$(a) \qquad\qquad (b) \qquad\qquad (c)$$

图 4.16 拱座稳定分析的有限元模型

4.3.4.2 拱座稳定分析的应力有限元计算特点

用于拱座稳定分析的应力有限元计算原理与前述的拱坝应力有限元分析相同，但拱座岩体本构模型的选取应适应拱座稳定分析的要求。一般而言，可按以下几种情况来分别选取拱座岩体的本构模型：

（1）当拱座岩体坚硬完整、构造面很少或构造面远离坝体时，拱座岩体一般可采用线弹性模型。

（2）若拱座岩体较软弱或节理裂隙较多，则拱座整体宜采用弹塑性模型。

（3）若拱座岩体本身强度较高，但其中分布有少量的软弱夹层、断层等结构面时，则结构面宜采用节理单元模型或弹塑性模型，其他岩体仍可采用线弹性模型。其中，根据软弱夹层及断层的实际分布状况及其物理力学性质，并结合应力水平，节理单元模型可分别采用如前所述的剪切滑移或受拉开裂模型。

4.3.4.3 抗滑稳定安全系数

运用有限元法进行拱座稳定分析时，拱座抗滑稳定安全系数的确定可采用如下两种方法[10]：

（1）点最小抗剪安全系数法。对于二维线弹性分析，一般可用单元应力点强度衡量其抗滑稳定性。单元应力点的最小安全系数可按下式计算：

$$\left.\begin{array}{l} K_{\min}=\left(\dfrac{f\sigma_n+c}{\tau}\right)_{\min}=\dfrac{c+f\left(\dfrac{\sigma_1+\sigma_2}{2}+\dfrac{\sigma_1-\sigma_2}{2}\cos2\alpha\right)}{\dfrac{\sigma_1-\sigma_2}{2}\sin2\alpha} \\[6mm] \alpha=\dfrac{1}{2}\arccos\dfrac{-f\left(\dfrac{\sigma_1-\sigma_2}{2}\right)}{c+f\left(\dfrac{\sigma_1+\sigma_2}{2}\right)} \end{array}\right\} \qquad (4.35)$$

式中：f、c 分别为计算单元岩体的摩擦系数和凝聚力；σ_1、σ_2 分别为计算单元应力点的主应力，以压为正；α 为使 $(f\sigma_n+c)/\tau$ 最小的面与主应力 σ_1 作用面的夹角。

求出所有单元应力点的 $K_{\min}$ 后，便可绘出最小安全系数的等值线图，由此可了解对于拱座抗滑稳定最不利的位置及范围，以及进入屈服、破坏状态的部位和范围。进行稳定性判断时，当所有单元应力点的 K_{min} 均不小于某一预定的安全系数值时，则认为整个拱座的抗滑稳定是满足要求的。

（2）单一安全系数法。单一安全系数法的计算原理与重力坝整体抗滑稳定安全系数的计算原理相同（参见 4.2.7 节），相应的单一安全系数计算公式参见式（4.34）。

4.4　土石坝应力变形的有限元分析

4.4.1　土石坝的材料与结构特点

土石坝虽也是建于岩基或土基上的挡水建筑物，但与前面已讨论的各种混凝土坝相比，在材料和结构上有很大区别，因此结构计算的内容和方法相应有别。

土石坝是由散粒状的土石料填筑而成，既有边坡平缓的硕大外形，又有显著的内部孔隙。在上下游水位差作用下，土石坝内会形成以浸润面为其上界的稳定或不稳定的渗流场，浸润面上、下的土体颗粒力学特性具有明显的差异，渗流场的存在和变化会导致孔隙水压力的发生和发展，进而使土体骨架颗粒间有效应力减小和抗剪强度降低，渗流场的这些影响常是促使土石坝局部应力状态恶化甚至坝坡失稳破坏的主要根源。由于土石坝这种散粒体结构的固有弱点，土石坝坝坡的局部破坏，一般即可视为坝体结构的完全破坏。

更值得注意的是，渗流本身还可能在渗透坡降过大处使土体直接发生有害的渗透变形，例如坝内的管涌及在下游坝脚的流土破坏，均属土石坝的渗透稳定破坏。因此，从材料选择及结构设计的角度，对土石坝的渗透稳定性也应引起足够的重视。

4.4.2　土石坝应力变形分析的目的与方法

4.4.2.1　应力变形分析的目的[12-14]

根据工程经验，并结合上述土石坝的材料与结构特点，土石坝应力变形分析的主要目的包括：

（1）控制坝体裂缝。根据应力变形计算结果，可以确定坝体拉应力区及剪切破坏区，据此可判断坝体可能形成裂缝的位置及区域，为设计提出控制坝体裂缝的相应措施提供依据。

（2）分析坝体稳定性。土石坝的失稳大多表现为坝坡坍滑。根据应力变形计算结果，可直接分析坝坡失稳破坏的可能性，也可结合圆弧或折线滑动法进行坝坡稳定的定量分析。

（3）确定坝顶高程的预留沉降值。根据应力变形计算结果，可分别确定坝顶竣工期的竖向变位和最终的竖向变位，按照最终竖向变位与竣工期竖向变位的差值即可确定坝顶高程的预留沉降值。

（4）为混凝土防渗结构设计提供依据。混凝土防渗结构常用于混凝土面板堆石、混凝土心墙堆石坝或所有土石坝的深覆盖层防渗中。根据应力变形计算结果，可以了解混凝土防渗结构及其与周围土体接触面的应力变形状态，从而可为混凝土防渗结构设计提供依据。

4.4.2.2　应力变形的分析方法[10,12-14,16]

长期以来，不少学者在土石坝应力变形分析方法方面进行了大量的研究和探讨，提出了许多各具特色的分析方法。归纳起来有：理论分析法、数值计算法及模型试验法三类。在理论分析法中有：以弹性理论为基础基于不同假定条件的布拉兹法、奥德法、马尔库斯法等，以极限平衡理论为基础的索科洛夫斯基法、纳戴-安左法等，以假定弹塑性分区为基础的格洛弗-康维尔法以及碎块理论等。数值计算法有：弹塑性差分法、有限单元法等。在模型试验方面，试验方法较多，如软冻胶法、离心模型试验法等。

上述各种理论分析方法由于人为地做出了各种假定，往往不能真实地反映土石坝坝体材料的应力变形特性、破坏条件、土体固结和蠕变等重要因素，而且大都不能在计算坝体应力的同时计算坝体的变形，故这些方法都已很少采用。模型试验法由于其受限于试验技术，目前在土石坝应力变形分析中也已很少采用。数值计算法中的弹塑性差分法虽然也可以考虑塑性区的发展、应力调整和坝基的不均匀沉降等问题，但与有限元法相比仍存在明显不足。研究表明，与弹塑性差分法相比，有限元法具有适应性强、仿真功能强大、计算精度较高等优点，因而目前已成为土石坝应力变形分析中应用较广的一种数值计算法。

为此，我国现行规范[16]明确提出将有限元法作为土石坝应力变形分析的主要方法，并对有限元法的适用范围、计算模型、计算参数采用及计算过程等作出了如下具体规定[16]：

（1）1级、2级高坝及建于复杂和软弱地基上的坝应采用有限元计算坝体及坝基或其他相衔接的建筑物在土体自重及其他外荷载作用下和各种不同工作条件下的应力、变形。地震区土石坝的动力分析应按《水工建筑物抗震设计规范》（SL 203—97）的规定进行。

（2）应力、变形计算宜采用非线性弹性应力应变关系分析，也可采用弹塑性应力应变关系分析。对于黏性土的坝体和坝基，宜考虑固结对坝体应力和变形的影响。

（3）有限元计算的参数宜由试验测定并结合工程类比选用。试验用料的力学特性应能代表实际采用的筑坝材料，试验条件和加载方式宜反映坝体的施工、运行条件。

（4）有限元计算应按照施工填筑和蓄水过程，模拟坝体分期加载的条件，并应反映坝体不连续界面的力学特性。

4.4.3　土石料的应力应变特性

根据不少土石坝工程土石料的三轴剪切试验及三向固结试验等试验研究成果，土石料具有如下应力应变特性[13-14]：

（1）非线性、非弹性。应力-应变试验曲线没有或只有极不明显的线弹性区，加载后将很快产生塑性变形；卸荷再加荷时，应力-应变将沿着卸荷再加荷曲线变化，且屈服点应力随塑性应变的增加而提高。试验得到的正常固结黏土及松砂在某一固定围压（$\sigma_r = \sigma_3 =$ 常量）下的广义剪应力 q（$q = \sigma_1 - \sigma_3$）与轴向应变 ε_a 之间的关系曲线如图 4.17 所示[14]。可以看出，土石料的应力-应变曲线呈现明显的非线性、非弹性特征。

（2）应力-应变曲线随围压应力而变化。在不同围压下可得出不同的 $q - \varepsilon_a$ 关系曲线，如图 4.18 所示[14]。图中，$\sigma_3^1 < \sigma_3^2 < \sigma_3^3 < \sigma_3^4$。从中可以看出，围压应力 σ_3 越大，则同样的轴向应变 ε_a 所对应的 q 越大，也即所需的轴向应力 σ_1 越大。

（3）剪胀（缩）性。对于正常固结黏土及松砂，在加荷时体积发生收缩（见图 4.17 中的 $\varepsilon_v - \varepsilon_a$ 曲线），即呈现剪缩特性。对于超固结黏土及密砂，在加载初期体积稍有收缩，随着荷载的增加体积迅速增大，即存在剪胀现象，如图 4.19 所示的 $\varepsilon_v - \varepsilon_a$ 曲线[14]。

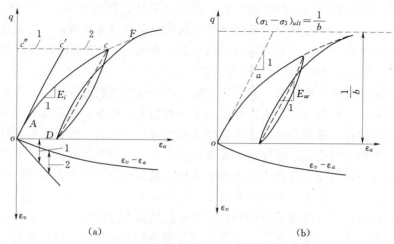

图 4.17　正常固结黏土及松砂的 $q\text{-}\varepsilon_a$ 曲线

（a）试验曲线；（b）拟合曲线

1—理想弹性应变；2—塑性应变

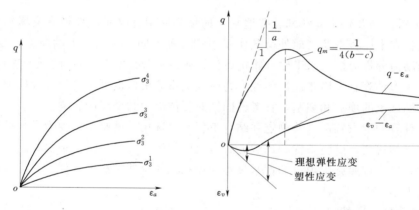

图 4.18　不同围压下的应力应变曲线　　　图 4.19　超固结黏土及密砂的 $q\text{-}\varepsilon_a$ 曲线

（4）应力路径的影响。试验表明，对土石料而言，应力路径不同，相同的应力所产生的应变并不相同。

（5）固结和流变（蠕变）特性。土的应力和变形的发展过程，实际上首先是一个排水固结的过程，排水需要经历一定的时间，土体骨架在有效应力作用下，除发生瞬时变形外，应变还会随时间而不断增长，即产生流变（蠕变）。对于砂砾石及堆石等非黏性土料而言，由于其透水性较强，土粒骨架强度较高，因此一般而言固结和流变的影响相对较小；但对于黏性土料，由于其透水性弱，土粒骨架强度较低，因此其固结和流变特性较非黏性土料更为明显。

4.4.4　土石料的应力-应变本构模型

长期以来，关于土石料的本构模型一直是工程界研究的热点问题，大量学者提出了不少土石料的本构模型，但真正成熟并被工程界广泛认可的并不多。根据目前实际工程应用情况，土石料的应力应变本构模型可分为非线性弹性模型和弹塑性模型两大类。前者对应变增量整体按一种规则计算，但为了在卸荷时得到残余变形，所以对加荷和卸荷分别按不同规则计算，如双曲线邓肯-张 $E-\mu$ 模型、$E-B$ 模型及 $K-G$ 模型等；后者把应变增量区分为弹性和塑性两个部分，各自按不同的规则计算，如双屈服面、分部屈服面等模型。这些模型各有特点，但目前还缺乏既能合理反映土石料的非线性变形特征，又能准确反映其剪胀（缩）性及流变性质的本构模型。目前国内工程界应用较多的是邓肯-张 $E-B$ 模型和双屈服面模型。

4.4.4.1　邓肯-张 $E-\mu$ 模型[10,17]

应力应变关系可以写成下列增量型关系：

$$\{\Delta\sigma\}=[\boldsymbol{D}]_t\{\Delta\varepsilon\} \tag{4.36}$$

其中，$[\boldsymbol{D}]_t$ 称为切线模量矩阵，一般可写为：

$$[\boldsymbol{D}]_t=\begin{bmatrix} d_1 & & & & & \\ d_2 & d_1 & & \text{对称} & & \\ d_2 & d_2 & d_1 & & & \\ 0 & 0 & 0 & d_3 & & \\ 0 & 0 & 0 & 0 & d_3 & \\ 0 & 0 & 0 & 0 & 0 & d_3 \end{bmatrix} \tag{4.37}$$

各向同性材料的弹性常数只有两个。矩阵 $[\boldsymbol{D}]_t$ 中各元素沿主对角线对称，参数 d_1、d_2、d_3 之间有下列关系：

$$d_3=\frac{1}{2}(d_1-d_2) \tag{4.38}$$

在三轴压缩试验条件下，$\Delta\sigma_1=\Delta\sigma_a$，$\Delta\sigma_2=\Delta\sigma_3=\Delta\sigma_r$，$\Delta\varepsilon_1=\Delta\varepsilon_a$，$\Delta\varepsilon_2=\Delta\varepsilon_3=\Delta\varepsilon_r$，其中角标 a 代表轴向，r 代表径向。定义切线弹模和切线泊松比如下：

$$\left.\begin{aligned} E_t&=\frac{\Delta\sigma_1}{\Delta\varepsilon_1}\\ \mu_t&=-\frac{\Delta\varepsilon_3}{\Delta\varepsilon_1} \end{aligned}\right\} \tag{4.39}$$

将式（4.37）～式（4.39）代入式（4.36），可得 $[\boldsymbol{D}]_t$ 的两个参数：

$$d_1=\frac{E_t(1-\mu_t)}{(1+\mu_t)(1-2\mu_t)} \tag{4.40}$$

$$d_2=\frac{E_t\mu_t}{(1+\mu_t)(1-2\mu_t)} \tag{4.41}$$

邓肯（Duncan）和张建议用下列双曲函数拟合三轴试验的应力应变曲线，如图 4.20（a）所示[10]。

$$q=\sigma_1-\sigma_3=\frac{\varepsilon_1}{a+b\varepsilon_1}=\frac{\varepsilon_1}{\dfrac{1}{E_i}+\dfrac{1}{(\sigma_1-\sigma_3)_{ult}}\varepsilon_1} \tag{4.42}$$

$$\varepsilon_1=-\frac{\varepsilon_3}{\mu_i+D\varepsilon_3} \tag{4.43}$$

如果将纵轴改为 $\varepsilon_a/(\sigma_1-\sigma_3)$，则双曲线变为直线，如图 4.20（b）所示[10]。

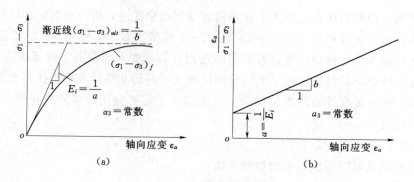

图 4.20　双曲线应力应变关系

定义一个材料参数——破坏比 R_f，为破坏时的主应力差与主应力差渐近值的比值，其值小于 1.0，即：

$$R_f = \frac{(\sigma_1 - \sigma_3)_f}{(\sigma_1 - \sigma_3)_{ult}} \tag{4.44}$$

将式（4.44）代入式（4.42），得：

$$q = \sigma_1 - \sigma_3 = \frac{\varepsilon_1}{\dfrac{1}{E_i} + \dfrac{R_f \varepsilon_1}{(\sigma_1 - \sigma_3)_f}} \tag{4.45}$$

按式（4.39）的定义对式（4.45）和式（4.43）关于 ε_1 求导得：

$$E_t = E_i (1 - R_f S)^2 \tag{4.46}$$

$$\mu_t = \frac{\mu_i}{\left[1 - D \cdot \dfrac{\sigma_1 - \sigma_3}{E_i (1 - R_f S)} \right]^2} \tag{4.47}$$

式（4.46）和式（4.47）中，S 称为应力水平，定义为实际主应力差与破坏时主应力差的比值，即：

$$S = \frac{\sigma_1 - \sigma_3}{(\sigma_1 - \sigma_3)_f} = \frac{\sigma_1 - \sigma_3}{2 \dfrac{c \cos\phi + \sigma_3 \sin\phi}{1 - \sin\phi}} \tag{4.48}$$

E_i 为初始切线弹模，定义为：

$$E_i = K p_a \left(\frac{\sigma_3}{p_a} \right)^n \tag{4.49}$$

μ_i 为初始切线泊松比，定义为：

$$\mu_i = G - F \lg\left(\frac{\sigma_3}{p_a} \right) \tag{4.50}$$

式（4.49）和式（4.50）中，p_a 为大气压力。

至此，只要由常规三轴试验确定了上列各式中的 8 个计算参数（c、ϕ、R_f、K、n、D、G、F），从而可按式（4.46）和式（4.47）确定切线弹模 E_t 和切线泊松比 μ_t，进而可按式（4.40）、式（4.41）和式（4.38）计算确定模量矩阵参数 d_1、d_2 和 d_3，最终即可确定切线模量矩阵 $[D]_t$，这样即可按式（4.36）进行应力增量和应变增量的求解。

4.4.4.2　邓肯-张 E-B 模型[17]

由于发现 E-μ 模型采用式（4.47）计算得到的 μ_t 值有时与 μ_t 的试验测值不符，影响了该模型的计算精度，因此邓肯等人于1980年又建议用切线体积模量 B_t 代替 $E-\mu$ 模型中的切线泊松比 μ_t。

按照三轴压缩试验原理，侧压应力 σ_2、σ_3 为不变量，且两者相等，因此平均应力增量 $\Delta\sigma_m=\Delta\sigma_1/3$，体积应变增量 $\Delta\varepsilon_v=\Delta\varepsilon_1+2\Delta\varepsilon_2$，故定义 B_t 如下：

$$B_t=\frac{\Delta\sigma_m}{\Delta\varepsilon_v}=\frac{\Delta\sigma_1/3}{\Delta\varepsilon_1+2\Delta\varepsilon_2}=K_bp_a\left(\frac{\sigma_3}{p_a}\right)^m \tag{4.51}$$

将式（4.51）和式（4.39）中的 E_t 计算式、式（4.37）及式（4.38）代入式（4.36），得切线模量矩阵 $[\boldsymbol{D}]_t$ 的两个参数：

$$d_1=\frac{3B_t(3B_t+E_t)}{9B_t-E_t} \tag{4.52}$$

$$d_2=\frac{3B_t(3B_t-E_t)}{9B_t-E_t} \tag{4.53}$$

此外，考虑到粗粒料的莫尔包线往往具有明显的非线性，因此土石料的内摩擦角统一采用下式计算：

$$\phi=\phi_0-\Delta\phi\lg\left(\frac{\sigma_3}{p_a}\right) \tag{4.54}$$

式中：ϕ_0 为 σ_3 等于 p_a 下的内摩擦角；$\Delta\phi$ 为 σ_3 增加一个对数周期 p_a 下 ϕ 的减小值。

这时，式（4.51）中的参数 K_b 和 m 将代替 $E-\mu$ 模型中的参数 G、D 和 F，式（4.54）中的参数 ϕ_0 和 $\Delta\phi$ 将代替 $E-\mu$ 模型中的参数 ϕ。

对于卸荷-再加荷情况，此模型用下列卸荷-再加荷弹性模量 E_{ur} 代替 E_t，E_{ur} 定义如下：

$$E_{ur}=K_{ur}p_a\left(\frac{\sigma_3}{p_a}\right)^n \tag{4.55}$$

卸荷判定常用邓肯1984年编制的土石坝计算程序中的卸荷准则。定义应力状态函数如下：

$$F=S\left(\frac{\sigma_3}{p_a}\right)^{1/4} \tag{4.56}$$

则当 F 大于历史上最大值 F_{max} 时为加荷；当 F 小于 $0.75F_{max}$ 时为卸荷；当 $0.75F_{max}<F<F_{max}$ 时为过渡状态，采用下列内插公式计算切线弹模：

$$E=E_t+4(E_{ur}-E_t)\frac{F_{max}-F}{F_{max}} \tag{4.57}$$

这样，$E-B$ 模型计算参数仍为8个（c、ϕ_0、$\Delta\phi$、R_f、K、K_b、n、m），只要由常规三轴试验确定了这些参数，则可按式（4.46）[或式（4.55）、式（4.57）]、式（4.51）分别确定切线弹模 E_t 和切线体积模量 B_t，进而可按式（4.52）、式（4.53）和式（4.38）计算确定模量矩阵参数 d_1、d_2 和 d_3，最终即可确定切线模量矩阵 $[D]_t$，这样即可按式（4.36）进行应力增量和应变增量的求解。

4.4.4.3　关于邓肯-张 $E-\mu$ 模型、$E-B$ 模型的讨论[10,17]

（1）$E-\mu$ 模型、$E-B$ 模型均属变弹性模型，两种模型均假设：材料各向同性，应力-应变服从双曲线关系，应力应变增量的切线模量矩阵只是应力状态的函数，与应力路径无关，且均未考虑土石料的剪胀（缩）特性。

（2）$E-\mu$ 模型式（4.47）关于 μ_t 的计算值有时与 μ_t 的试验测值不符，进而影响了该模型的计算精度；而 $E-B$ 模型避免了此问题，故具有较高的计算精度。

（3）不论 $E-\mu$ 模型还是 $E-B$ 模型，既可用于有效应力分析，也可用于总应力分析。所不同的是，进行有效应力分析时应采用有效围压 σ'_3 不变条件下的排水剪试验参数，进行总应力分析时应采用总围压 σ_3 不变条件下的不固结不排水剪试验参数。

（4）缩尺效应：由于试验时无法按预定的模型比例缩小实际土石材料，因此导致室内试验获得的模型参数与实际材料的真实特性存在一定的差异，这种差异称为缩尺效应。以堆石坝为例，实际筑坝材料的粒径有时可能达到 1m 以上，但受室内条件的限制，室内试验试料的最大粒径仅为 6～10cm，不管用什么方法缩制试料，室内试验结果难免与实际筑坝材料的真实特性存在一定的差异。土石坝应力变形计算分析结果与原型观测结果有较大差别的原因之一就是没有考虑缩尺效应，导致模型参数存在一定的误差。准确测定与考虑缩尺效应是用土石坝应力变形计算结果预测大坝性状的关键技术问题之一。

需要强调的是，不论采用什么样的模型，即使模型本身再合理，如果模型参数不合理，其计算结果的合理性也是无从谈起的。

4.4.5 土石坝应力变形的有限元分析

大量经验表明，有限元法能模拟各种结构型式的土石坝及其地质条件，能处理各种复杂边界条件，能模拟多种材料的本构模型，能模拟土石坝逐级加载的施工过程以及蓄水期的水位变化过程，并能通过适当途径考虑土石料的非线性、剪胀（缩）性、各向异性、固结和流变等变形特性，不仅可用于大坝静力分析，还可用于动力分析，其计算结果能较为准确地反映土石坝的实际工作状况。

运用有限元法进行土石坝应力变形分析时，可根据坝体结构及坝基地质条件等因素，分别采用二维或三维的几何模型。由于岩体的变形模量远高于土石料的变形模量，因此土石坝有限元分析的计算范围一般可按下列办法选取：对于岩石完全出露的坝基，模型上、下游一般取至坝坡坡脚处，模型底部取至建基面（基岩面）；对于覆盖层（砂砾石等）坝基，模型上、下游从坝坡坡脚算起，至少向上、下游方向分别取至 1～1.5 倍的覆盖层厚度处，模型底部取至基岩面；两岸坝肩均应取至基岩面。模型边界条件可按下列办法选取：模型上、下游边界常取水平铰支，底部边界常取固定铰支。有限元网格剖分应结合坝体施工填筑顺序及坝体材料分区特点，分层、分区进行剖分，单元型式及单元剖分密度可根据各区形态、应力水平及计算精度的实际需要等经综合分析后予以选取。

如前所述，土石料的应力-应变关系为非线性关系，材料模量参数（如 E_t、μ_t 或 E_t、B_t）实际上都不是常量，而是应力状态的函数。坝体各点的应力不同，材料模量参数也不相同。因此，用非线性有限元法计算土石坝的应力和变形，很难一次完成，常须结合坝体填筑过程以及蓄水过程，采用增量法并循序迭代修正，才能得到最终结果。增量法的详细内容参见 4.2.4 节。

如图 4.21 所示[14] 为一座建于岩基上的心墙土坝的网格剖分图，坝体自重按 7 级加荷考虑。在每级荷载增量范围内，土体单元的模量参数（如 E_t、μ_t 或 E_t、B_t）视为常数，按线弹性有限元方法求解。但对不同的荷载增量级则采用不同的模量参数，即模量参数随荷载增量级而改变，需逐级进行修正。

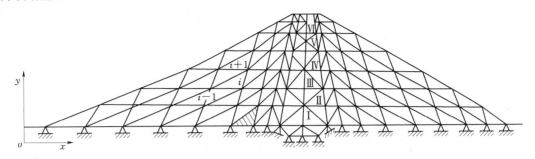

图 4.21 岩基心墙土坝有限元网格剖分及分层加荷示意图

4.4.5.1 土与结构物的相互作用问题[17]

土石坝中土石料与可能存在的结构物（如坝体和坝基中的混凝土防渗墙、面板坝中的混凝土面板等）之间既有力的相互作用又有变形的相互影响，这种相互影响是通过两者之间的接触面而产生的。满足平衡条件的接触面应力可能有很多种分布形态，然而既满足平衡条件又满足接触面上结构物与土体变形连续性条件和边界条件的接触面应力分布则是唯一的。为便于分析，一般均按同时满足平衡条件、变形连续性条件和边界条件来近似模拟接触面的应力变形特征。

关于接触面的模拟方法，一般均在土与结构物的接触面上，设置既传递法向应力又传递剪应力的接触面单元。常用的接触面单元型式有无厚度 Goodman 单元、薄层单元、接触摩擦单元等。这些接触面单元的计算原理参见有关文献。

4.4.5.2 混凝土面板堆石坝面板接缝的模拟[19]

混凝土面板接缝包括周边缝、垂直缝和各种水平缝等。由于接缝有缝宽，因此接缝两侧的变形是不连续的。有限元计算时，可根据接缝的结构型式、止水型式及其变形特征等，选择不同的单元形式来模拟这种不连续的变形特性。目前，模拟接缝变形较为常用的单元形式有以下几种：

（1）无厚度 Goodman 单元。单元形式采用无厚度 Goodman 单元，切向劲度系数由单元应力状态等因素确定，法向劲度系数常按经验受拉时取很小值（不再承担荷载）、受压时取很大值（确保相互不嵌入）。

（2）接缝单元。单元形式采用无厚度 Goodman 单元，但单元劲度系数或本构模型采用接缝止水材料的试验结果。

（3）软单元。单元形式采用实体单元，本构模型采用变形模量很小的线弹性或非线性弹性模型，材料参数根据经验或工程类比选取。

4.4.5.3 土体固结过程的考虑[10]

研究表明，黏土料有较长的排水固结过程。施工期随时间的延续黏土料逐渐固结加密，孔隙水压力逐渐消散，有效应力逐渐增加。因此，对于黏土均质坝或黏土心墙坝，增量计算时应采用有效应力法确定每一级的切线模量参数。为此，需通过渗流计算确定与每级荷载对应的单元或结点的孔隙水压力。例如，用增量法计算第 i 级荷载增量的效应时，可由第 $i-1$ 步已算出的总应力 $\{\sigma\}_{i-1}$ 减去当时的孔隙水压力 $\{u\}_{i-1}$，得出有效应力

$\{\bar{\sigma}\}_{i-1}$，再据以确定材料的 $E_{t,i-1}$ 等切线模量参数值；然后，可计算第 i 个荷载增量 $\{\Delta R\}_i$ 引起的总应力增量和变形增量，求出 $\{\Delta R\}_i$ 施加后的总应力 $\{\sigma\}_i$ 和位移 $\{\delta\}_i$、应变 $\{\varepsilon\}_i$ 以及有效应力 $\{\bar{\sigma}\}_i = \{\sigma\}_i - \{u\}_i$。

4.4.5.4 水荷载的计入[10]

土石坝应力变形有限元计算时，对于水荷载的计入，通常可根据坝体断面中黏性土料用量的不同而按以下两类情况分别考虑：

（1）均质坝、厚心（斜）墙坝。水荷载按以下两个途径计入：

1）渗透力。任一单元所受渗透力沿流线方向作用于单元重心，其大小为：

$$P_s = \gamma J \Delta V \tag{4.58}$$

式中：γ 为水的重度；J 为单元的平均渗透坡降；ΔV 为单元体积（平面问题为单元面积）。

均质坝的流网如图 4.22（a）所示[10]。

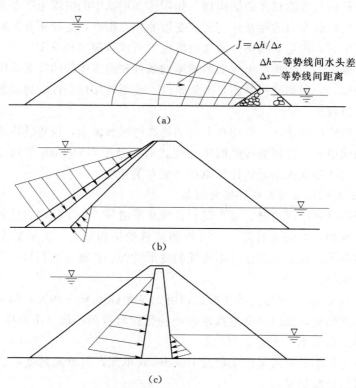

图 4.22 均质坝流网和薄斜墙坝、薄心墙坝水压力施加图

（a）均质坝流网图；（b）薄斜墙坝水压力施加图；（c）薄心墙坝水压力施加图

2）蓄水期附加单元自重。在浸润线以下按饱和容重与湿容重之差作为计算重度，按铅直向下的等效结点力施加于单元结点。

（2）薄心（斜）墙坝、面板坝。水荷载按以下两个途径计入：

1）水压力。在防渗体上、下游表面施加上、下游水压力，不计渗透力。薄斜墙坝、薄心墙坝的水压力施加分别如图 4.22（b）和图 4.22（c）所示[10]。

2）蓄水期附加单元自重。在浸润线以下、下游水位以上按饱和容重与湿容重之差

（向下）作为计算重度；下游水位以下按湿容重与浮容重之差（向上）作为计算重度；按等效结点力施加于单元结点。

4.4.5.5 湿化变形的考虑[10,12]

湿化变形是指浸水后土体颗粒间受到润滑而在自重作用下重新调整其间位置，改变原来结构，使土体压缩下沉的变形。进行黏土质土石坝初次蓄水应力变形计算时必须考虑湿化变形。

以二维有限元计算为例，湿化变形可按下列步骤予以近似考虑：

（1）分别作干（填筑时的状态）和湿（饱和状态）两种情况下的三轴试验，求出相应的双曲线应力-应变关系。

（2）按照应力-应变的双曲线关系，可以分别确定干、湿两种状态下计算模型中的各参数。例如用邓肯-张 E-μ 模型计算时，可以分别确定 c、ϕ、R_f、K、n、D、G、F 这 8 个参数值。

（3）按邓肯-张 E-μ 模型计算时，可按下列公式分别计算湿化前后的应变：

$$\varepsilon_a = \frac{\sigma_1 - \sigma_3}{E_i \left[1 - \dfrac{R_f(\sigma_1 - \sigma_3)}{(\sigma_1 - \sigma_3)_f}\right]} \tag{4.59}$$

$$\varepsilon_r = \frac{G - F \lg\left(\dfrac{\sigma_3}{\beta_a}\right)}{\dfrac{1}{\varepsilon_a} - D} \tag{4.60}$$

式中：ε_a、ε_r 分别为轴向应变及径向应变；$(\sigma_1 - \sigma_3)_f$ 可按式（4.48）计算；$\sigma_1 - \sigma_3$ 为湿化前的偏应力。由于湿化前后 c、ϕ 等参数的差异，因而可求出湿化前后的应变增量 $\Delta\varepsilon_a$ 及 $\Delta\varepsilon_r$。

若假设湿化前后单元主应力方向角 α 不变，则由 $\Delta\varepsilon_a$ 及 $\Delta\varepsilon_r$ 可求出各应变分量的增量为：

$$\Delta\varepsilon_x = \frac{\Delta\varepsilon_a + \Delta\varepsilon_r}{2} - \frac{\Delta\varepsilon_a - \Delta\varepsilon_r}{2}\cos\alpha \tag{4.61}$$

$$\Delta\varepsilon_z = \frac{\Delta\varepsilon_a + \Delta\varepsilon_r}{2} + \frac{\Delta\varepsilon_a - \Delta\varepsilon_r}{2}\cos\alpha \tag{4.62}$$

$$\Delta\gamma_{xz} = (\Delta\varepsilon_a - \Delta\varepsilon_r)\sin\alpha \tag{4.63}$$

（4）将湿化变形 $\{\Delta\varepsilon\}$ 按下式转化为等效结点荷载，即：

$$\{F\} = -\sum\iint_A [B]^T [D] \{\Delta\varepsilon\} \mathrm{d}A \tag{4.64}$$

然后用有限元法即可算出由湿化引起的附加位移和应力。

为简化计算，也可将湿化变形转化的等效结点荷载与渗透力等所转化的结点荷载叠加在一起进行计算。

（5）由湿化变形转化的等效结点荷载实际上是不存在的，为了保持静力平衡，在单元应力中应扣除由于湿化引起的应变增量所产生的那部分应力，即：

$$\{\sigma\} = [D][B]\{\delta\}^e - [D]\{\Delta\varepsilon\} \tag{4.65}$$

4.4.6 应力变形有限元计算成果的应用[14]

4.4.6.1 坝顶高程预留沉降值的确定

根据有限元应力变形计算结果，可分别确定坝顶竣工期的竖向变位和最终的竖向变位，按照最终竖向变位与竣工期竖向变位的差值即可确定坝顶高程的预留沉降值。

4.4.6.2　坝体裂缝分析

根据有限元应力计算结果，可通过如下两种途径进行坝体裂缝分析：

（1）在小主应力 σ_3 等值线图上分析防渗体出现张拉裂缝的可能性。

（2）在应力水平 S 等值线图上分析上下游坝壳出现剪切裂缝的可能性。

4.4.6.3　坝坡稳定分析

根据有限元应力计算结果，可通过如下两种途径进行坝坡稳定分析：

（1）根据抗剪安全系数 K（$=1/S$）的分布情况定性分析坝坡失稳的可能性，如图 4.23 所示[14]。

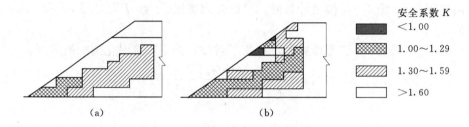

图 4.23　某均质坝施工期抗剪安全系数分布图

(a) 7 级加荷；(b) 9 级加荷

（2）结合圆弧滑动的定量试算分析法。通过有限元应力变形计算，可获得坝体任一断面上各应力分量的等值线图，如图 4.24 所示[14]。针对坝体断面上某一拟试算的圆弧滑动

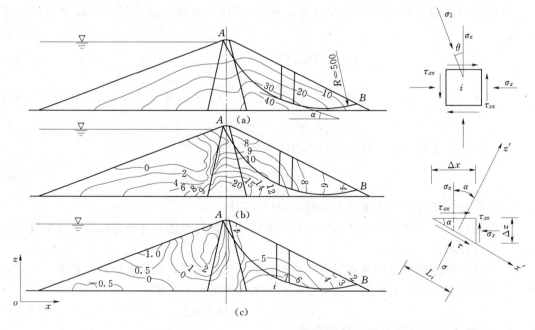

图 4.24　滑动面上任一单元法向和切向应力计算示意图

(a) σ_z 等值线图；(b) σ_x 等值线图；(c) τ_{xz} 等值线图

面，可通过对滑动面上任一单元应力分量的分解与合成确定该单元在滑动面法向和切向上的应力（如图中的正应力 σ 和剪应力 τ），正应力 σ 和剪应力 τ 与该单元沿滑动面长度（如图中 L_i）的乘积，即为该单元在此滑动面上所产生的正压力和剪力，计入滑动面的抗剪强度（c 和 ϕ），即可确定该单元在此滑动面上所产生的抗滑力和滑移力，将滑动面上全部单元的抗滑力和滑移力进行叠加，即可确定沿滑动面的整体抗滑稳定安全系数。此分析方法的具体计算公式参见文献 [14]。

复 习 思 考 题

1. 理想弹塑性模型、无拉分析模型、剪切滑移模型、非线性弹性模型、缩尺效应的概念。

2. 坝工应力的主要特点，坝工应力分析的主要内容。

3. 重力坝的主要应力问题。

4. 重力坝应力有限元分析的基本步骤。

5. 重力坝应力分析中材料力学法的力学模型基本假定及其局限性。

6. 材料非线性问题的基本解法。

7. 拱坝应力有限元分析结果的控制标准。

8. 土石料的应力应变特性。

9. 邓肯-张 E-μ、E-B 模型的异同。

10. 土石坝应力分析及坝坡稳定分析中水荷载的考虑。

参 考 文 献

[1] 林继镛.水工建筑物 [M].4 版.中国水利水电出版社，2006：53 - 165.

[2] 中华人民共和国水利部.SL 319—2005 混凝土重力坝设计规范 [S].北京：中国水利水电出版社，2005.

[3] 潘家铮.重力坝设计 [M].北京：水利电力出版社，1987：267 - 417.

[4] 周维垣.高等岩石力学 [M].北京：水利电力出版社，1990：9 - 136.

[5] 李同林.应用弹塑性力学 [M].中国地质大学出版社，2002：50 - 52.

[6] 郑颖人，龚晓南.岩土塑性力学基础 [M].中国建筑工业出版社，1989：3 - 9.

[7] 谢贻权，何福保.弹性和塑性力学中的有限单元法 [M].北京：机械工业出版社，1981：207 - 208.

[8] 殷有泉.非线性有限元基础 [M].北京：北京大学出版社，2007：205 - 206.

[9] 朱伯芳.有限单元法原理及应用 [M].2 版.北京：中国水利水电出版社，1998：296 - 305.

[10] 王世夏.水工设计的理论和方法 [M].北京：中国水利水电出版社，2000：229 - 383.

[11] 朱伯芳，高季章，陈祖煜，等.拱坝设计与研究 [M].北京：中国水利水电出版社，2002：340 - 360.

[12] 陈慧远.土石坝有限元分析 [M].南京：河海大学出版社，1988：13 - 44.

[13] 殷宗泽.土工原理 [M].北京：中国水利水电出版社，2007：222 - 282.

[14] 王宏硕.水工建筑物专题部分 [M].北京：水利电力出版社，1991：134 - 258.

[15] 中华人民共和国水利部.SL 282—2003 混凝土拱坝设计规范 [S].北京：中国水利水电出版社，2003.

[16] 中华人民共和国水利部. SL 274—2001 碾压式土石坝设计规范 [S]. 北京：中国水利水电出版社，2001.

[17] 朱百里，沈珠江. 计算土力学 [M]. 上海：上海科学技术出版社，1990：46-96，294.

[18] 李广信. 高等土力学 [M]. 北京：清华大学出版社，2004：50-56.

[19] 本书编写委员会. 水布垭面板堆石坝前期关键技术研究 [M]. 北京：中国水利水电出版社，2005：91-92.

第 5 章　水工混凝土温度应力与温度控制

5.1　概　　述

5.1.1　水工混凝土结构的裂缝型式及其成因

　　水工混凝土结构尤其是大体积混凝土结构（如混凝土重力坝和拱坝），在其固有的材料特点和复杂多变的运行条件等多种因素的影响下，往往会产生各种形式的裂缝。按照裂缝深度的不同，大体积混凝土结构的裂缝一般可分为贯穿裂缝、深层裂缝及表面裂缝三种型式[1]，如图 5.1 所示[1]。

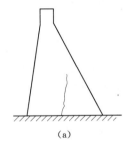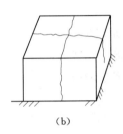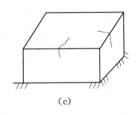

(a)　　　　　　　　　　(b)　　　　　　　　　　(c)

图 5.1　水工混凝土结构裂缝型式示意图
(a) 贯穿裂缝；(b) 深层裂缝；(c) 表面裂缝

　　一般而言，贯穿裂缝切断了结构断面，可能破坏结构的整体性和稳定性，其危害性是较严重的，如与迎水面相通，还可能引起漏水；深层裂缝部分地切断了结构断面，也有一定的危害性；表面裂缝如不扩展其危害性一般不大，但若其进一步扩展则可能发展为深层甚至贯穿性裂缝[1-2]。总体而言，裂缝的存在将损坏水工混凝土结构的整体性和稳定性，影响其耐久性、防渗性以及美观性等[1-2]。

　　研究表明[1-4]，水工混凝土结构裂缝的主要成因如下：

　　（1）温度应力。温度应力可产生上述各类裂缝。温度应力与结构形式、气候条件、施工过程、材料特性及运行条件等多种因素有密切关系。温度应力的产生及变化过程是十分复杂的，相应地温度应力分析比水压力、自重等其他外荷载应力的分析要复杂得多。

　　（2）干缩应力。干缩应力主要产生于混凝土的施工期，一般只会使混凝土产生表面裂缝，其影响相对较小，但干缩应力与温度应力具有叠加效应。在两种应力叠加作用下，往往可能促使大体积混凝土结构产生深层甚至贯穿性裂缝。

5.1.2　研究水工混凝土温度应力的意义

　　如上所述，温度应力是引起水工混凝土结构尤其是大体积混凝土结构产生各种裂缝的主要原因，因此，水工混凝土结构的温度应力必然成为影响水工混凝土结构安全性和可靠性的关键问题，研究水工混凝土结构的温度应力以及与此相应的温度控制和防裂措施，显然具有十分重要的工程实践意义。

概括起来说，研究水工混凝土温度应力的意义主要体现在以下两个方面[1-2,5]：

（1）为水工混凝土结构布置设计及断面设计提供依据。通过针对不同水工混凝土结构布置设计及断面设计方案的温度应力分析，可以温度应力作为控制性指标，为不同布置设计及断面设计方案的综合比较提供重要的技术依据。

（2）为施工期混凝土温控方案（措施）的选择提供依据。通过针对不同的施工期混凝土温控方案（措施）的温度应力分析，同样可以温度应力作为控制性技术指标，为不同温控方案（措施）的综合比较及选择提供重要的技术依据。

5.1.3　水工混凝土温度应力的分析方法[1-5]

长期以来，国内外不少学者针对水工混凝土温度应力的分析方法开展了大量的研究工作，并提出了许多各具特色的分析方法。概括起来，水工混凝土温度应力的分析方法一般有以下几种[1-2,5]：

（1）解析法。即引入若干假定条件的解析公式方法，如弹性基础梁法等。解析法一般只适用于简单结构的温度应力估算。

（2）有限元仿真分析法（有限元时间过程分析法）。最早（1968 年）由美国学者提出，后经国内外学者不断发展、完善，在水工混凝土结构方面具有大量成功的应用经验。

（3）约束系数法。最早由日本学者提出并加以应用，是一种半经验半理论的温度应力估算方法。

（4）结构模型试验法。是早期采用的一种分析方法。由于试验结果对于试验条件较为敏感、模型试验成本较高等原因，目前这种方法已较少采用。

在上述分析方法中，目前应用最为广泛的是有限元时间过程分析法。在进行某些简单结构（如单一浇筑块等）的温度应力估算时，解析法和约束系数法也有采用。

世界上最早把有限元时间过程分析法引入混凝土温度应力分析中的是美国加州大学的威尔逊（Wilson）教授[3]，他在 1968 年为美国陆军工程兵团研制出可模拟大体积混凝土结构分期施工温度场的二维有限元程序 DOT - DICE，并用于德沃歇克坝（Dworshak Dam）温度场的计算；威尔逊还和他人合作研制了考虑混凝土徐变的应力分析程序。

1982 年，美国陆军工程兵团的 Tatro 等人[4]对 DOT - DICE 程序作了修改，将其用于美国第一座碾压混凝土坝——柳溪坝的温度场分析。为了减小计算规模，在计算剖面中部取 0.9m 宽的条带，两条垂直边界绝热，只有顶层单元的表面散热，基岩深度仅取 3m，每一浇筑层取一层单元，单元尺寸为 0.3m×0.3m。这个温度场分析是较为粗浅的一维分析，其成果发表在 1985 年美国混凝土学会会刊上，被认为是关于碾压混凝土温度场有限元分析的第一份文献[4]。

美国的上静水坝（Upper Stillwater Dam）[5]由于其施工方法（不设横缝）和坝址的恶劣气候条件，其温度荷载比较严重，美国垦务局用 HEATFL 计算机程序，考虑混凝土的热学性能、坝址气候条件和施工进度，对该坝进行了 5 年的仿真计算，研究了三种入仓温度对混凝土最高温度的影响，根据非线性温度梯度计算应力；不同横缝间距的计算结果表明，横缝间距大于 60m 时，坝块中心的应力分布与间距为 60m 时基本一致。此外，在

DOT-DICE 程序基础上采用针对碾压混凝土坝特点开发的改进程序 THERM 对美国的蒙克斯维尔坝（Monkswille Dam）也进行了类似的温控计算分析[4]。

有关约束系数矩阵法的研究成果在第十五届和第十六届国际大坝会议上均有报导，并在 155m 高的日本宫濑碾压混凝土坝的温控设计中得到应用[5]。

早在 20 世纪 50 年代，我国坝工界就认识到温度荷载和水荷载、自重、渗透压力、地震力等是重力坝的主要荷载；在"七五"期间，中国水利水电科学研究院、清华大学、武汉水利电力大学、河海大学、西安理工大学、天津大学等科研单位和学校，结合三峡工程、铜街子水电站等工程，对碾压混凝土坝施工期温度场和温度应力进行了深入研究，采用二维有限元法进行施工期全过程仿真计算；在"八五"和"九五"期间，上述单位结合龙滩碾压混凝土重力坝设计中的关键技术问题，进行了更深入的研究，取得了具有重要理论意义和实用价值的成果；目前，我国在大体积混凝土结构温度应力的数值仿真分析及理论研究等方面均处于世界前列[5]。

在未来较长时期内，关于水工混凝土温度应力分析和温控设计方法研究的基本发展趋势包括[5]：①建立一套能在计算机上实施的二维、三维线性和非线性有限元全过程仿真计算方法和计算程序，计算中应能模拟碾压混凝土坝分层施工的实际情况，考虑分缝、温度、徐变、自重荷载、水荷载、接缝等各种实际荷载和实际情况，能够反映碾压混凝土的非线性本构关系，能够获得坝体施工期和蓄水期的温度、位移及应力的分布规律和变化规律；②在前处理方面，建立一套良好的人机交互界面，以便于工程技术人员在施工过程中就能根据各种相关因素的变化情况，通过良好的人机交互界面随时了解坝体温度场和温度应力的变化情况，以便及时采取相应的温控方法和防裂措施；③在后处理方面，建立一套与前处理界面相配套的图形处理系统，以便于从浩繁的计算成果数据中将所需成果以图形、表格等方式输出，达到简便、实用、快捷的效果。

5.2　温度应力的发展过程及类型

5.2.1　温度应力的发展过程

5.2.1.1　混凝土温度变化过程

混凝土结构中任一点的温度及弹性模量的变化过程如图 5.2 所示[1]。

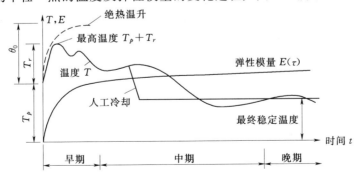

图 5.2　混凝土温度和弹性模量变化过程示意图

如图 5.2 所示，浇筑温度 T_p 为混凝土刚浇筑完毕时的温度。如果完全不能散热，混凝土将处于绝热状态，则温度将沿着绝热温升曲线上升，如图中虚线所示；实际上由于通过浇筑层顶面和侧面可以散失一部分热量，混凝土温度将沿着图中实线而变化，上升到最高温度 $T_p + T_r$ 后温度即开始下降，其中 T_r 称为水化热温升。上层覆盖新混凝土后，受到新混凝土中水化热的影响，老混凝土中的温度还会略有回升；过了第二个温度高峰以后，温度继续下降。如果该点离开表面比较远，温度将持续而缓慢的下降，最后降低到最终稳定温度 T_f。如果该点离开表面的距离较近，该点温度在持续下降过程中，受到外界气温变化的影响还会随着时间而有一定的波动，如图中实线所示，最后在 T_f 的上下有周期性的小幅度的变化。

因此，一般可将混凝土的温度变化过程归结为以下三个时期[1,5]：

（1）早期。自浇筑混凝土开始，至水泥放热作用基本结束时止，一般约 1 个月左右。

（2）中期。自水泥放热作用基本结束时开始，至混凝土冷却到最终稳定温度时止。

（3）晚期。混凝土完全冷却以后的运行时期。

分析表明[1]，当混凝土温度的初始影响（浇筑温度、水化热等）完全消失以后，混凝土建筑物内部温度与初始条件无关，只与边界上的气温和水温有关，边界上气温和水温对于混凝土建筑物温度的影响深度一般不超过 20~30m。不同厚度混凝土建筑物内部温度变化的一般过程如图 5.3 所示[1]。

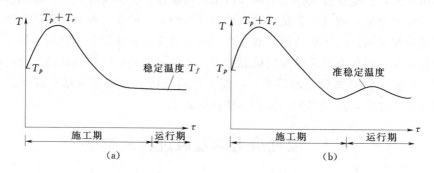

图 5.3 不同厚度混凝土建筑物内部温度变化过程示意图

(a) 厚度超过 30m 的混凝土建筑物；(b) 厚度不到 30m 的混凝土建筑物

从图 5.3 可以看出，当混凝土建筑物厚度超过 30m 时，运行期其内部温度已不受外界周期性变化温度（如气温）的影响，内部温度不随时间而变化，这种温度称为稳定温度；当混凝土建筑物厚度小于 30m 时，运行期其内部温度将受外界周期性变化温度（如气温）的影响，内部温度也随着时间做周而复始的周期性变化，这种温度称为准稳定温度[1]。

5.2.1.2 混凝土温度应力的发展过程

与如上所述混凝土温度的三个发展时期相对应，混凝土温度应力的发展过程也可分为以下三个时期[1-2]：

（1）早期应力。自浇筑混凝土开始，至水泥放热作用基本结束时止，一般约 1 个月左右。这个阶段有两个特点：①因水泥水化作用而放出大量水化热，引起温度场的急剧升高；②混凝土弹性模量随时间急剧增大。

（2）中期应力。自水泥放热作用基本结束时开始，至混凝土冷却到最终稳定温度时止，这个时期温度应力是由于混凝土的冷却及外界温度变化所引起，并与早期残余温度应力相叠加。这个时期混凝土弹性模量还有一些变化，但变幅较小。

（3）晚期应力。混凝土完全冷却以后的运行时期，温度应力主要是由外界温度变化所引起，并与早期和中期的残余温度应力相互叠加形成晚期温度应力。

5.2.2 温度应力的类型

根据引起温度应力的原因的不同，混凝土温度应力可分为以下两类[1-2]：

（1）自生应力。对于边界上没有受到任何约束或者完全静定的结构，如果结构内部温度分布是线性的，则不产生应力；如果结构内部温度分布是非线性的，则由于结构本身的相互约束而产生的温度应力，称为自生应力。例如，混凝土冷却时，表面温度较低，内部温度较高，表面的温度收缩变形受到内部的约束，在表面出现拉应力，在内部出现压应力。自生应力的特点是：在结构任一断面上，拉应力与压应力总是保持相互平衡的。以两侧边界无任何约束且远离地基的混凝土墙体上部为例，自生应力在其水平断面上的分布如图 5.4（a）所示[1]。

（2）约束应力。对于全部或部分边界受到外界约束的结构，将温度变化时由于不能自由变形而在结构中所引起的温度应力称为约束应力。例如，混凝土浇筑块在冷却时受到基础的约束而出现的温度应力。以基岩地基上的混凝土浇筑块为例，约束应力在其竖向断面上的分布如图 5.4（b）所示[1]。

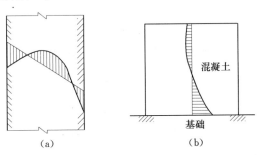

图 5.4 两种温度应力沿典型断面分布示意图
(a) 自生应力；(b) 约束应力

根据上述两种应力产生的条件不难发现[1-2,5]，在静定结构内只会出现自生应力，在超静定结构内则可能同时出现自生应力和约束应力，而且两种应力可以互相叠加；控制温度和改善约束条件是减轻混凝土结构温度应力、防止其产生温度裂缝的两个主要途径。

5.3 混凝土的温度场

按照前述关于混凝土温度变化过程的分析结果，不难看出，混凝土结构尤其是大体积混凝土结构，结构内各点的温度是其位置坐标和时间的函数，描述这种函数关系的物理场称之为混凝土的温度场。

5.3.1 温度场的计算原理

5.3.1.1 热传导方程[1-2,5]

混凝土浇筑后，根据热平衡原理，混凝土温度升高所吸收的热量应等于从外面流入的净热与内部水化热之和。因此，经推导，混凝土温度场 $T(x, y, z, \tau)$ 应满足下列热传导方程及相应的初始条件和边界条件：

$$\frac{\partial T}{\partial \tau} = a\left(\frac{\partial^2 T}{\partial^2 x} + \frac{\partial^2 T}{\partial^2 y} + \frac{\partial^2 T}{\partial^2 z}\right) + \frac{\partial \theta}{\partial \tau} \tag{5.1}$$

式中：τ 为时间；a 为导温系数；θ 为混凝土的绝热温升。

不随时间变化的温度场称为稳定温度场。此时，式（5.1）中对时间的导数项均为 0。

5.3.1.2 初始条件和边界条件[1-2,5]

热传导方程建立了混凝土的温度与时间、空间的关系，但满足热传导方程的解有无限多，为了确定需要的温度场，还必须已知初始条件和边界条件。初始条件为在初始瞬时混凝土内部的温度分布规律，边界条件为混凝土表面与周围介质（如空气或水）之间温度相互作用的规律，初始条件和边界条件又合称边值条件（或定解条件）。

初始条件：$T(x,y,z,0) = T_0(x,y,z)$，$T_0(x,y,z)$ 为初始温度场。

边界条件如下：

（1）第一类边界条件。混凝土表面温度 T 是时间的已知函数，即：

$$T(\tau) = f(\tau) \tag{5.2}$$

式中：$f(\tau)$ 为已知温度变化。

（2）第二类边界条件。混凝土表面的热流量是时间的已知函数，即：

$$-\lambda\left(\frac{\partial T}{\partial n}\right) = f_1(\tau) \tag{5.3}$$

式中：λ 为导热系数；n 为表面外法线方向；$f_1(\tau)$ 为已知热流量变化。

若表面是绝热的，则有：

$$\frac{\partial T}{\partial n} = 0$$

（3）第三类边界条件。当混凝土与空气接触时，第三类边界条件假定经过混凝土表面的热流量与混凝土表面温度 T 和气温 T_a 之差成正比，即：

$$-\lambda\left(\frac{\partial T}{\partial n}\right) = \beta(T - T_a) \tag{5.4}$$

式中：β 为表面放热系数；T_a 为气温。

（4）第四类边界条件。当两种不同的固体接触时，如果接触良好，则在接触面上温度和热流量都是连续的，边界条件如下：

$$T_1 = T_2, \quad \lambda_1\frac{\partial T_1}{\partial n} = \lambda_2\frac{\partial T_2}{\partial n} \tag{5.5}$$

如果两种固体之间接触不良，则在接触面上温度是不连续的，即 T_1 不等于 T_2，此时需引入接触热阻的概念。假设接触缝隙中的热容量可以忽略，则接触面上的热流量应保持平衡，由此得边界条件如下：

$$\left.\begin{array}{l} \lambda_1\dfrac{\partial T_1}{\partial n} = \dfrac{1}{R_c}(T_2 - T_1) \\[2mm] \lambda_1\dfrac{\partial T_1}{\partial n} = \lambda_2\dfrac{\partial T_2}{\partial n} \end{array}\right\} \tag{5.6}$$

式中：R_c 为由于接触不良而产生的热阻，由试验测定。

5.3.2 水泥水化热与混凝土绝热温升

水泥水化热是使混凝土产生温度变化的一个重要内在因素。实际温度场计算中一般多用混凝土的绝热温升来表征混凝土的水泥水化热特性［式（5.1）］。测定绝热温升通常有两种方法：一种是直接法，即用绝热温升试验设备直接测定 θ；另一种是间接法，即先测定水泥水化热，再根据水化热及混凝土的比热、密度和水泥用量等计算绝热温升。两种方法相比较，直接法较为准确[7]。

5.3.2.1 水泥水化热[2]

水泥的水化热主要取决于它的矿物成分，不同品种、不同标号的水泥所含矿物成分不同，因而具有不同的水化热。累计水化热一般可用指数式、双曲线式和复合指数式等三种形式表示。根据试验资料，累积水化热用指数式可表达为：

$$Q(\tau) = Q_0(1 - e^{-m\tau}) \tag{5.7}$$

式中：$Q(\tau)$ 为在龄期 τ 时的累积水化热，kJ/kg；Q_0 为水泥水化热总量，kJ/kg；τ 为龄期，d；m 为发热速率，随水泥品种及浇筑温度等的不同而不同。

不同浇筑温度下的水泥水化热过程线如图 5.5 所示[2]。

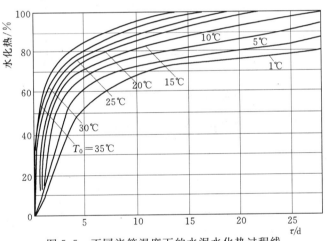

图 5.5 不同浇筑温度下的水泥水化热过程线

如图 5.5 所示，各种浇筑温度下，早期水化热产生速度快，晚期水化热产生速度小直至不再产生；初始浇筑温度越高，化学反应越快，水化热放出速度也越快，但浇筑温度对最终水化热总量没有影响，浇筑温度的增高只是促使水化过程提前结束。

5.3.2.2 混凝土绝热温升[2]

混凝土的绝热温升一般也可用指数式、双曲线式和复合指数式等三种形式表示。由水泥水化热表达式（5.7）导出的混凝土绝热温升表达式（指数式）为：

$$\theta(\tau) = \theta_0(1 - e^{-m\tau}) \tag{5.8}$$

式中：θ_0 为最终绝热温升，℃；τ 为龄期，h；m 的意义同式（5.7）。

混凝土的绝热温升最好由试验直接测定。在缺乏直接测定资料时，可根据水泥水化热按下式换算：

$$\theta(\tau) = \frac{Q(\tau)(W+kF)}{c\rho} \tag{5.9}$$

式中：W 为水泥用量；c 为混凝土比热；ρ 为混凝土密度；F 为混合材用量；$Q(\tau)$ 为水泥水化热；k 为折减系数，对粉煤灰可取 $k=0.25$。

影响混凝土绝热温升的因素包括：水泥品种、水泥用量、混合材料品种用量和浇筑温度等。水泥品种对绝热温升的影响主要是由于水泥矿物成分的不同，水泥矿物成分中发热速率最快和发热量最大的是铝酸三钙（C_3A）和硅酸二钙（C_2S）。在相同水泥用量条件下，不同品种水泥的混凝土绝热温升试验结果如图 5.6 所示[8]。图 5.6 中所示的不同品种水泥（编号 1～5）的矿物成分含量见表 5.1[8]。

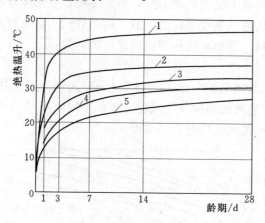

图 5.6 不同品种水泥的混凝土绝热温升过程线

表 5.1 不同品种水泥的矿物成分含量

曲线	水泥品种	C_3S/%	C_3A/%	细度/（cm²/g）
1	早强水泥，Ⅲ型	56	12	2030
2	普通水泥，Ⅰ型	43	11	1790
3	中热水泥，Ⅱ型	40	8	1890
4	水泥Ⅱ型 75%＋火山灰 25%			
5	低热水泥，Ⅳ型	20	6	1910

5.3.3 混凝土的特征温度和特征温差

5.3.3.1 特征温度[1,5]

混凝土的特征温度如图 5.2 所示。其中包括：

（1）浇筑温度 T_p。指经过平仓、振捣后，在浇筑上层混凝土之前，深度为 5cm 处的混凝土温度。

（2）最高温度 T_{max}。为浇筑温度与水化热温升之和，即：

$$T_{max} = T_p + T_r \tag{5.10}$$

5.3.3.2 特征温差[5]

混凝土主要的特征温差包括：

(1) 初始温差 T_i。指初始温度与介质温度之差。

(2) 基础温差 T_j。指基础约束范围内混凝土最高温度与稳定温度之差。

5.3.3.3 运行期的温度场[1]

按照前述混凝土温度的变化过程,初始影响(浇筑温度、水化热等)已完全消失的运行期混凝土温度场完全取决于边界温度(如气温和水温),与初始温度无关。但边界温度通常是随时间而变化的,且其对混凝土建筑物温度的影响深度是有限的,因此,按照混凝土结构内部温度是否随时间而变化,可将运行期的混凝土温度场分解为不随时间变化而只与位置有关的稳定温度场和既随时间而变化又与位置有关的准稳定温度场两部分。某实体重力坝运行期的温度场及其分解如图 5.7 所示[1]。图中,边界温度为 $T_m(s)+A(s)\sin\omega\tau$,其中 $T_m(s)$ 为年平均温度,与距坝体表面的位置 s 有关,$A(s)$ 为年温变幅,也与距坝体表面的位置 s 有关,$\omega=2\pi/P$ 为外界温度变化的圆频率,P 为外界温度变化的周期(一般以年计)。

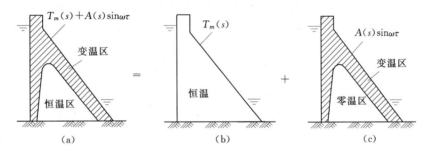

图 5.7　实体重力坝运行期的温度场及其分解
(a) 实际温度场;(b) 稳定温度场;(c) 准稳定温度场

朱伯芳 1955 年用流网法求出的某重力拱坝的稳定温度场如图 5.8 所示[1],丁宝瑛 1959 年用电拟法求出的某实体重力坝的稳定温度场如图 5.9 所示[1]。

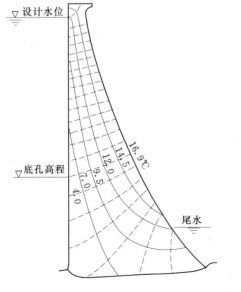

图 5.8　重力拱坝的稳定温度场

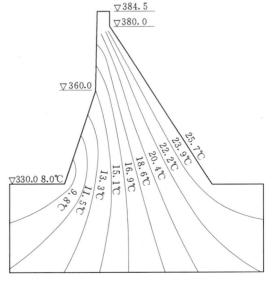

图 5.9　实体重力坝的稳定温度场

5.4　混凝土的温度应力

如前所述，根据引起温度应力的原因的不同，混凝土温度应力可分为自生应力和约束应力两种类型。本节将分别以嵌固板和自由板这两种理想结构形式为例，来分析两类温度应力的产生机理及其发展规律。

5.4.1　嵌固板的温度应力

嵌固板指刚性基础上的平面无限大薄板。严格意义上而言，只有当基础是绝对刚性且板的平面尺寸为无限大，因而板内完全不产生水平位移时，才满足嵌固板的条件。实际上最坚固的岩石也非绝对刚性，而板的平面尺寸也总是有限的，完全嵌固的板是不存在的。但研究表明[1,5,7]，当岩石基础的弹性模量与混凝土板的弹性模量相近时，只要板的平面尺寸与板厚相比足够大，距离板四边较远的板中央部分的温度应力就与嵌固板相近；水工混凝土结构中常见的诸如护坦、船闸底板、水电站厂房基础板、尾水管底板及施工期中长期暴露的薄基础浇筑层等，往往可以近似视为嵌固板。

实践证明，嵌固板是说明由外界约束引起温度应力的理想结构形式。在本节中，将结合影响混凝土温度应力的主要因素（如水泥水化热、初始温差、弹性模量及徐变等）进行混凝土嵌固板的温度应力分析，以说明外界约束引起混凝土结构温度应力的一般规律。

5.4.1.1　弹性温度应力[1,5]

假设混凝土嵌固板的平面尺寸远大于板厚，除板底与基岩接触外，板的其余表面均暴露在空气中。建立研究嵌固板温度应力的坐标系，如图 5.10 所示[1]。

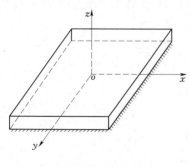

图 5.10　嵌固版

假定基岩是刚性的，在 x、y 两个方向板受到完全约束，应变为零，即：

$$\varepsilon_x = \varepsilon_y = 0$$

假定板在 z 向未承受荷载，可以自由变形，则：

$$\sigma_x = \sigma_y = \sigma, \sigma_z = 0 \tag{5.11}$$

假定嵌固板为各向同性弹性体，平面尺寸很大，温度只沿厚度方向变化，即温度场 $T(z, t)$ 可按一维问题考虑。

此时，嵌固板的应变由弹性应变和温度变形两部分引起，即：

$$\left. \begin{array}{l} \varepsilon_x = \dfrac{\sigma_x - \mu\sigma_y}{E} + \alpha T = 0 \\[3mm] \varepsilon_y = \dfrac{\sigma_y - \mu\sigma_x}{E} + \alpha T = 0 \end{array} \right\} \tag{5.12}$$

联立求解式（5.12）中的两式，得嵌固板弹性温度应力计算的基本公式为：

$$\sigma^e = -\frac{E\alpha T}{1-\mu} \tag{5.13}$$

实际上，弹性模量 E 是随着龄期的变化而变化的，如图 5.11 所示[1]。

如果将时间划分为一系列时段 Δt_i（$i=1$，2，$\cdots$，n），假设 Δt_i 时段内的温度变化为 ΔT_i，相应的平均弹性模量为 E_i，则 Δt_i 时段内的应力增量为：

$$\Delta\sigma^e = -\frac{E_i\alpha\Delta T_i}{1-\mu}$$

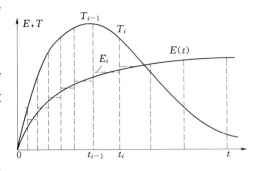

图 5.11 弹性模量和温度的变化

则时刻 t_i 嵌固板内任一点的弹性温度应力为：

$$\sigma^e(t) = -\sum_{i=1}^{n}\frac{E_i\alpha\Delta T_i}{1-\mu} \tag{5.14}$$

5.4.1.2 弹性徐变温度应力[1,5]

研究表明，混凝土除具有上述的弹性变形以外，还具有随时间而增长的徐变变形，徐变变形将引起混凝土温度应力的松弛。为近似考虑徐变对温度应力的影响，可采用松弛系数法按下式计算弹性徐变温度应力：

$$\sigma^*(t) = \sum_{i=1}^{n}\Delta\sigma_i^e K(t,\tau_i) = -\sum_{i=1}^{n}\frac{E_i\alpha\Delta T_i}{1-\mu}K(t,\tau_i) \tag{5.15}$$

式中：$K(t,\tau)$ 为松弛系数。

5.4.1.3 水泥水化热在嵌固板内引起的温度应力[1]

水泥水化热在不同厚度混凝土嵌固板中心所产生的温度变化过程如图 5.12 所示[1]。从中可以看出，板的厚度越大，散热越困难，板中心的温度越高，出现最高温度的时间相应越晚。

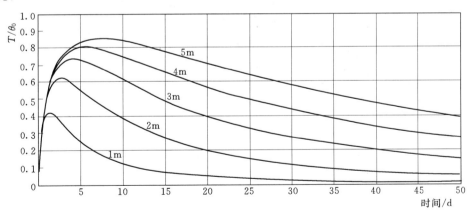

图 5.12 基岩上不同厚度混凝土板中心因水化热而产生的温度变化过程

厚度为 3m 的混凝土嵌固板因水泥水化热而引起的弹性徐变温度应力的变化过程如图 5.13 所示[1]。从图中可以看出，在 2d 以前，板内全断面受压，这是由于温度升高产生的膨胀变形受到约束而出现的结果。表面与空气接触，温度逐渐降低，在 5d 以后，表面部

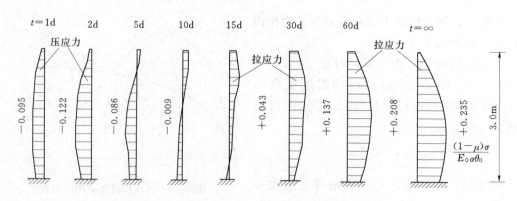

图 5.13　3m 厚嵌固板因水化热引起的弹性徐变温度应力

分即出现拉应力，受拉范围逐步向下扩张；到 30d 后，全断面受拉。当 $t \rightarrow \infty$ 时，最大拉应力达到 $0.235E_0\alpha\theta_0/(1-\mu)$，这是残余温度应力。因此，当 $t \rightarrow \infty$ 时，尽管板内温度已恢复到初始温度，但板内却出现了残余温度应力。这是由于混凝土的弹性模量和松弛系数随龄期而变化的结果。在早期混凝土温度升高阶段，由于混凝土的弹性模量小、松弛系数小，温度升高 1℃ 所引起的压应力较小。到了后期降温阶段，混凝土的弹性模量较大，松弛系数也较大，温度降低 1℃ 所引起的拉应力较大，除了抵消早期温升阶段产生的压应力外，在混凝土内还会产生残余的拉应力。这是混凝土温度应力区别于其他结构温度应力的最重要的特点。

不同厚度混凝土嵌固板中心因水泥水化热而产生的弹性徐变温度应力的历时变化过程如图 5.14 所示[1]。从中可以看出，不同厚度的混凝土嵌固板在早期均受压，后期均受拉；板越厚，水泥水化热引起的温升越高，因而应力相应越大。

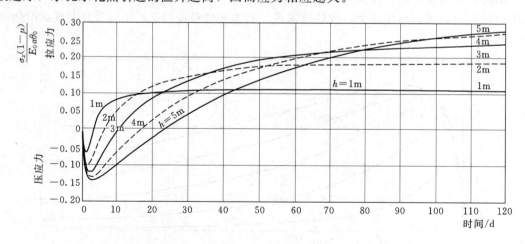

图 5.14　不同厚度嵌固板中心因水化热而产生的弹性徐变温度应力

5.4.1.4　初始温差在嵌固板内引起的温度应力[5]

板厚 $h = 3$m 的混凝土嵌固板由于初始温差引起的温度应力的历时变化过程如图 5.15 所示[5]。图中假定初始温差为正温差，即浇筑温度大于环境温度，且混凝土浇筑后即呈现降温过程；温度应力分析的断面为板中心垂直断面。从中可以看出，降温过程中板中心断面将不出现压应力，只出现拉应力，其中板厚度中下部的最终拉应力最大。

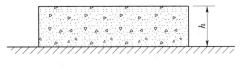

5.4.2 自由板的温度应力

自由板指完全不受外界约束、各方向可以自由变形的板。自由板的温度应力纯粹是由于板内温度分布不均匀而产生的。

实践证明，自由板是说明由内部约束引起温度应力的理想结构形式。在本节中，将结合影响混凝土温度应力的主要因素（如水泥水化热、初始温差、外界温度变化及徐变等）进行混凝土自由板的温度应力分析，以说明内部约束引起混凝土结构温度应力的一般规律。

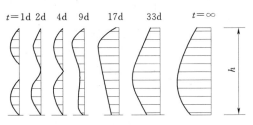

图 5.15 由初始温差引起的嵌固板温度应力

5.4.2.1 弹性温度应力[1,5]

建立研究自由板温度应力的坐标系，如图 5.16 所示[1]。

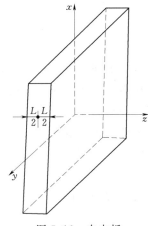

图 5.16 自由板

假设自由板的平面尺寸远大于其厚度，因此可认为温度分布是沿板厚单向变化的。则在自由板内：

$$\sigma_x = \sigma_y = \sigma, \sigma_z = 0, \varepsilon_x = \varepsilon_y = \varepsilon \tag{5.16}$$

假定自由板为各向同性弹性体，则其应变由弹性应变和温度变形两部分引起。由于 $\sigma_z = 0$，因此式（5.12）对自由板也适用。将式（5.16）代入式（5.12），得自由板的弹性温度应力为：

$$\sigma^e = \frac{E(\varepsilon - \alpha T)}{1 - \mu} \tag{5.17}$$

5.4.2.2 弹性徐变温度应力[1,5]

经过与嵌固板类似的推导过程，可以得到考虑龄期影响的自由板弹性徐变温度应力计算公式如下：

$$\left.\begin{aligned}
\sigma^*(t) &= \sum_{i=1}^{n} \Delta\sigma_i^e K(t,\tau_i) = -\sum_{i=1}^{n} \frac{E_i\alpha}{1-\mu}(\Delta A_i + \Delta B_i z - \Delta T_i)K(t,\tau_i) \\
\Delta A_i &= \frac{1}{L}\int_{-L/2}^{L/2} \Delta T_i \, \mathrm{d}z \\
\Delta B_i &= \frac{12}{L^3}\Delta S_i \\
\Delta S_i &= \int_{-L/2}^{L/2} \Delta T_i z \, \mathrm{d}z
\end{aligned}\right\} \tag{5.18}$$

式中：$K(t,\tau)$ 为松弛系数。

5.4.2.3 水泥水化热在自由板内引起的温度应力[1]

图 5.17 表示板厚分别为 4m 和 10m 的混凝土自由板在不同龄期沿板厚方向因水泥水化热而产生的温度徐变应力的分布情况[1]。从图中可以看出，早期自由板表面为拉应力，内部为压应力；到了后期，表面为压应力，内部为拉应力。产生这种应力变化规律的原因

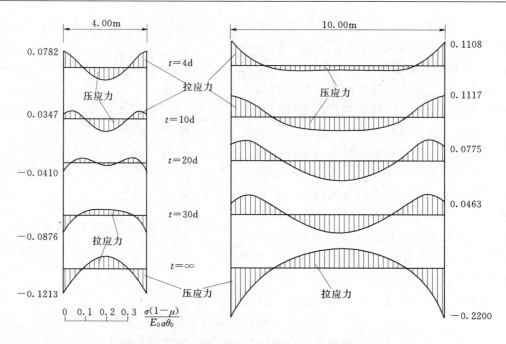

图 5.17 混凝土自由板因水化热而产生的温度徐变应力

是：在早期，板的内部因水化热作用温度升高较多，膨胀较多；板的表面与空气接触，温度升高较小，膨胀较小；板内部的膨胀受到板表面的约束，因而在内部产生压应力，而在表面产生拉应力。到了后期，板的内部温度降幅较大，收缩较多；而板的表面温度降幅较小，收缩较少；内部的收缩变形受到表面的约束，因此板的内部受拉而板的表面受压。而且由于弹性模量由小到大的变化，内部在后期产生的拉应力远远超过了早期的压应力，所以最终在板内部产生了残余的拉应力。相反，在板的表面最终产生了残余的压应力。在任何时候，为了保持平衡，在整个截面上，拉应力的总面积应等于压应力的总面积，即拉应力与压应力保持平衡。

图 5.18 表示板厚分别为 4m 和 10m 的混凝土自由板因水化热而产生的表面温度徐变

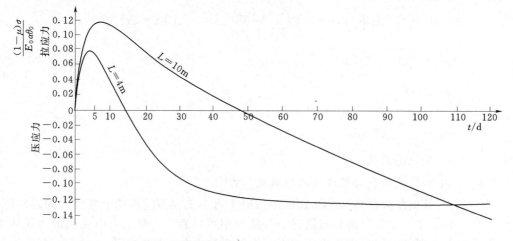

图 5.18 混凝土自由板因水化热而产生的表面温度徐变应力的变化过程

应力的变化过程[1]。从中可以看出,在薄板内,由于散热比较快,表面应力由拉变压的时间来得早;在比较厚的板内,散热比较慢,表面应力由拉变压的转变出现的比较晚。

5.4.2.4 初始温差在自由板内引起的温度应力[5]

图 5.19 表示在不同的初始温差作用下,自由板内温度应力的历时变化过程[5]。

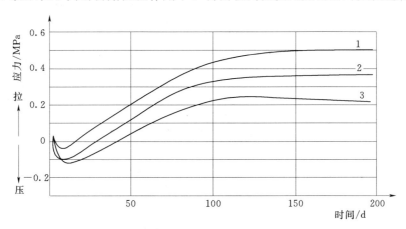

图 5.19 初始温差在自由板内引起的温度应力的历时变化过程
1—正初始温差和水化热作用;2—仅水化热作用;3—负初始温差和水化热作用

从图 5.19 可以看出:

(1)在正初始温差和水化热共同作用下,初期由于板中心温升大于板表面,其膨胀变形受到板表面约束,因而初期板中心受压;后期由于板中心降温幅度大于板表面,其收缩变形又受到板表面约束,因而后期板中心受拉。

(2)在无初始温差只有水化热作用下,由于板中心的水化热温升大于板表面的水化热温升,因此其应力变化过程与情况(1)基本相同。

(3)在负初始温差(采用人工措施降温后)和水化热共同作用下,由于负初始温差与水化热温升叠加后板中心一般仍为正温差(温差值有所减小),因此其应力变化过程基本同(1),但初期压应力有所增大,后期拉应力明显减小。

由此说明,利用混凝土预冷形成负初始温差对于有效减小板中心后期的温度拉应力是很有必要的。

5.4.2.5 拆模引起的温度应力[1,9]

混凝土浇筑以后,由于水泥水化热的作用,拆除模板前的混凝土温度一般高于当时的气温,拆除模板后,混凝土将直接与温度较低的空气相接触,混凝土表面的温度将急剧下降,从而在混凝土表面将产生相当大的温度拉应力,有时甚至可能导致混凝土产生裂缝。

图 5.20 表示厚度为 6m 的自由板在四种不同拆模情况下拆模前后板表面温度的历时变化过程[1]。四种拆模情况分别为:第一种情况,始终保温,不拆模,$\beta = 8.4 \text{kJ}/(\text{m}^2 \cdot \text{h} \cdot ℃)$;第二种情况,第 20 天拆模,$\beta = 84 \text{kJ}/(\text{m}^2 \cdot \text{h} \cdot ℃)$;第三种情况,第 30 天拆模,换以轻型保温材料,$\beta = 25.1 \text{kJ}/(\text{m}^2 \cdot \text{h} \cdot ℃)$,到第 40 天完全拆模,$\beta = 84 \text{kJ}/(\text{m}^2 \cdot \text{h} \cdot ℃)$;第四种情况,第 45 天拆模,$\beta = 84 \text{kJ}/(\text{m}^2 \cdot \text{h} \cdot ℃)$。

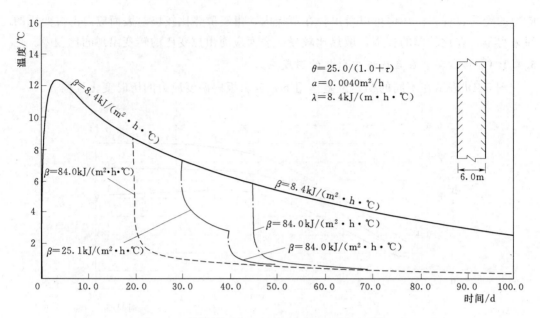

图 5.20　拆模前后自由板表面温度的历时变化过程

从图 5.20 可以看出，与四种拆模情况相应的混凝土表面的温度历时变化过程截然不同，由此必然将导致不同的温度应力变化过程。

图 5.21 表示对应图 5.20 四种拆模情况的拆模前后自由板表面温度徐变应力的历时变化过程[1]。

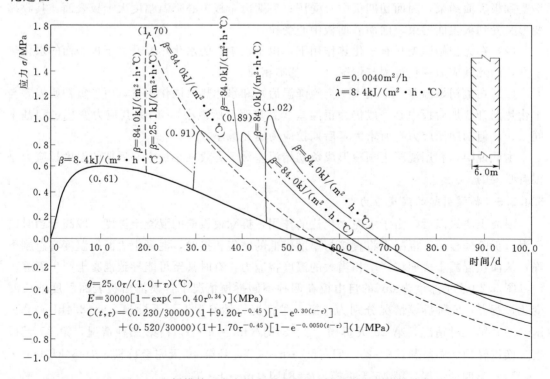

图 5.21　拆模前后自由板表面温度徐变应力的历时变化过程

如图 5.21 所示，在第一种拆模情况下，由于始终保温，温度应力最小，最大拉力应为 0.61MPa；在第二种拆模情况下，即在第 20 天拆模，最大拉应力为 1.70MPa；在第三种拆模情况下，即先在第 30 天时拆模，换以轻型保温材料，然后到第 40 天时完全拆除，最大拉应力为 0.91MPa；在第四种拆模情况下，即推迟到第 45 天时才拆模，最大拉应力为 1.02MPa。就应力分布而言，第一种情况应力最小，但需持续保温，模板不能周转、不经济；相比较而言，第三种拆模情况最好。

5.4.2.6 寒潮引起的温度应力[2,5]

寒潮是指日平均气温在数日（2~6d）之内急剧下降（降幅超过 5℃）的气温变化现象。寒潮期间的气温变化可近似用折线方程表示如下：

$$T_a = \begin{cases} mt, & 0 \leqslant t \leqslant Q \\ mt - n(t-Q), & Q \leqslant t \leqslant 2Q \end{cases} \tag{5.19}$$

式中：Q 为寒潮降温至最低温度时的时间；m 为降温速率。

根据式（5.19），气温 T_a 在 $t = Q$ 时最低，为 mQ；而混凝土温度在 $Q \leqslant t \leqslant 2Q$ 时最低。

寒潮期间，混凝土的温度变化只限于极浅的表层部分（深度一般只有 20~30cm），因此表面的温度变形被内部混凝土完全约束，易于在混凝土表层产生温度裂缝。

图 5.22 表示寒潮期间在不同降温历时 Q 条件下，混凝土表面的降温幅度（T_M）与保温措施（λ/β）之间的关系曲线[2]。

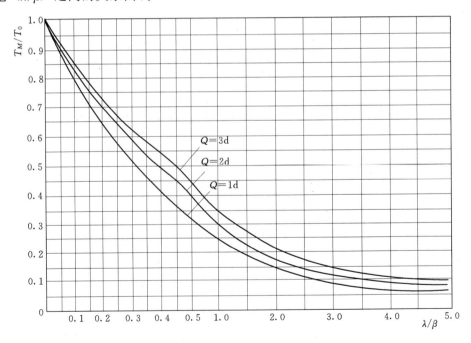

图 5.22　寒潮期间混凝土表面最低温度与保温措施的关系
T_M—混凝土表面降温幅度；T_0—气温降温幅度

从图 5.22 可以看出，表面保温（λ/β）对混凝土表面降温幅度的影响十分显著。随着混凝土表面保温措施的加强（λ/β 值的增大），混凝土表面的降温幅度迅速减小。

图 5.23 表示相应的表面徐变温度应力与保温措施（λ/β）之间的关系曲线[2]。

从图 5.23 可以看出，随着混凝土表面保温措施的加强，即（λ/β）的增大，寒潮引起的表面拉应力急剧减小。

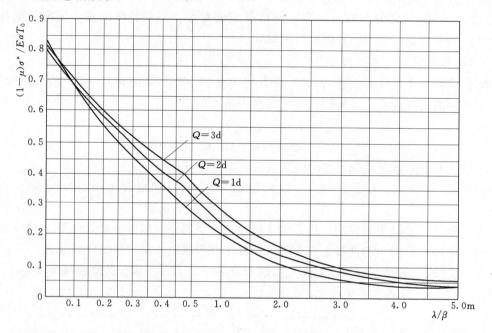

图 5.23　寒潮期间表面最大徐变温度应力与保温措施的关系

σ^*—表面最大徐变温度应力；T_0—气温降低幅度；Q—气温降低历时；λ—混凝土导热系数；β—表面放热系数

5.5　温度场和温度应力分析的有限元法

经验表明，对于诸如上节所述的嵌固板和自由板这样结构简单的一维温度场和温度应力问题，采用差分法进行近似计算是比较方便的，但对于诸如混凝土坝这样结构和边界条件均比较复杂的结构温度场和温度应力问题，则宜采用有限元法进行计算和分析。

5.5.1　稳定温度场的有限元计算公式[1,10]

对于三维稳定温度场，计算域内任一点的温度 $T(x, y, z, \tau)$ 只是位置坐标（x，y，z）的函数，与时间 τ 无关。因此，根据热传导方程式（5.1），稳定温度场应满足式（5.20）所示的拉普拉斯方程及式（5.2）～式（5.4）所示的三类边界条件：

$$\frac{\partial^2 T}{\partial^2 x} + \frac{\partial^2 T}{\partial^2 y} + \frac{\partial^2 T}{\partial^2 z} = 0 \tag{5.20}$$

将计算域 R 离散为若干个 8 结点空间实体等参元，取单元温度模式为：

$$T = \sum_{i=1}^{8} N_i T_i \tag{5.21}$$

式中：N_i 为单元形函数；T_i 为单元结点温度（$i=1$，2，…，8）。

对式（5.20）在计算域 R 内应用加权余量法，并取权函数 $W_i =$ 单元形函数 N_i，同时代入边界条件，经推导可得如下矩阵形式的求解稳定温度场的有限元公式：

$$\sum \left\{ \iiint [B_t]^T [B_t] \mathrm{d}v + \iint \frac{\beta}{\lambda} [N]^T [N] \mathrm{d}s \right\} \{T\}^e = \iint \frac{\beta}{\lambda} T_a [N]^T \mathrm{d}s \qquad (5.22)$$

其中

$$[B_t] = \begin{vmatrix} \dfrac{\partial N_1}{\partial x} \dfrac{\partial N_2}{\partial x} \cdots \dfrac{\partial N_8}{\partial x} \\ \dfrac{\partial N_1}{\partial y} \dfrac{\partial N_2}{\partial y} \cdots \dfrac{\partial N_8}{\partial y} \\ \dfrac{\partial N_1}{\partial z} \dfrac{\partial N_2}{\partial z} \cdots \dfrac{\partial N_8}{\partial z} \end{vmatrix} \qquad (5.23)$$

5.5.2 非稳定温度场的有限元计算公式[1,5,10]

采用有限元法求解非稳定温度场有显式和隐式两种解法，本节介绍隐式解法。对于三维非稳定温度场，计算域内任一点的温度 $T(x, y, z, \tau)$ 是位置坐标 (x, y, z) 和时间 τ 的函数。根据热传导理论，非稳定温度场应满足式（5.1）所示的偏微分泛定方程及式（5.2）～式（5.4）所示的边界条件和相应的初始条件。

对泛定方程式（5.1）在计算域 R 内应用加权余量法，得：

$$\iiint_R W_i \left[\left(\frac{\partial^2 T}{\partial x^2} + \frac{\partial^2 T}{\partial y^2} + \frac{\partial^2 T}{\partial z^2} \right) + \frac{1}{a} \left(\frac{\partial \theta}{\partial \tau} - \frac{\partial T}{\partial \tau} \right) \right] \mathrm{d}x \mathrm{d}y \mathrm{d}z = 0 \qquad (5.24)$$

式中：W_i 为权函数。

采用伽辽金方法，在计算域 R 内取权函数等于形函数，即 $W_i = N_i$，同时代入边界条件，经推导可得如下矩阵形式的求解非稳定温度场的有限元公式：

$$\left(\frac{2}{3} [H] + \frac{1}{\Delta \tau} [C] \right) \{T\}_1 = \left(\frac{1}{3} \{P\}_0 + \frac{2}{3} \{P\}_1 \right) - \left(\frac{1}{3} [H] - \frac{1}{\Delta \tau} [C] \right) \{T\}_0 \qquad (5.25)$$

$$\{T\}_0 = \{T(\tau_0)\}, \{T\}_1 = \{T(\tau_0 + \Delta \tau)\}, \{P\}_0 = \{P(\tau_0)\}, \{P\}_1 = \{P(\tau_0 + \Delta \tau)\}$$

$$[H] = \sum_e \left\{ \iiint_R [B_t]^T [B_t] \mathrm{d}v + \frac{\beta}{\lambda} \iint_s [N]^T [N] \mathrm{d}s \right\}$$

$$[C] = \sum_e \frac{1}{a} \iiint_R [N]^T [N] \mathrm{d}v$$

$$\{P\} = \sum_e \left\{ \iiint_R \frac{1}{a} [N]^T \frac{\partial \theta}{\partial \tau} \mathrm{d}v + \frac{\beta T_a}{\lambda} \iint_S [N]^T \mathrm{d}s \right\}$$

当 $\tau_0 = 0$ 时，初始条件与边界可能不协调，因而在第一个时段 $\Delta \tau$ 内，不能使用加权余量法，而应采用直接差分法。取：

$$\frac{\partial T}{\partial \tau} = \frac{\{T\}_1 - \{T\}_0}{\Delta \tau} \qquad (5.26)$$

经推导，得：

$$\left([H] + \frac{[c]}{\Delta \tau} \right) \{T\}_1 = \{p\}_1 + \frac{[c]}{\Delta \tau} \{T\}_0 \qquad (5.27)$$

式中各符号的意义同前。

【算例 1】 无限长棱柱体矩形横断面的非稳定温度场计算[1]。假定棱柱体长度为无限长，其横断面为矩形，断面尺寸 $b \times h = 10\text{m} \times 4\text{m}$，初始温度为 20℃，$AD$、$BC$ 两面为绝热边界，AB、CD 两面给定温度 $T_b = 10$℃，混凝土导温系数 $a = 0.10\text{m}^2/\text{d}$。棱柱体横断面及其有限元网格剖分结果如图 5.24 所示[1]。

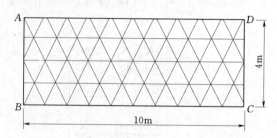

图 5.24　棱柱体横断面及其有限元网格图

运用有限元法进行该无限长棱柱体矩形横断面的非稳定温度场计算，不同龄期棱柱体横断面任一水平截面上的温度分布计算结果（用散点表示）见图 5.25[1]。同时，在图 5.25 中还表示出了相应的理论解（用曲线表示）。可以看出，有限元计算结果与理论解十分吻合。

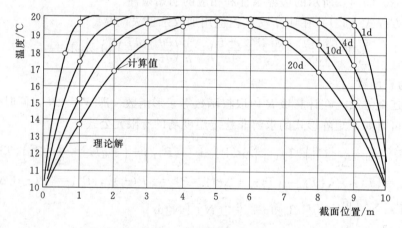

图 5.25　有限单元法计算结果与理论解的比较

【算例 2】　考虑自然冷却的某实体混凝土重力坝的非稳定温度场计算[1]。某实体混凝土重力坝坝体断面尺寸如图 5.26（a）所示[1]。假定坝体初始温度为 20℃，基础及坝体表面温度始终为 0℃。用有限元法计算坝体自然冷却过程中的非稳定温度场。有限元网格剖分结果如图 5.26（b）所示[1]。坝体自然冷却 1 年、3 年及 8 年后的温度场计算结果分别如图 5.26（c）、图 5.26（d）和图 5.26（e）所示[1]。

结果表明，经过 8 年自然冷却后，坝体内部最高温度仍达 2.0℃。由此可见，对于大体积混凝土结构而言，其自然冷却降温是一个很漫长的过程。

5.5.3　弹性温度应力的有限元计算公式[1,5,10]

若弹性体内各点的变温为 T，则由此产生的自由变形为 αT，α 为线膨胀系数。各向同性体中 α 不随方向而改变，因而各向正应变均相同，且不伴生角应变，于是弹性体内各点的应变可表示为：

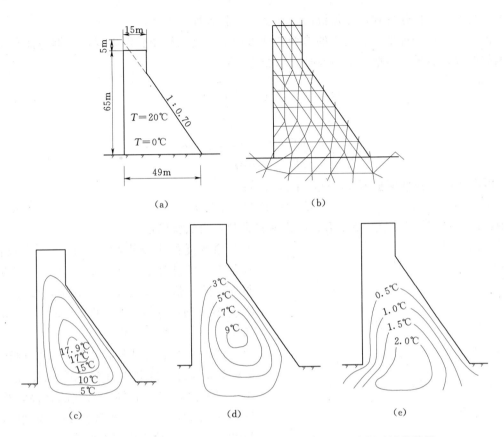

图 5.26 实体混凝土重力坝自然冷却过程中温度场的有限元计算结果

(a) 坝体断面尺寸及初始温度 T_0；(b) 计算网格（基础只绘出一部分）；(c) 冷却 1 年后的温度分布；
(d) 冷却 3 年后的温度分布；(e) 冷却 8 年后的温度分布

$$\{\varepsilon^T\} = \alpha T[\begin{matrix} 1 & 1 & 1 & 0 & 0 & 0 \end{matrix}] \tag{5.28}$$

则单元变温等效结点荷载为：

$$\{P^T\}^e = \iiint\limits_R [B]^T[D]\{\varepsilon^T\}\mathrm{d}x\mathrm{d}y\mathrm{d}z \tag{5.29}$$

式中：$[B]$ 为单元几何矩阵；$[D]$ 为单元弹性物理矩阵。

根据平衡条件，可得在 $\{P^T\}^e$ 作用下的单元平衡方程式：

$$[K]^e\{\delta\}^e = \{P^T\}^e \tag{5.30}$$

式中：$[K]^e$ 为单元刚度矩阵；$\{\delta\}^e$ 单元结点位移向量。

求得单元结点位移 $\{\delta\}^e$ 后，则单元弹性温度应力为：

$$\{\sigma\}^e = [D][B]\{\delta\}^e - [D]\{\varepsilon\}^T \tag{5.31}$$

5.5.4 弹性徐变温度应力的有限元计算公式[1,5,10]

混凝土的徐变对温度应力影响很大，进行温度应力分析必须考虑混凝土徐变的影响。自 20 世纪 30 年代以来，许多学者先后研究提出了各种徐变计算理论，有代表性的徐变理论有：老化理论、弹性徐变理论和弹性老化理论。目前，徐变计算中多采用弹性徐变理论。卸荷以后混凝土将发生瞬时回弹应变和随时间发展的徐变恢复，但大部分徐变变形是不可恢复的。弹性徐变理论假设混凝土徐变是一种弹性推迟变形。

根据弹性徐变理论，混凝土的徐变特性可用徐变度（徐变变形柔度，量纲为弹性模量量纲的倒数）表示。龄期为 τ 的混凝土徐变度为：

$$c(t,\tau) = \sum_{s=1}^{m} \psi_s(\tau)(1 - e^{-r_s(t-\tau)}) \tag{5.32}$$

式中

$$\psi_s(\tau) = \begin{cases} f_s + g_s\tau^{-p_s}, s \in [1, m-1] \\ De^{-r_s\tau}, s = m \end{cases} \tag{5.33}$$

混凝土瞬时弹性模量 $E(\tau)$ 可用下式表示：

$$E(\tau) = E_0(1 - e^{-a\tau^b}) \tag{5.34}$$

式中：E_0、a、b、f_s、g_s、p_s、D、r_s 为材料常数，由试验确定。

徐变度的主要影响因素包括[1]水灰比、灰浆率、骨料含量、外加剂、应力比（应力与强度的比值）及温度等。其中，温度对混凝土徐变度的影响试验结果如图 5.27 所示[1]。

试验采用密封试件，在龄期 10d 时施加 6.9MPa 应力，持载 80d 时测定徐变度。从中可以看出，随着混凝土温度的升高，徐变度相应增大，但当温度升高到一定值（约 110℃）以后，徐变度又会略有减小。

图 5.28 所示[1]为龙滩 C20 碾压混凝土在不同龄期的徐变度曲线试验结果。从中可以看出，早龄期的徐变度明显大于晚龄期的，

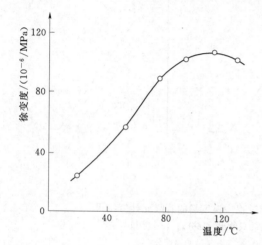

图 5.27　温度对混凝土徐变度的影响

而且各个龄期试件在持荷初期其徐变度均急剧增大，龄期越早，持荷初期徐变度剧增程度越强。

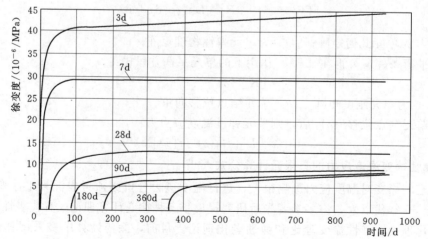

图 5.28　龙滩 C20 碾压混凝土徐变度曲线

由于徐变度及弹性模量都随时间而变化，因此可用增量法进行分析。将时间 τ 划分为一系列时段：$\Delta\tau_1$，$\Delta\tau_2$，$\cdots$，$\Delta\tau_n$，$\Delta\tau_n=\tau_n-\tau_{n-1}$，如图 5.29 所示[1]。

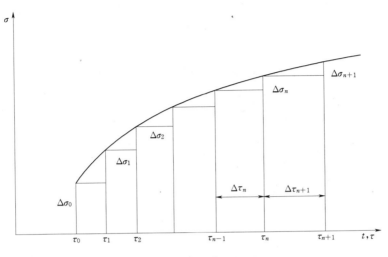

图 5.29　增量法示意图

在时段 $\Delta\tau_n$ 内产生的总应变增量为：

$$\{\Delta\varepsilon_n\}=\{\varepsilon(\tau_n)-\varepsilon(\tau_{n-1})\}=\{\Delta\varepsilon_n^e\}+\{\Delta\varepsilon_n^c\}+\{\Delta\varepsilon_n^T\}+\{\Delta\varepsilon_n^0\}+\{\Delta\varepsilon_n^s\} \tag{5.35}$$

式中：$\{\Delta\varepsilon_n^e\}$ 为弹性应变增量；$\{\Delta\varepsilon_n^c\}$ 为徐变应变增量；$\{\Delta\varepsilon_n^T\}$ 为温度应变增量；$\{\Delta\varepsilon_n^0\}$ 为自生体积应变增量；$\{\Delta\varepsilon_n^s\}$ 为干缩应变增量。

将结点力与结点荷载按一定规则加以集合，即得整体平衡方程：

$$[K]\{\Delta\delta_n\}=\{\Delta P_n\}^L+\{\Delta P_n\}^C+\{\Delta P_n\}^T+\{\Delta P_n\}^0+\{\Delta P_n\}^S \tag{5.36}$$

式中：$[K]$ 为整体刚度矩阵；$\{\Delta P_n\}^L$ 为外荷载引起的结点荷载增量；$\{\Delta P_n\}^C$ 为徐变引起的结点荷载增量；$\{\Delta P_n\}^T$ 为温度荷载引起的结点荷载增量；$\{\Delta P_n\}^0$ 为自生体积变形引起的结点荷载增量；$\{\Delta P_n\}^S$ 为干缩引起的结点荷载增量。以上各结点荷载增量的具体计算式参见文献［1］。

由式（5.36）求得结点位移增量 $\{\Delta\delta_n\}$ 后，则 $\Delta\tau_n$ 时段内的应力增量为：

$$\{\Delta\sigma_n\}=[D_n]([B]\{\Delta\delta_n\}-\{\Delta\varepsilon_n^c\}-\{\Delta\varepsilon_n^T\}-\{\Delta\varepsilon_n^0\}-\{\Delta\varepsilon_n^s\}) \tag{5.37}$$

式中：$[D_n]$ 为弹性矩阵；$[B]$ 为几何矩阵。

通过累加，即得单元应力：

$$\{\sigma_n\}=\sum\{\Delta\sigma_n\} \tag{5.38}$$

【算例3】 岩基上单层混凝土浇筑块的温度场及温度徐变应力计算[1]。岩基上单层混凝土浇筑块如图 5.30 所示[1]。浇筑块长度 $L=25\text{m}$，厚度 $h=1\text{m}$，表面与空气接触。用有限元法按平面应变问题计算其由于水化热作用及天然冷却而产生的温度场及温度徐变应力。

浇筑块中央断面 A - A 上不同时间的温度分布计算结果如图 5.31 所示[1]。

从图 5.31 可以看出，在龄期 $\tau=4\text{d}$ 时内部温度达到最高值 5.6℃，以后开始下降，当 $\tau=60\text{d}$ 时，内部最高温度只有 0.6℃。

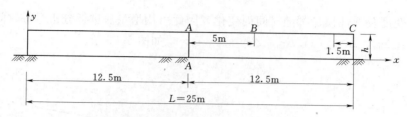

图 5.30　岩基上的单层混凝土浇筑块

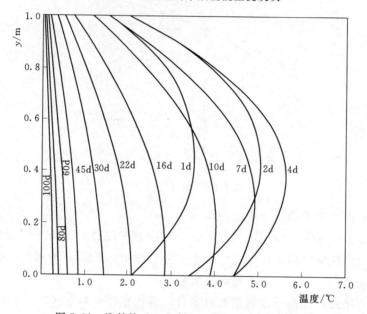

图 5.31　浇筑块 A-A 断面不同时间的温度分布

浇筑块中央断面 A-A 上不同时间的温度徐变应力 σ_x 的分布计算结果如图 5.32 所示[1]。应力以拉为正，下同。从中可以看出，在龄期 $\tau=5d$ 以前，全断面受压；在 $\tau=5d$ 时，表面开始受拉，以后受拉区逐步扩大，到 12d 时已全断面受拉；当 $\tau=100d$ 时，最大拉应力达到 0.53MPa。

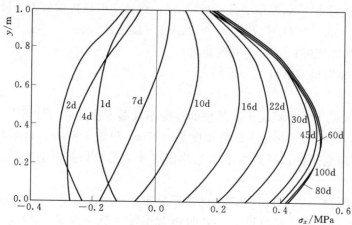

图 5.32　浇筑块 A-A 断面不同时间温度徐变应力 σ_x 的分布

浇筑块顶面不同时间的温度徐变应力 σ_x 的分布计算结果如图 5.33 所示[1]。从中可以看出，在龄期 $\tau=5d$ 以前，除浇筑块两端附近顶面有较小的拉应力外，中间大部分范围顶面的应力均为压应力；在 $\tau=5d$ 以后，中间大部分范围顶面的应力又均变为拉应力；如果再遭遇寒潮等气温骤降情况，浇筑块顶面极易产生裂缝，而且由于浇筑块后期将全断面受拉，因此顶面裂缝很可能发展为贯穿性裂缝。

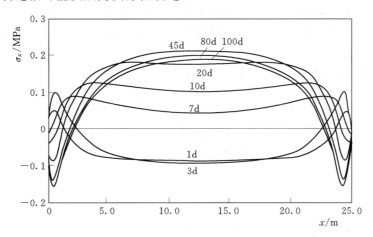

图 5.33 浇筑块顶面不同时间的温度徐变应力 σ_x 分布

浇筑块顶面 A、B、C 三点随时间温度徐变应力 σ_x 的变化过程计算结果如图 5.34 所示[1]。从中可以看出，在早龄期，三点的应力均为压应力，在后期则均转变为拉应力；越接近浇筑块顶面中间，早期的压应力越大，后期的拉应力也越大，且由压应力转变为拉应力的时间越晚。

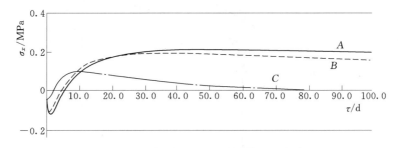

图 5.34 浇筑块顶面 A、B、C 点随时间温度徐变应力 σ_x 的变化过程

5.6　温度应力分析的约束系数法

约束系数法最早由日本学者提出并加以应用，这是一种半经验半理论的早期温度应力估算方法。对于某些简单结构（如单一浇筑块等），可采用约束系数法进行其温度应力的估算。

以单一的混凝土浇筑块为例，假设其浇筑温度为 T_p，水化热温升为 T_r，最终稳定温度为 T_f。则浇筑块内最高温度为 T_p+T_r，最高温度与稳定温度之差为[11]：

$$\Delta T = T_P + T_r - T_f \tag{5.39}$$

运用约束系数法，并考虑混凝土徐变及早期升温所引起的压应力的影响，浇筑块的最大温度应力可按下式进行估算[11]：

$$\sigma_x = \frac{KRE\alpha(T_P - T_f)}{1-\mu} - \frac{k_r KAE\alpha T_r}{1-\mu} \tag{5.40}$$

式中：K 为考虑徐变影响的混凝土应力松弛系数；R 为基础约束系数；E 为混凝土弹性模量；σ_x 为混凝土线膨胀系数；A 为水化热温度应力系数；k_r 为考虑早期升温的折减系数，其值约为 0.85 左右。

混凝土应力松弛系数的一般表达式为[11]：

$$K(t,\tau) = 1 - \sum_{i=1}^{n}(a_i + b_i\tau^{-d_i})[1 - e^{-h_i(t-\tau)}] \tag{5.41}$$

式中：a_i、b_i、d_i、h_i 均为材料常数；τ 为加载龄期；$t-\tau$ 为持荷时间。

基础约束系数 R 可按下列公式计算[11]：

$$R = \frac{1}{1+0.639\left(\dfrac{E_c}{E_r}\right)^{0.90}} \tag{5.42}$$

式中：E_c、E_r 分别为混凝土及基岩的弹性模量。

水化热温度应力系数 A 与浇筑块长度 L 及弹性模量比 E_c/E_r 有关，三者之间的关系如图 5.35 所示[11]。

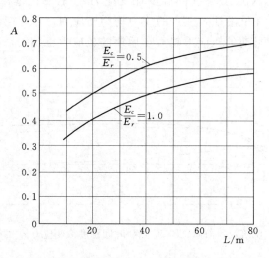

图 5.35　水化热温度应力系数与浇筑块长度及弹性模量比的关系

5.7　水工混凝土的温控标准及温控措施

5.7.1　水工混凝土温度控制的目的

在大体积混凝土工程中，温度应力及温度控制具有重要意义。这主要是由于以下两方面的原因[1,5]：首先，在施工期混凝土常常出现温度裂缝，影响到结构的整体性和耐久性；其次，在运行期，温度变化对结构的应力状态具有显著的不容忽视的影响。防止大坝裂缝，除适当分缝、分块和提高混凝土质量外，还应对坝体混凝土进行必要的温度控制。

水工混凝土温度控制的主要目的如下[1,5]：

（1）防止由于混凝土温升过高、内外温差过大及气温骤降等原因而导致其产生各种温度裂缝；

（2）为做好接缝灌浆，满足结构受力要求，提高施工工效，简化施工程序等提供依据。

5.7.2 混凝土发生温度裂缝的力学机理

混凝土发生温度裂缝的力学机理主要体现在以下两个方面[5,7]：

（1）从应力角度，当温度应力 $\sigma < R_L/K$ 时，不发生裂缝；当 $\sigma = R_L/K$ 时为临界状态；当 $\sigma > R_L/K$ 时将发生温度裂缝。其中，R_L 为混凝土的抗拉强度；K 为混凝土的抗拉安全系数。

（2）从应变角度，当温度应变 $\varepsilon < \varepsilon_P/K$ 时，不发生裂缝；当 $\varepsilon = \varepsilon_P/K$ 时为临界状态；当 $\varepsilon > \varepsilon_P/K$ 将发生温度裂缝。其中，ε_P 为混凝土的极限拉伸值。

5.7.3 坝体混凝土的温度控制标准

目前，混凝土坝体温控设计一般均采用有限元法对各种拟定的温控方案进行温度场和温度应力的分析计算，然后结合温控标准，进行温控方案的比较与选择。

混凝土坝温控有限元分析需要具备的基本资料包括[1]：①气象资料：包括当地年、月、旬的气温、水温、地温及日照等资料；②坝体混凝土材料性能试验资料：包括关于坝体混凝土力学性能、热学性能及变形性能（极限拉伸、徐变、自生体积变形、干缩）等的试验资料。

混凝土坝温控有限元分析的基本原理如前所述。

《混凝土重力坝设计规范》（SL 319）、《碾压混凝土坝设计规范》（SL 314）以及《混凝土拱坝设计规范》（SL 282）关于坝体混凝土温控设计及温控分析方法的基本规定如下[12-14]：

（1）混凝土（包括碾压混凝土）的高、中坝应进行温度控制设计。温控设计应重点研究基础容许温差、坝体内外温差及坝体最高温度。

（2）坝体内外温差及坝体最高温度，应根据当地气候条件等因素经论证分析后提出。

（3）重力坝的高坝及拱坝的高、中坝宜（应）采用有限元法进行温度控制分析，在此基础上提出温度控制标准及防裂措施。

（4）混凝土重力坝的基础容许温差控制标准[12]：基础温差指建基面 0.4L（L 为浇筑块长边尺寸）高度范围的基础约束区内混凝土的最高温度与该部位稳定温度之差。当基础约束区混凝土 28d 龄期的极限拉伸值（抗拉极限应变）不低于 0.85×10^{-4} 时，对于施工质量均匀、良好，基岩与混凝土的变形模量相近，短间歇均匀浇筑上升的浇筑块，基础容许温差可采用表 5.2[12] 规定的数值。但对于下列情况的基础混凝土容许温差应进行专门论证：

1）坝体结构尺寸高长比小于 0.5。

2）基础约束区范围内长间歇或过水的浇筑块。

3) 基岩变形模量与混凝土变形模量相差较大者。

4) 基础填塘混凝土、混凝土塞及陡坡等浇筑块。

5) 试验和实测资料充分证明混凝土自生体积变形有明显稳定的膨胀或收缩者。

表 5.2　　　　　　　　　　基础约束区混凝土容许温差 ΔT　　　　　　　　单位：℃

距基岩面 高度 H　　　　　　浇筑块长边 长度 L/m	17 以下	17~21	21~30	30~40	40 以上
$(0~0.2)L$	26~24	24~22	22~19	19~16	16~14
$(0.2~0.4)L$	28~26	26~25	25~22	22~19	19~17

6) 在某些情况下，坝块在施工和运用期间的温度低于稳定温度时（例如深孔、宽缝坝段、闸底板等），在设计中应考虑其影响。

（5）碾压混凝土坝的基础容许温差控制标准[13]：碾压混凝土重力坝高、中坝的基础容许温差应根据坝址区的气候条件、碾压混凝土的抗裂性能和热学性能及变形性能、浇筑块的高长比、基岩变形模量等因素，通过温度控制设计确定。

（6）上下层容许温差。上下层温差指在老混凝土面（龄期超过 28d）上下各 1/4 块长范围内，上层新浇混凝土的最高平均温度与开始浇筑上层混凝土时的下层老混凝土平均温度之差。当上层混凝土短间歇均匀上升的浇筑高度小于 0.5 倍块长时，上下层容许温差一般不超过 15~20℃；否则上下层温差标准应另行研究。

（7）内外容许温差。内外温差是指坝块中心温度与边界温度之差。内外容许温差与基础容许温差大致相当，一般不宜超过 20~25℃。

5.7.4　坝体混凝土的温度应力控制标准

以混凝土重力坝为例，坝体混凝土温度应力的控制标准如下[12]：

（1）坝体水平拉应力和主拉应力应满足下式：

$$\sigma \leqslant \frac{\varepsilon_p E_c}{K_f} \qquad (5.43)$$

式中：σ 为各种温差所产生的温度应力之和，MPa；ε_p 为混凝土极限拉伸值，重要工程须通过试验确定，一般工程可取 $1.0 \times 10^{-4} \sim 0.7 \times 10^{-4}$；$E_c$ 为混凝土弹性模量，MPa；K_f 为安全系数，可采用 1.5~2.0，视工程重要性和坝体开裂的危害性而定。

（2）作用于大坝上游面水平施工缝的铅直拉应力应满足下式：

$$\sigma \leqslant \frac{R_f C}{K_f} \qquad (5.44)$$

式中：σ 为大坝上游面附近区域水平施工缝的各种铅直拉应力之和，MPa；R_f 为混凝土抗拉强度，重要工程须通过试验确定；C 为水平施工缝抗拉强度折扣系数，可取 0.6~0.8；K_f 为安全系数，可采用 1.5~2.0，视工程重要性和坝体开裂的危害性而定。

5.7.5　坝体混凝土的温控措施

为了满足温控标准，防止坝体产生温度裂缝，应采取各种必要的温控措施。由于运行期的坝体温度场主要受环境条件（气温、水温等）影响，这些条件不易控制，因此，温控措施应主要在施工期予以研究和实施。坝体混凝土常用的温控措施如下[1,2,7]：

（1）降低混凝土的浇筑温度 T_p。用预冷骨料和加冰屑拌和等措施来降低混凝土的入仓温度；采用合理的混凝土分区，埋设块石，掺用适宜的混合材（如粉煤灰）和塑化剂等来尽量减少水泥用量；采用低热水泥；在运输中注意隔热保温。

（2）减少混凝土水化热温升 T_r。可采用冷却水管进行初期冷却或减小浇筑层厚度，利用仓面天然散热，可以有效地减小水化热温升。

（3）加强对混凝土表面的养护和保护。在混凝土浇筑后初期需要对坝块表面加覆盖、浇水养护。冬季要抵御寒潮袭击，夏季防止热量回灌进入混凝土。

（4）规定合理拆除模板时间，气温骤降时进行表面保温，以免在混凝土表面发生急剧的温度梯度。

（5）施工中长期暴露的混凝土浇筑表面或薄壁结构，在寒冷季节都需采取保温措施。对于前者主要是为了使混凝土表面免受各种外界温度冲击的有害影响，对于后者主要是防止结构超冷（冷却到设计所规定的温度以下）。

（6）改善约束条件。合理地分缝分块，减轻约束作用，缩小约束范围；避免基础过大起伏以及引起应力集中的结构形式；合理地安排施工程序，各坝块尽量均匀上升，避免过大的高差和侧面长期暴露；采用氧化镁、DF 等外加剂，即延迟性微膨胀混凝土筑坝技术，以产生预压应力来抵消随后产生的拉应力。

此外，改善混凝土性能以提高其抗裂能力，特别是确保混凝土的施工质量，这些措施对于防止温度裂缝也是十分重要的。

对于实际工程，要结合工程具体情况，在综合考虑各种影响因素的基础上，通过对各种温控方案（一般是包含多种温控措施的综合性方案）的坝体温度场和温度应力分析，择优选择相应的温控方案。

复 习 思 考 题

1. 自生应力、约束应力、寒潮、稳定温度场、非稳定温度场、弹性徐变温度应力、基础温差、上下层温差、内外温差的概念。
2. 水工混凝土结构裂缝的主要成因。
3. 混凝土温度应力的发展过程及温度应力的类型。
4. 混凝土的特征温度和特征温差。
5. 水工混凝土温度控制的目的。
6. 坝体混凝土温度控制及防裂措施。

参 考 文 献

［1］ 朱伯芳．大体积混凝土温度应力与温度控制［M］．2 版．北京：中国电力出版社，2012：1-113，132-329．
［2］ 朱伯芳，王同生，丁宝瑛，等．水工混凝土结构的温度应力与温度控制［M］．北京：水利电力出

版社，1976：1-5，16-17，35-39，159-167，384-387.

[3] Wilson E. L.. The Determination of Temperatures within Mass Concrete Structures (SESM Report No. 68-17) [J]. Structures and Materials Research，1968.

[4] Tatro，Stephen B，Ernest K. Thermal considerations for roller compacted concrete [J]. Journal of the American Concrete Institute，1985.

[5] 解宏伟，陈隧. 高等水工结构 [M]. 北京：中国水利水电出版社，2013：133-138，144-159.

[6] 雷柯夫，裘烈钧，丁履德. 热传导理论 [M]. 北京：高等教育出版社，1955.

[7] 龚召熊，张锡祥，肖汉江，等. 水工混凝土的温控与防裂 [M]. 北京：中国水利水电出版社，1999. 162-172，254-257.

[8] 水利水电科学研究院结构材料研究所. 大体积混凝土 [M]. 北京：水利电力出版社，1990.

[9] 朱伯芳，董福晶. 拆除模板引起的混凝土温度应力 [J]. 水利水电技术，1998，29 (10)：60-62.

[10] 朱伯芳. 有限单元法原理与应用 [M]. 2 版. 北京：中国水利水电出版社，1988.

[11] 朱伯芳，王同生，丁宝瑛. 重力坝和混凝土浇筑块的温度应力 [J]. 水利学报，1964，(1)：25-36.

[12] 中华人民共和国水利部. SL 319—2005 混凝土重力坝设计规范 [S]. 北京：中国水利水电出版社，2005.

[13] 中华人民共和国水利部. SL 314—2004 碾压混凝土坝设计规范 [S]. 北京：中国水利水电出版社，2004.

[14] 中华人民共和国水利部. SL 282—2003 混凝土拱坝设计规范 [S]. 北京：中国水利水电出版社，2003.

第6章 土石坝的渗流有限元分析

6.1 概　　述

由颗粒状或碎块状材料组成，并含有许多孔隙或裂隙的物质称为孔隙介质。流体在孔隙介质中的流动称为渗流[1]。土石坝的主要材料为土石料，土石料属于孔隙介质，在坝体挡水运行时，土石坝体中必然存在一定形式的渗流。渗流对土石坝的稳定和安全运行具有显著的影响。

6.1.1　土石坝的渗流特性

土石坝中的渗流为无压渗流，有渗流自由面存在。在水库水位相对稳定的情况下，渗流自由面相对稳定，坝体中的渗流呈现稳定渗流。但当水库水位骤降时，渗流自由面随着水位降落将发生相应的变化，坝体中的渗流呈现非稳定渗流。

土石坝中渗流流速 v 和渗透坡降 J 的关系一般符合如下的规律[2]：

$$v = kJ^{1/\beta} \tag{6.1}$$

式中：k 为渗透系数，量纲与流速相同；β 为参量，$\beta=1\sim1.1$ 时为层流，$\beta=2$ 时为紊流，$\beta=1.1\sim1.85$ 时为过渡流态。

在渗流分析中，一般假定渗流流速和渗透坡降的关系符合达西定律，即 $\beta=1$。细粒土如黏土、砂等，基本满足这一条件。粗粒土如砂砾石、砾卵石等只有部分能满足这一条件，当其渗透系数 k 达到 $1\sim10\text{m/d}$ 时，$\beta=1.05\sim1.72$，这时按达西定律计算的结果与实际情况会有一定出入。堆石坝体以及坝基和坝肩裂隙岩体中的渗流，遵循各自不同的规律，均需做专门的研究[2]。

土体渗透系数通常在一定范围内变化。为安全计，在计算土体渗流量时，渗透系数应采用土体渗透系数的大值平均值；在计算水位降落时的浸润线时，渗透系数则采用土体渗透系数的小值平均值。

土石坝施工时，坝体分层碾压，天然坝基也多由分层沉积形成，因此，渗流计算时，应考虑坝体和坝基渗流系数的各向异性影响。此外，黏性土由于团粒结构的变化以及化学管涌等因素的影响，渗流系数还可能随时间而变化。一般说来，土石坝中的渗流取决于坝体土的孔隙大小，而坝体土的孔隙大小又与坝体的应力状态密切相关，因此，土石坝的渗流与其应力是存在相互影响的。

对于宽浅河谷中长高比较大的土石坝，一般采用二维渗流分析即可满足要求；但对狭窄河谷中长高比较小的土石坝以及通过坝肩的绕坝渗流，则需要进行三维渗流分析。

综上所述，土石坝的渗流特性主要包括以下几点[1,2]：

（1）土石坝渗流为无压渗流，坝体内存在渗流自由面。

（2）土石坝的渗流场是随时间不断发生变化的。当库水位相对稳定时坝体内呈现稳定渗流，在库水位骤降时坝体内呈现非稳定渗流。

（3）由于土石坝坝体是通过分层水平碾压填筑而成，因此坝体渗流一般均呈现明显的各向异性渗流特征。

（4）对于宽浅河谷中的土石坝，坝体渗流主要呈现二维（断面）渗流特征，对于狭窄河谷及沿库岸的绕坝渗流则呈现三维渗流特征。

（5）坝体渗流与坝体土的孔隙率密切相关，孔隙率又与坝体的应力状态密切相关。因此，土石坝的渗流问题实质上是渗流场与应力场的耦合问题。

6.1.2　土石坝的渗透变形问题

当土体中的渗透坡降超过一定的界限值后，渗透水流会把部分土体或土颗粒冲出、带走，导致局部土体发生位移，位移达到一定程度，土体将发生失稳破坏，这种现象称为渗透变形。

土石坝的渗透变形可分为以下几种型式[2]：

（1）管涌。在渗流作用下，土体中的细颗粒从土体骨架孔隙中被带走而流失的现象。主要出现在较疏松的无黏性土中，其作用力是单个颗粒的渗透力。

（2）流土。在渗流作用下，表层局部土体被顶起或粗细颗粒群发生浮动而流失的现象。前者多发生在表层为黏性土或其他细粒土组成的土层中，后者多发生在不均匀砂土层中。流土的作用力是单位土体的渗透力。

（3）接触冲刷。渗流沿两种不同介质的接触面流动时，将细颗粒沿接触面带走的现象。

（4）接触流土。渗流垂直于两种不同介质的接触面流动时，将其中一侧的细颗粒带入另一侧土体的现象。

对于实际土石坝工程，其渗透变形可以是上述某个单一型式，也可以是上述几种型式伴随出现；渗透变形可能在局部发生，也可能在大范围发生。

土石坝渗透变形的成因[2-3]：①主观原因。包括土体的物理特性（孔隙率，密实度）、级配特性（存在细粒土）等；②客观原因。主要为渗流体积力（渗透力）作用。

土石坝渗透变形类型的判别方法：主要根据土体的颗粒组成、密度和结构状态等，经综合分析或通过渗透变形试验来确定。

6.1.3　土石坝的防渗体系

为确保土石坝坝坡稳定，避免其发生有害的渗透变形，并减小渗透流量，土石坝一般均需采取完善的防渗体系。土石坝的防渗体系通常包括坝体防渗结构和坝基（含坝肩）防渗结构两部分。土石坝防渗体系布置的原则是：坝体防渗结构与坝基防渗结构必须有机连接，形成完全封闭的防渗体系。

6.1.3.1　坝体防渗结构

土石坝的坝体防渗结构按其材料可分为以下几种[2]：

（1）土质防渗体。是传统土石坝中应用最为广泛的一种防渗结构，包括均质土坝坝体、黏土心墙、斜墙、斜心墙等几种型式。

（2）沥青混凝土防渗体。沥青混凝土具有较好的塑性和柔性，渗透系数约为 $1 \times 10^{-10} \sim$

1×10^{-7}cm/s，防渗和适应变形的能力均较好，且产生裂缝时有一定的自愈能力。这种防渗结构可布置成心墙、斜墙或斜心墙等型式。

（3）混凝土防渗体。包括混凝土面板防渗和混凝土心墙防渗两种型式。

（4）土工膜防渗体。土工膜为高分子聚合物或由沥青制成的一种相对不透水的薄膜。应用土工膜防渗时可做成土工膜面板、土工膜心墙或土工膜斜墙等型式。

6.1.3.2　坝基防渗结构

对于存在一定厚度覆盖层（冲积、河湖积及坡积松散堆积层等）的坝基，常采用混凝土防渗墙、黏土铺盖或高压旋喷灌浆等防渗结构型式。对于坝基基岩，则常通过设置一定深度的灌浆帷幕来进行防渗。

6.1.4　土石坝渗流分析的内容、目的及方法

6.1.4.1　渗流分析的内容

土石坝渗流分析的主要内容如下[2]：

（1）确定坝体内渗流自由面（浸润线）及其下游逸出点的位置，绘制坝体及坝基内的等势线分布图或流网图。

（2）确定渗流流速及渗透坡降等渗流参数，判断坝体及坝基发生渗透变形破坏的可能性及其范围。

（3）确定库水通过坝体、坝基及库岸的渗流量。

6.1.4.2　渗流分析的目的

土石坝渗流分析的主要目的如下：

（1）确定对坝坡稳定有重要影响的渗流作用力，为坝体断面设计提供依据。

（2）为坝体防渗结构布置、排水布置、土料配置、检验土体渗透稳定性等提供依据。

（3）为确定水库渗漏水量损失提供依据。

6.1.4.3　渗流分析的方法

土石坝渗流分析的方法主要有以下几种[2,3]：

（1）流体力学法。该法是一种严格的解析法，是在满足定解条件（初始条件和边界条件）下通过求解渗流基本方程式来获得解的解析表达式。这种方法只对少数简单的渗流情况有效，而且其解答异常复杂。实际应用较少。

（2）水力学法。该法是一种近似的解析法，是基于对渗流场作某些假定和简化，或者对渗流场的局部急变渗流区段应用流体力学解或试验解的某些成果，求得渗流问题的解答。一般只能得到渗流截面上平均的渗流要素，不能给出各点的渗流要素。但该法计算简便、适应性较好，目前仍被应用。

（3）图解法（流网法）。该法是根据渗流场的一些基本特性（如等势线与流线正交；当流网各个网格的长宽比保持为常数时，相邻等势线间的水头差相等，相邻流线间通过的渗流量相等），通过图解绘制流网的近似方法。目前应用较少。

（4）模型试验法。包括黏滞流模型、水力网模型、电模拟（导电液和电网络）等试验模型。试验结果取决于试验条件，且费用较高。目前已很少应用。

（5）数值模拟法。包括有限差分法和有限元法。其中，由于有限元法具有适应性强、

计算效率高等优点，目前已成为土石坝渗流分析的常用方法和主要方法。

6.2　渗流分析的基本原理

6.2.1　渗流计算的基本方程式[3]

根据运动方程及连续性方程，经推导，可得符合达西定律、具有各向异性特征、考虑土体和流体可压缩性的非稳定渗流基本方程：

$$\frac{\partial}{\partial x}\left(k_x \frac{\partial h}{\partial x}\right)+\frac{\partial}{\partial y}\left(k_y \frac{\partial h}{\partial y}\right)+\frac{\partial}{\partial z}\left(k_z \frac{\partial h}{\partial z}\right)=S_s \frac{\partial h}{\partial t} \tag{6.2}$$

式中：x、y、z 为位置坐标（z 沿高程方向）；h 为测压管水头，$h=z+p/\gamma$，p 为渗透水压力，γ 为水的容重；k_x、k_y、k_z 分别为沿 x、y、z 坐标方向的渗透系数；S_s 为单位贮存量，表示单位体积的饱和土体，当下降 1 个单位水头时，由于土体压缩和水的膨胀所释放出来的贮存水量，其量纲为 $1/L$。

式（6.2）既适用于有压渗流（如承压含水层）渗流，也适用于无压渗流（如土石坝这样具有渗流自由面的渗流）问题。

若不考虑土体和流体的可压缩性（$S_s=0$），由式（6.2）可得具有各向异性特征的稳定渗流基本方程式：

$$\frac{\partial}{\partial x}\left(k_x \frac{\partial h}{\partial x}\right)+\frac{\partial}{\partial y}\left(k_y \frac{\partial h}{\partial y}\right)+\frac{\partial}{\partial z}\left(k_z \frac{\partial h}{\partial z}\right)=0 \tag{6.3}$$

若不考虑土体的各向异性渗流特征，令 $k_x=k_y=k_z=k$，则得各向同性非稳定渗流和稳定渗流的基本方程分别如下：

$$\frac{\partial^2 h}{\partial x^2}+\frac{\partial^2 h}{\partial y^2}+\frac{\partial^2 h}{\partial z^2}=\frac{S_s}{k}\frac{\partial h}{\partial t} \tag{6.4}$$

$$\frac{\partial^2 h}{\partial x^2}+\frac{\partial^2 h}{\partial y^2}+\frac{\partial^2 h}{\partial z^2}=0 \tag{6.5}$$

6.2.2　土石坝渗流计算的定解条件[3-4]

每一流动过程都是在限定的空间流场内发生，沿这些流场边界起支配作用的条件，称之为边界条件。而在研究（实验或计算）开始时流场内的整个流动状态或流动支配条件（例如场的位势或水头分布），称为初始条件。边界条件和初始条件统称为定解条件。定解条件通常是由野外观测资料或实验确定的，它们对流动过程起决定作用。寻求一个函数（例如水头）使它在满足微分方程的同时，又满足定解条件的问题称为定解问题。求解稳定渗流方程时，只需列出边界条件，此时的定解问题常称为边值问题。求解非稳定渗流方程时，需要同时列出初始条件和全过程的边界条件。如图 6.1 所示[4]的土石坝二维渗流计算断面为例，其定解条件如下。

6.2.2.1　初始条件

计算域内任意一点 $P(x, z)$，$t=0$ 时刻的水头满足下式：

$$h|_{t=0}=h_0(x,z,0) \tag{6.6}$$

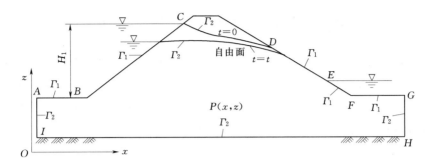

图 6.1 土石坝二维渗流计算定解条件示意图

6.2.2.2 边界条件

（1）第一类边界条件。第一类边界条件为边界上已知位势函数或水头的分布，或称已知水头边界条件。考虑到与时间 t 有关系的非稳定渗流边界，必须在整个过程中标明边界条件的不断变化，故此边界条件可写为：

$$h|_{\Gamma_1} = f_1(x, z, t) \tag{6.7}$$

图 6.1 所示的坝上游入渗面 AB 和 BC、坝下游渗流逸出段 DE、坝下游出渗面 EF 和 FG，其水头均是已知的，均属于第一类边界。其中，坝上游入渗面 AB 和 BC 的水头等于上游水深 H_1；坝下游渗流逸出段 DE 各点的水头等于各点的位置坐标 z；坝下游出渗面 EF 和 FG 的水头等于下游水深 H_2。

（2）第二类边界条件。第二类边界条件为在边界上已知位势函数或水头的法向导数，或称已知流量边界条件。考虑到与时间 t 有关的边界时，此边界条件可写为：

$$k_n \frac{\partial h}{\partial n}|_{\Gamma_2} = f_2(x, z, t) \tag{6.8}$$

渗流自由面属于第二类边界，其边界条件如下：

1）稳定渗流自由面：

$$\left. \begin{aligned} h^* &= z \\ k_n \frac{\partial h^*}{\partial n} &= 0 \end{aligned} \right\} \tag{6.9}$$

2）非稳定渗流自由面：

$$\left. \begin{aligned} h^* &= z \\ q &= \mu \frac{\partial h^*}{\partial n} \cos\theta \end{aligned} \right\} \tag{6.10}$$

式中：h 为水头；x、z 为位置坐标；t 为时间；h^* 为自由面上的水头；n 为外法线；k_n 为沿渗流自由面外法线方向的渗透系数；q 为渗流自由面下降时通过自由面流入坝体的单宽流量；μ 为渗流自由面变动范围内土体的有效孔隙率或给水度；θ 为渗流自由面外法向与铅垂线的夹角。

如图 6.1 所示的稳定渗流自由面（CD）和非稳定渗流自由面（CD 线下方库水位降落后曲线）、假定的坝基不透水面（AI、IH 及 HG），均属于第二类边界。

6.3　土石坝渗流的二维有限元分析

有限元法以其适应性强、计算效率高等优点，目前已成为求解土石坝渗流定解问题的有力工具，并已在工程实际中得到了广泛应用。一般而言，土石坝工程设计中最关心的是大坝典型横断面的渗流自由面位置、渗透流量及渗透稳定等问题，大量工程经验证明，这些问题都可以通过二维渗流有限元分析而得以合理解决。本节重点介绍二维渗流有限元分析的基本步骤及其实施要点。

6.3.1　几何模型及单元选取

6.3.1.1　坝体断面

坝体断面应选择一些有代表性的典型断面，至少包括大坝最大断面（标准断面）；断面体形可适当简化；材料分区应据实模拟；渗透性差异很小的材料分区可作合并或归一化处理。

6.3.1.2　坝基计算范围

坝基应取尽可能大的计算范围，计算范围选取的原则是沿范围边界外法线方向的渗流量已经很小或可以忽略不计。一般而言，坝基上、下游及深度方向至少应取 1 倍坝高；若坝基中存在强透水层时，模型底部应取至强透水层以下。

6.3.1.3　单元选取

根据模型几何特征及计算精度要求选取单元型式。二维计算一般常用三角形单元、四边形单元及各种形式的等参单元等。

6.3.2　渗流计算参数的选择

土石坝渗流计算参数的正确选取是渗流计算分析中的重要环节。数值计算或模拟试验的精度再高，但若参数选用不当，则渗流计算或分析结果的合理性也将无从谈起。因此，渗流计算参数的选取是土石坝渗流计算的一个关键环节。

6.3.2.1　土及岩体的渗透系数

一般情况下，地质专业根据工程设计要求，通过室内或野外原位试验确定各种土石料的渗透系数建议值，设计计算人员则根据地质建议值并结合工程类比结果，经综合分析后确定渗透系数的计算采用值。

土及岩体渗透系数的确定方法主要有[3]：①经验公式或查表估计；②室内渗透试验或电模拟试验；③野外原位注水试验。室内试验、电模拟试验及野外原位试验确定渗透系数的具体方法参见文献 [3]。

经验公式一般是根据土料的颗粒组成和密实度等来进行其渗透系数的估算。如太沙基（1955）提出的估算土料渗透系数的经验公式为[3]：

$$k = 2d_{10}^2 e^2 \tag{6.11}$$

式中：k 为渗透系数，cm/s；d_{10} 为有效粒径，mm；e 为土的孔隙比，它与孔隙率 n 的关系为 $e/(1+e) = n$。当 $e = 0.707$ 时，上式就变为最早的哈臣公式 $k = d_{10}^2$。

当缺乏地质试验成果时，也可按表 6.1 初步选用各种土及岩体的渗透系数[4]。

表 6.1　　　　　　　　　　　土及岩体渗透系数经验值

岩土类别	$k/(\text{cm/s})$	岩土类别	$k/(\text{cm/s})$
砂质石	$1\times10^{-2}\sim5\times10^{-1}$	黄土（砂质）	$1\times10^{-4}\sim1\times10^{-3}$
粗砾	$1\times10^{-1}\sim5\times10^{-1}$	黄土（泥质）	$1\times10^{-6}\sim1\times10^{-5}$
砂质砾	$1\times10^{-2}\sim1\times10^{-1}$	黏壤土	$1\times10^{-6}\sim5\times10^{-4}$
中粗砂	$1\times10^{-2}\sim5\times10^{-2}$	粉质黏土	$1\times10^{-6}\sim1\times10^{-5}$
粉细砂	$1\times10^{-3}\sim5\times10^{-2}$	淤泥黏土	$1\times10^{-6}\sim1\times10^{-5}$
砂壤土	$1\times10^{-4}\sim5\times10^{-3}$	黏土	$1\times10^{-8}\sim1\times10^{-6}$
脉状混合岩	3.3×10^{-3}	砂岩	1×10^{-2}
脉状页岩	0.7×10^{-2}	泥岩	1×10^{-4}
片麻岩	$1.2\times10^{-3}\sim1.9\times10^{-3}$	鳞状片岩	$1\times10^{-4}\sim1\times10^{-2}$
花岗岩	0.6×10^{-3}	一个吕容单位岩体	1×10^{-5}
褐煤岩	$2.39\times10^{-3}\sim1.7\times10^{-2}$	裂隙1mm，间距1m岩体	0.8×10^{-4}

6.3.2.2　单位贮存量 S_s[4]

单位贮存量 S_s 为测压管水头变化 $\Delta h=1\text{m}$ 时含水层每 1m^3 所释放或进入的流体量，单位为 m^{-1}，它乘以含水层厚度 T 就是贮存系数 S，表示土骨架和流体的弹性特征，其值为：

$$S=S_sT=\rho g(\alpha+n\beta)T \tag{6.12}$$

其中，α、β 分别为土骨架颗粒和流体的体积压缩性或压缩模量，等于弹性模量 E 的倒数。水的 $\beta=5\times10^{-5}\text{cm}^2/\text{kg}$；空气在正常大气压下 $\beta=1\text{cm}^2/\text{kg}$；骨架颗粒的 $\alpha=(1\sim6)\times10^{-5}\text{cm}^2/\text{kg}$。若孔隙中被部分气体所填充，其贮存能力也就增大。对于饱和土体，若略去水的压缩性（$\beta=0$），而只考虑土骨架孔隙的压缩性 α' 时，则可由压缩性试验的土力学指标近似代入上式推得如下的单位贮存量计算式。

$$S_s=\rho g\alpha'=\frac{\rho g}{E}=\frac{a_v\rho g}{1+e} \tag{6.13}$$

式中：a_v 为垂直压缩系数；e 为孔隙比；$\rho g=\gamma$ 为水的容重；E 为弹性模量。

根据以上的定义和表达式，通过室内和野外试验可以确定贮存参数。

各类岩土单位贮存量 S_s 的经验值见表 6.2[4]。

表 6.2　　　　　　　　各类岩土单位贮存量 S_s 的经验值

岩土类别	$S_s/(\text{m}^{-1})$	岩土类别	$S_s/(\text{m}^{-1})$
塑性软黏土	$2.6\times10^{-3}\sim2.6\times10^{-2}$	密实砂	$1.3\times10^{-4}\sim2.0\times10^{-4}$
坚韧黏土	$1.3\times10^{-3}\sim2.6\times10^{-3}$	密实砂质砾	$4.9\times10^{-5}\sim1.0\times10^{-4}$
中等硬黏土	$6.9\times10^{-4}\sim1.3\times10^{-3}$	裂隙节理的岩体	$3.3\times10^{-6}\sim6.9\times10^{-5}$
松砂	$4.9\times10^{-4}\sim1.0\times10^{-3}$	较完整的岩体	$<3.3\times10^{-6}$

6.3.3　二维渗流有限元计算公式[3-4]

对于图 6.1 所示的土石坝横剖面计算域，符合达西定律、具有各向异性特征、考虑土和水可压缩性的二维非稳定渗流基本方程为：

$$\frac{\partial}{\partial x}\left(k_x\,\frac{\partial h}{\partial x}\right)+\frac{\partial}{\partial z}\left(k_z\,\frac{\partial h}{\partial z}\right)=S_s\,\frac{\partial h}{\partial t} \tag{6.14}$$

当土和水不可压缩时，即得稳定渗流基本方程：

$$\frac{\partial}{\partial x}\left(k_x\,\frac{\partial h}{\partial x}\right)+\frac{\partial}{\partial z}\left(k_z\,\frac{\partial h}{\partial z}\right)=0 \tag{6.15}$$

式中：h 为水头函数；x，z 为空间坐标；t 为时间；k_x、k_z 为以 x、z 轴为主轴方向的渗透系数；S_s 为单位贮存量。

显然式（6.15）是式（6.14）的特例。

式（6.14）的定解条件为：

初始条件：
$$h\,|_{t=0}=h_0(x,z,0) \tag{6.16}$$

边界条件：水头边界：
$$h\,|_{\Gamma_1}=f_1(x,z,t) \tag{6.17}$$

流量边界：
$$k_n\,\frac{\partial h}{\partial n}\,|_{\Gamma_2}=f_2(x,z,t) \tag{6.18}$$

自由面边界：见式（6.10）

由式（6.14）及其定解条件所构成的定解问题的求解方法主要有以下两种[4]：

（1）里兹法［瑞士数学家里兹（W·Ritz）提出］：是基于变分原理的一种试函数法，即用试探解的近似函数代入泛函求极值的方法，可在有限元法中直接应用，为有限元隐式解法，适用于具有确定泛函的问题。

（2）伽辽金法［俄国数学家伽辽金（B. G. Galerkin）提出］：又称"加权余量法"，直接从微分方程出发求近似解，当精确解与近似解之间的误差（加权余量）在计算域内任意点最小时，得到求试探解的参变数（如结点水头）的代数方程组。其中，权函数一般均取有限元形函数。优点是可以解决边界复杂的非线性和非均质问题。

以里兹法为例，根据变分原理，由基本方程式（6.14）及上述初始和边界条件所构成的定解问题的解与下列泛函的极小值等价：

$$I(h)=\iint\limits_{\Omega}\left\{\frac{1}{2}\left[k_x\left(\frac{\partial h}{\partial x}\right)^2+k_z\left(\frac{\partial h}{\partial z}\right)^2\right]+S_s h\,\frac{\partial h}{\partial t}\right\}\mathrm{d}x\mathrm{d}z+\int_{\Gamma_2}qh\,\mathrm{d}\Gamma \tag{6.19}$$

式中：q 为自由面下降时通过边界 Γ_2 流入坝体的单宽流量。

将计算域 Ω 用二维有限元进行离散，则式（6.19）所示的总体渗流场泛函可表示为有限个单元泛函之和：

$$I(h)=\sum_{e=1}^{m}\iint\limits_{\Omega}\left\{\frac{1}{2}\left[k_x\left(\frac{\partial h}{\partial x}\right)^2+k_z\left(\frac{\partial h}{\partial z}\right)^2\right]+S_s h\,\frac{\partial h}{\partial t}\right\}\mathrm{d}x\mathrm{d}z+\sum_{j=1}^{k}\int_{\Gamma_2}qh\,\mathrm{d}\Gamma \tag{6.20}$$

式中：m 为计算域内面单元总数；k 为边界 Γ_2 上线单元总数。

通过对泛函式（6.20）关于所有单元结点的水头求导并使其等于 0，则得使该泛函式取得极小值的结点水头所满足的整体有限元计算公式为：

$$[K]\{h\}+[S]\left\{\frac{\partial h}{\partial t}\right\}+[P]\left\{\frac{\partial h}{\partial t}\right\}=\{f\} \tag{6.21}$$

式中：$\{h\}$ 为结点水头列阵；$[K]$ 为总体渗透系数矩阵；$[S]$ 为压缩土体内单位贮存系数矩阵；$[P]$ 为给水度矩阵；$\{f\}$ 为已知常数项列阵。其中，$[K]$、$[S]$ 各元素由各面单元求和确定；$[P]$ 各元素由边界 Γ_2 上线单元求和确定；$\{f\}$ 由已知水头结点确定。

对于非稳定渗流，式（6.21）可通过对时间项进行隐式有限差分，转化为线性代数方程组，然后在每个时间步内运用迭代法进行求解。对于稳定渗流，式（6.21）为线性代数方程组，可采用迭代法（如高斯-赛德尔迭代法、超松弛迭代法等）或直接法（如改进平方根法等）；由于迭代法费时费力，因此目前一般均采用直接法。

以非稳定渗流为例，对时间项取隐式有限差分，即令：

$$\left\{\frac{\partial h}{\partial t}\right\} = \frac{\{h\}_{t+\Delta t} - \{h\}_t}{\Delta t} \tag{6.22}$$

则式（6.21）变为：

$$\left([K] + \frac{1}{\Delta t}[S]\right)\{h\}_{t+\Delta t} + \frac{1}{\Delta t}[P]\{h\}_{t+\Delta t} - \frac{1}{\Delta t}[S]\{h\}_t - \frac{1}{\Delta t}[P]\{h\}_t = \{f\} \tag{6.23}$$

式（6.23）即为二维有限元渗流计算的基本公式。此式为线性代数方程组，在每个时间步 Δt 内可运用迭代法进行求解。

当不考虑土和水的可压缩性时，$[S]$ 为 0 矩阵。对式（6.15）所示的稳定渗流方程，$[S]$、$[P]$ 均为 0 矩阵。

6.3.4 渗流自由面（浸润线）的有限元计算[3]

有限元计算要求计算域的边界必须是完全确定的，然而土石坝渗流是具有自由面的无压渗流，自由面的位置事先是未知的。为此，常需采用迭代法来确定自由面的位置。用迭代法确定自由面位置的具体步骤如下：

（1）首先根据渗流概念和经验大致假定一条渗流自由面（浸润线），以确定有限元法的计算区域。

（2）将假定的渗流自由面作为第二类边界条件，按式（6.23）计算该自由面的结点水头值 h^*。

（3）将结点计算水头值 h^* 与其竖向坐标 z 进行比较，看其是否满足 $h^* = z$ 的边界条件。若不满足，则用计算水头值 h^* 作为新的 z 坐标，形成新的假定渗流自由面，同时确定新的有限元法计算区域。反复以上步骤，直到渗流自由面上各结点均满足 $|h^* - z| < \varepsilon$ 为止（ε 为给定的允许精度）。

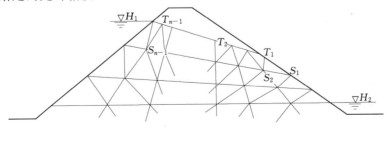

图 6.2 渗流自由面迭代计算示意图

上述迭代计算的步骤如图 6.2 所示[3]。渗流自由面结点 T_1、T_2、$\cdots$、T_n 根据计算水头值沿结点线（T_1-S_1）、（T_2-S_2）、$\cdots$、（T_n-S_n）上下移动调整其位置坐标，组成新的有限单元划分。在计算过程中，为了避免假设的渗流自由面过高或过低以及非稳定渗流计算中因渗流自由面变化范围较大致使单元空缺或畸形等，计算时应采用丢弃单元（或结点）的方法。

6.3.5　渗流量的有限元计算[4]

求通过某一断面的渗流量时，先计算通过该断面的各单元的渗流量，再求和即为通过该过流断面的渗流量。单元渗流量的有限元计算，一般有两种方法：一是计算通过单元某一条边的流量；二是计算通过单元两边中点连线的流量，即中线法。

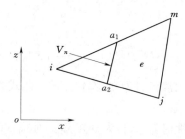

图 6.3　渗流量计算单元示意图

如图 6.3 所示[4]，设过流断面通过某一单元 ijm 的中线 a_1a_2，采用中线法，通过中线 a_1a_2 的渗流量为：

$$\Delta q = v_n l_{a_1 a_2} = \frac{1}{2}\left[(z_i-z_m)v_x+(x_m-x_j)v_z\right] \tag{6.24}$$

式中：v_n 为垂直于中线 a_1a_2 的渗流速度；v_x、v_z 分别为 v_n 沿 x、z 轴方向的分速度，可根据达西定律由结点水头确定。

则通过整个过流断面的总渗流量为：

$$q = \sum \Delta q \tag{6.25}$$

6.3.6　渗透坡降的计算[4]

以三角形单元为例，在求得各结点的水头 h_i（$i=1$，2，3）以后，单元内高斯点的渗透坡降可由下式计算：

$$
\left\{\begin{array}{c} J_x \\ J_z \end{array}\right\} = -
\begin{bmatrix}
\dfrac{\partial N_1}{\partial x} & \dfrac{\partial N_2}{\partial x} & \dfrac{\partial N_2}{\partial x} \\
\dfrac{\partial N_1}{\partial z} & \dfrac{\partial N_2}{\partial z} & \dfrac{\partial N_2}{\partial z}
\end{bmatrix}
\left\{\begin{array}{c} h_1 \\ h_2 \\ h_3 \end{array}\right\} \tag{6.26}
$$

式中：J_x、J_z 分别为沿 x、z 方向的单元渗透坡降；N_i、h_i（$i=1$，2，3）分别为结点形函数和结点水头。

6.3.7　渗流有限元计算程序框图

根据上述土石坝渗流有限元计算的基本原理，可以编制程序进行土石坝渗流的有限元计算。其中，单元非自动剖分的土石坝稳定渗流计算程序框图如图 6.4 所示[4]，单元自动剖分的土石坝稳定和非稳定渗流计算程序框图如图 6.5 所示[4]。

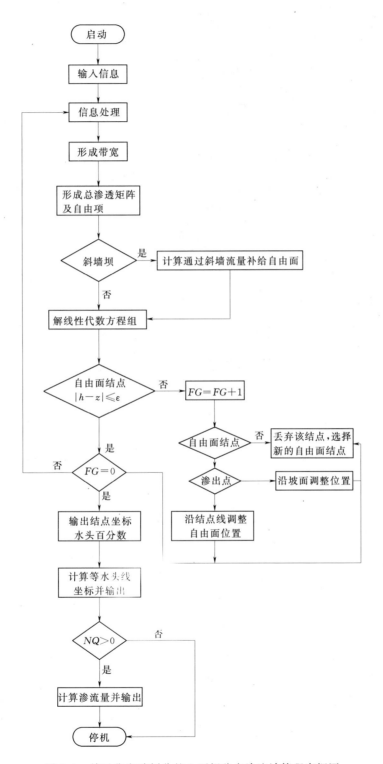

图 6.4 单元非自动剖分的土石坝稳定渗流计算程序框图

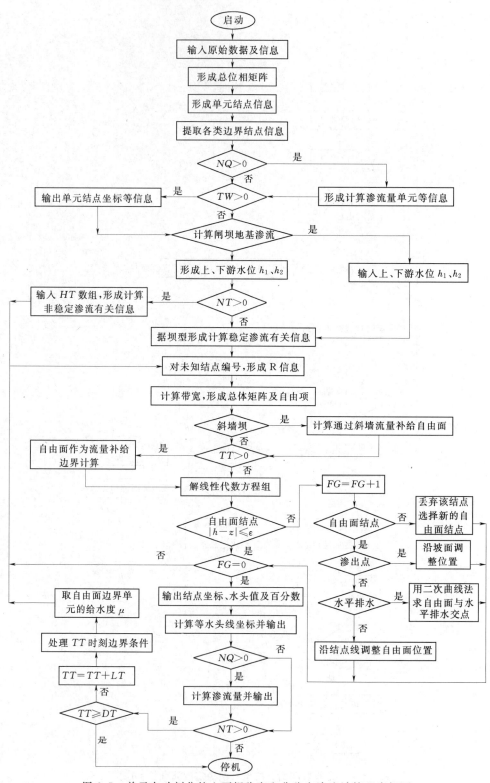

图 6.5　单元自动剖分的土石坝稳定和非稳定渗流计算程序框图

6.3.8 土石坝渗流二维有限元计算实例[5]

6.3.8.1 工程概况

某以供水为主要功能的大（2）型水库，水库正常蓄水位为594.0m，死水位为520.0m。枢纽工程大坝为砂砾坝壳黏土心墙坝，最大坝高127.5m，大坝基础最低高程472.5m，坝顶高程600.0m，坝顶宽11m，坝顶长440m。上游坝坡1:2.2，在565.0m及515.0m高程处各设一戗台，宽分别为3.0m和5.0m；下游坝坡为1:1.8，在570.0m、540.0m及510.0m高程各设一戗台，宽度分别为2.0m、3.0m、3.0m。心墙顶部高程598.0m，顶宽7.0m，心墙坡比为1:0.3。心墙两侧设反滤层，心墙及反滤层置于基础混凝土板上；河床段上下游坝壳置于清基处理后的河床砂卵石层上，两岸坡覆盖全部清除，坝体直接坐落于基岩上。大坝上游采用现浇混凝土面板护坡（预留排水孔）。

大坝标准横断面（坝0+226）如图6.6所示[5]。

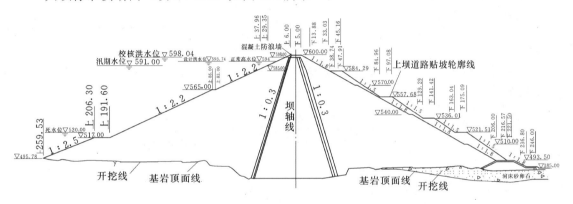

图6.6 某砂砾坝壳黏土心墙坝标准横断面图

6.3.8.2 计算断面

渗流计算断面采用大坝标准横断面（坝0+226）。

6.3.8.3 计算内容

计算内容包括：①进行大坝稳定渗流计算，给出在稳定渗流情况下的坝体浸润线、等势线和渗流量；②进行不同水位降落速度下的大坝非稳定渗流计算，给出在各种水位降落速度下相应于每个降后水位的坝体浸润线和等势线。

6.3.8.4 坝基计算范围与边界条件

根据坝体断面布置特点及坝基地质条件，经综合分析，选取坝基计算范围的上游边界为自坝上游坡脚向上游的0.8倍水头处，下游边界为自下游坡脚向下游的0.8倍水头处，坝基底部边界为坝基面以下0.8倍水头处。

坝上游入渗面、坝下游渗流逸出段及坝下游出渗面均取为第一类边界条件，坝体稳定和非稳定渗流自由面、坝基计算范围的上下游和底部边界均取为第二类边界条件。

6.3.8.5 计算工况

按照设计要求，渗流计算中坝上游水位取594.0m，坝下游水位取520.0m。考虑水库水位按3.0m/d和1.18m/d两种降落速度从594.0m降至545.0m，水位从545.0m到520.0m的降落速度以枢纽泄水建筑物的泄流量12.0m³/s控制。

6.3.8.6　计算参数

根据坝体及坝基各种材料的渗透试验结果，并参照类似工程经验，选取渗流计算参数。将上游护坡现浇混凝土面板与预留排水孔组成的护坡，运用并联渗流模型原理折算成等效的均质体进行模拟；各种材料的给水度根据渗透系数按有关公式计算确定；坝壳料渗透系数按现场试验结果的小值平均值计，给水度仍根据渗透系数按有关计算确定。坝体及坝基各种材料的渗流计算参数选用结果见表 6.3[5]。

表 6.3　　　　　　　　　　　　　　渗流计算参数选用结果表

材料	基岩	坝壳料	混凝土面板 +排水孔（等效）	坝基砂卵石	心墙土料	
					计算浸润线时	计算渗流量时
渗透系数 k /(cm/s)	1.16×10^{-4}	3.91×10^{-3}	1.96×10^{-2}	1.35×10^{-1}	1.42×10^{-6}	5.43×10^{-7}
给水度 μ	0.0321	0.05656	0.0667			

6.3.8.7　计算结果及分析

（1）稳定渗流计算结果。大坝标准横断面（坝 0+226）的稳定渗流场计算结果如图 6.7 所示[5]。

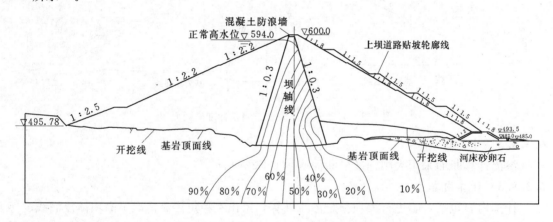

图 6.7　正常蓄水位 594.0m 时的稳定渗流场图

从图 6.7 可以看出，心墙内浸润线出逸点较高；渗流区主要集中在心墙及其下部坝基范围，此范围内等势线分布较均匀，未出现集中渗流区，渗透坡降相对较小；下游坝壳中浸润线较低，且均未从坝坡逸出。计算得到的单宽渗流量为 5.52m³/(d·m)。

（2）非稳定渗流计算结果。大坝标准横断面（坝 0+226）相应于降后水位 545.0m、520.0m 的非稳定渗流场计算结果分别如图 6.8、图 6.9 所示[5]。在图 6.8、图 6.9 中，①、②分别代表水位降落速度为 3.0m/d 和 1.18m/d 时的非稳定渗流的浸润线位置。

从图 6.8、图 6.9 可以看出，水位降落各时段浸润线在上游坝坡均无出逸段，不同时段的降落水位即为浸润线与上游坝坡交点的高程。

水位降落速度为 3.0m/d 和 1.18m/d 时，各时段上游坝壳内的浸润线基本与水位降落速度同步，基本均呈现为平缓斜直线；相比较而言，水位降落速度为 3.0m/d 时的上游

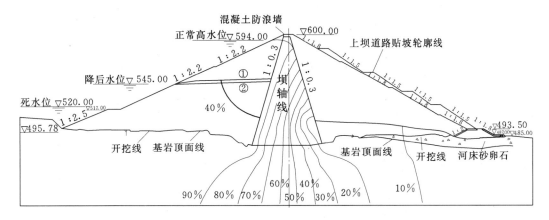

图 6.8 降后水位 545.0m 时的非稳定渗流场图

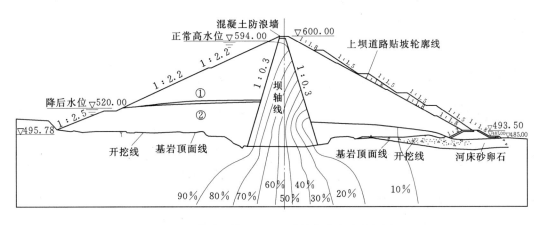

图 6.9 降后水位 520.0m 时的非稳定渗流场图

坝壳内浸润线高于水位降落速度为 1.18m/d 时的浸润线，且随着降落水位的逐步降低，两者浸润线的高差相应增大，水位降至 545.0m 时两者浸润线的最大高差为 3.41m；当水位降至 545.0m 以下时，由于水位降落速度相同，因此二者浸润线基本重合。由此说明，在上述两种水位降落速度下，上游坝壳内的超孔压均不大，对上游坝坡稳定是十分有利的。

6.3.9 土石坝渗流二维有限元计算的典型结果[4]

6.3.9.1 均质土坝稳定渗流计算

某透水地基上有铺盖的均质土坝坝高为 20m，坝体和铺盖的渗透系数 $k = 8 \times 10^{-6}$ cm/s；地基砂层厚 8～9m，渗透系数 $k = 1 \times 10^{-3}$ cm/s。计算模型及单元剖分结果如图 6.10 所示[4]。稳定渗流场计算结果如图 6.11 所示[4]，图中还给出了电阻网试验结果。从中可以看出，有限元法计算结果与电阻网试验结果基本一致。

6.3.9.2 均质土坝非稳定渗流计算

某用黏壤土填筑的均质土坝，自由面变化范围内土质的给水度 $\mu = 0.047$。利用非自动剖分土坝非稳定渗流计算程序进行计算。单元剖分结果如图 6.12 所示[4]，共剖分单元 449 个，结点 217 个。各区土体渗透系数如图 6.13 所示[4]。库水位从正常蓄水位 149.0m 降至最低水位时的非稳定渗流场计算结果如图 6.13 所示[4]。

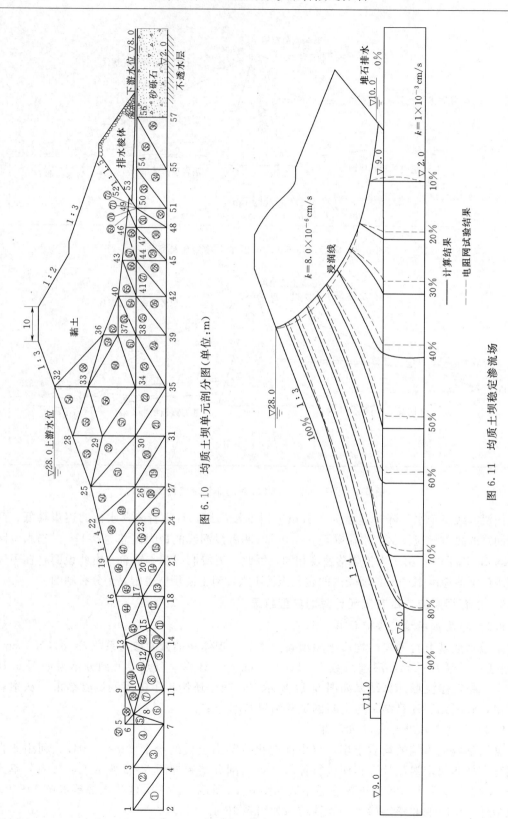

图 6.10　均质土坝单元剖分图（单位：m）

图 6.11　均质土坝稳定渗流场

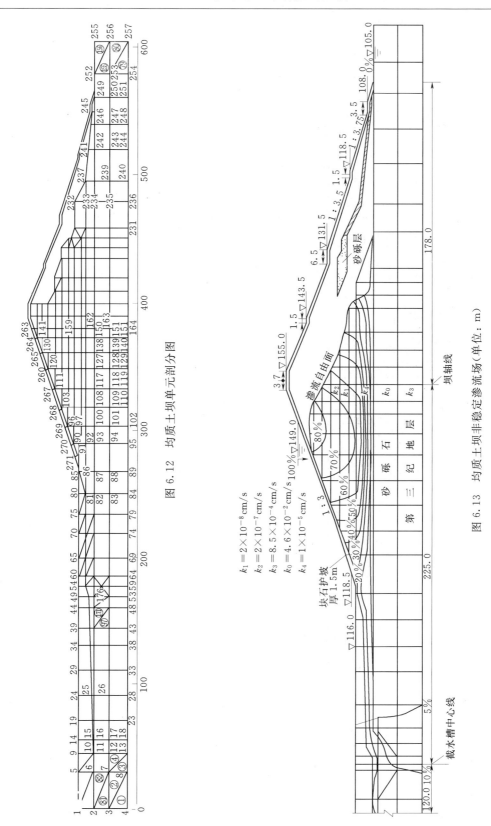

图 6.12 均质土坝单元剖分图

$k_1 = 2 \times 10^{-8}\,\text{cm/s}$

$k_2 = 2 \times 10^{-7}\,\text{cm/s}$

$k_3 = 8.5 \times 10^{-4}\,\text{cm/s}$

$k_0 = 4.6 \times 10^{-2}\,\text{cm/s}$

$k_4 = 1 \times 10^{-5}\,\text{cm/s}$

图 6.13 均质土坝非稳定渗流场（单位：m）

185

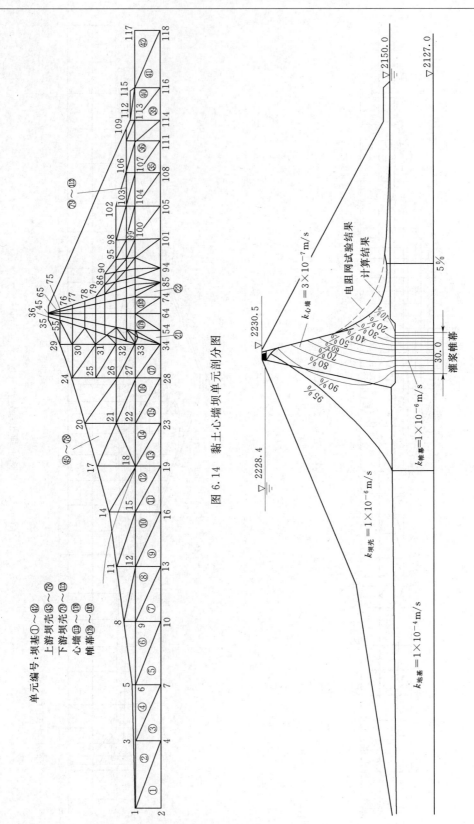

图 6.14　黏土心墙坝单元剖分图

图 6.15　黏土心墙坝稳定渗流场（单位：m）

6.3.9.3 黏土心墙坝稳定渗流计算

某水库大坝为透水地基上的黏土心墙土坝，最大坝高为 80m，坝基为厚 23m 的砂砾石冲积层，心墙下设黏土水泥灌浆帷幕。单元剖分结果如图 6.14 所示[4]，共划分单元 182 个，结点 118 个。各土区的渗透系数及稳定渗流计算结果如图 6.15 所示[4]。该图还示出了渗流自由面的电阻网试验结果，可以看出，除局部位置外，计算结果与试验结果基本一致。

6.3.9.4 黏土心墙坝非稳定渗流计算

某水库黏土心墙坝最大坝高为 76.5m，坝基防渗采用帷幕灌浆。黏土心墙和坝基防渗帷幕的透水性远较坝壳小，故可认为其相对不透水，在库水位降落期间只考虑上游坝壳及其相应的坝基部分。水库水位从 427.4m 经 12.8d 下降到 390.0m，平均降落速度为 2.9m/d。上游坝壳风化砂岩石渣的单位贮存量 $S_s = 0$，给水度 $\mu = 0.141$。上游斜墙围堰构成上游坝壳的一部分，库水位降落期间起一定阻水作用，计算时予以保留。单元自动剖分分块结果如图 6.16 所示[4]。上游坝壳非稳定渗流及上游坝坡稳定计算结果如图 6.17 所示[4]。

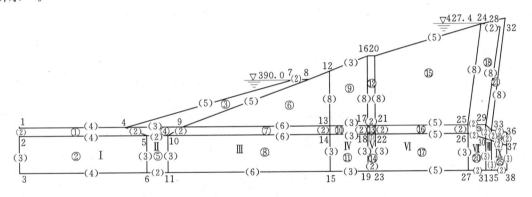

图 6.16　黏土心墙坝上游坝壳单元自动剖分分块图

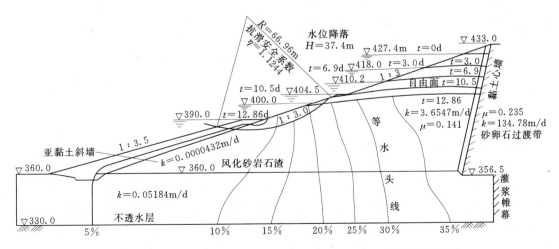

图 6.17　黏土心墙坝上游坝壳非稳定渗流场及上游坝坡稳定计算结果

187

6.3.9.5　黏土斜墙坝稳定渗流计算

　　某透水地基上的黏土斜墙坝，最大坝高为 29m，坝上游黏土铺盖为不等厚铺盖，铺盖长度为 150m。单元自动剖分分块结果如图 6.18[4]。各区土料的渗透系数及大坝稳定渗流计算结果如图 6.19 所示[4]。

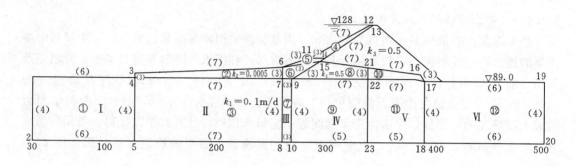

图 6.18　黏土斜墙坝单元自动分块剖分图

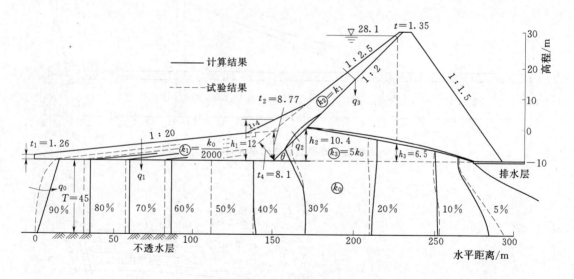

图 6.19　黏土斜墙坝稳定渗流场

6.3.9.6　考虑土体渗流各向异性的均质土坝稳定渗流计算

　　某水库均质土坝各土层渗透系数如图 6.20 所示[4]。为分析坝体土料渗流各向异性对于大坝渗流的影响，计算时考虑了 $k_x/k_z = 1$、2、4、8 四种情况进行计算。其中，x 轴为水平轴，指向下游为正；z 轴为竖向轴，铅直向上为正。与上述四种情况相应的稳定渗流自由面以及 $k_x/k_z = 1$ 时的等势线计算结果如图 6.20 所示[4]。可以看出，随着坝体水平方向渗透系数 k_x 的增大，渗流自由面大幅度抬高，使得坝体饱和区向下游逐渐扩大，将对下游坝坡稳定不利。

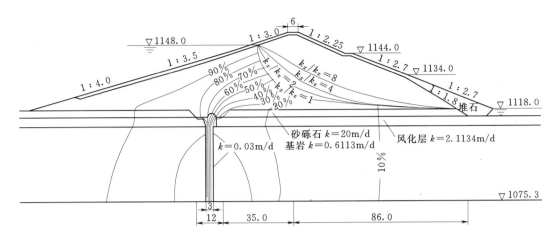

图 6.20 考虑土体渗流各向异性的均质土坝稳定渗流场（单位：m）

6.4 土石坝渗流的三维有限元分析

6.4.1 土石坝需进行三维渗流分析的一般情况

大多数情况下，土石坝均可按横剖面二维情况进行渗流计算，由此获得的计算结果也基本能够满足工程设计的需要。但实际工程中土石坝渗流问题比较复杂，有些情况下如果只进行二维计算将无法获得符合实际的渗流分析结果。特别是对于沿两岸坝肩的绕坝渗流问题及峡谷坝址的坝基渗漏问题，一般均应进行三维渗流分析。实践证明，有限元法是进行三维渗流分析最为有效的方法。

6.4.2 几何模型及单元选取

6.4.2.1 几何模型

三维有限元渗流分析的几合模型一般按照下列原则来建立：

（1）坝体。按坝体实际的体型特征模拟坝体，对渗流影响较小的坝体局部构造可予以忽略或作适当的简化处理；坝体的材料分区应据实模拟；渗透性差异很小的材料分区可作合并或归一化处理。

（2）坝基和坝肩计算范围。坝基和坝肩应取尽可能大的计算范围，计算范围选取的原则是沿范围边界外法线方向的渗流量已经很小或可以忽略不计。一般而言，坝基上、下游及深度方向和坝肩左、右岸至少应取 1 倍坝高；若坝基、坝肩中存在强透水层时，则计算范围应包括强透水层区域。

6.4.2.2 单元选取

根据模型几何特征及计算精度要求选取合适的单元型式。三维计算一般常用图 6.21 所示的几种单元型式[4]。

6.4.3 三维渗流有限元计算公式[4]

三维非稳定渗流的基本方程式见式（6.2），相应的初始条件和边界条件见式（6.6）～式（6.10）。

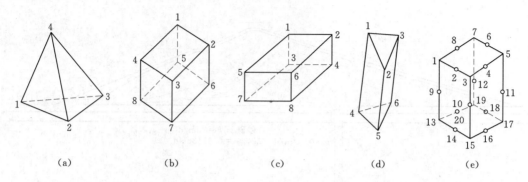

图 6.21　三维空间有限单元

(a) 四面体元；(b) 六面体元；(c) 长方体元；(d) 五面体元；(e) 等参元

根据变分原理，由基本方程式（6.2）及式（6.6）～式（6.10）所构成的定解问题的解与下列泛函的极小值等价：

$$I(h) = \iiint\limits_{\Omega} \left\{ \frac{1}{2}\left[k_x \left(\frac{\partial h}{\partial x}\right)^2 + k_y\left(\frac{\partial h}{\partial y}\right)^2 + k_z\left(\frac{\partial h}{\partial z}\right)^2 \right] + S_s h\,\frac{\partial h}{\partial t} \right\} \mathrm{d}x\mathrm{d}y\mathrm{d}z + \int\limits_{\Gamma_2} qh\,\mathrm{d}\Gamma$$

(6.27)

式中：q 为渗流自由面下降时通过自由面边界 Γ_2 流入坝体的单宽流量。

将计算域 Ω 用三维有限元进行离散，则式（6.27）所示的总体渗流场泛函可表示为有限个单元泛函之和。经过与二维情况类似的推导，可得三维渗流整体有限元计算公式的矩阵形式为：

$$[K]\{h\} + [S]\left\{\frac{\partial h}{\partial t}\right\} + [P]\left\{\frac{\partial h}{\partial t}\right\} + [D]\{q\} = \{F\}$$

(6.28)

式中：$\{h\}$ 为结点水头列阵；$[K]$ 总体渗透系数矩阵；$[S]$ 为压缩土体内单位贮存系数矩阵；$[P]$ 为给水度矩阵；$[D]$ 为由自由面边界 Γ_2 确定的系数矩阵；$\{q\}$ 为通过自由面边界 Γ_2 流入坝体的单宽流量列阵；$\{F\}$ 为已知常数项列阵。其中，$[K]$、$[S]$ 各元素由计算域 Ω 内各单元求和确定；$[P]$、$[D]$ 各元素由自由面边界 Γ_2 各面单元求和确定；$\{F\}$ 由已知水头结点确定。

对时间项取隐式有限差分，即令：

$$\left\{\frac{\partial h}{\partial t}\right\} = \frac{\{h\}_{t+\Delta t} - \{h\}_t}{\Delta t}$$

(6.29)

则式（6.28）变为：

$$\left([K] + \frac{1}{\Delta t}[S] + \frac{1}{\Delta t}[P]\right)\{h\}_{t+\Delta t} - \left(\frac{1}{\Delta t}[S] + \frac{1}{\Delta t}[P]\right)\{h\}_t = \{F\}$$

(6.30)

式（6.30）即为三维有限元渗流计算的基本公式。此式为线性代数方程组，在每个时间步 Δt 内可运用迭代法等方法进行求解。

式（6.30）中，当不考虑土和水的可压缩性时，$[S]$ 为 0 矩阵。对于三维稳定渗流，$[S]$、$[P]$ 均为 0 矩阵。

6.4.4　渗流量的有限元计算[4]

三维空间渗流的渗流量是指通过空间某给定过水断面的流量。若过水断面由一系列平面单元组成，则通过该过水断面的流量为：

$$q = \sum \iint_{\Delta_e} k_s \frac{\partial h}{\partial n} \mathrm{d}S_n \qquad (6.31)$$

式中：Δ_e 为平面单元；k_s、$\dfrac{\partial h}{\partial n}$ 分别为平面单元外法向渗透系数和水头坡降。

根据 6.3.5 节二维渗流量计算的中线法的概念，三维计算中采用中断面法来计算任意几何形状的过水断面的渗流量。实际计算表明，中断面法较侧断面法等的计算精度高。计算断面选在单元形态较好的区域为宜。

以四面体元为例，中断面法将过水断面取在各四面体元的中断面，即通过四面体元三棱边的中点，必然通过单元形心。因此在四面体元水头函数求出后，即可很方便地求出通过中断面的流量。

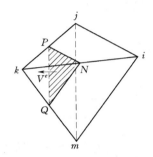

图 6.22 四面体单元的中断面

如图 6.22 所示[4]，任一四面体单元 $ijkm$ 的中断面 $\triangle PQN$ 的流速可用四面体单元形心的平均流速 V^e 来表示。据达西定律，通过中断面的流量等于中断面面积向量乘其法向流速，即：

$$q^e = \frac{1}{2} V^e (NP \cdot NQ) \qquad (6.32)$$

式中

$$V^e = V_x i + V_y j + V_z k \qquad (6.33)$$

$$\begin{Bmatrix} V_x \\ V_y \\ V_z \end{Bmatrix} = \frac{1}{6V} \begin{bmatrix} k_x & 0 & 0 \\ 0 & k_y & 0 \\ 0 & 0 & k_z \end{bmatrix} \begin{bmatrix} b_i & b_j & b_k & b_m \\ c_i & c_j & c_k & c_m \\ d_i & d_j & d_k & d_m \end{bmatrix} \begin{Bmatrix} h_i \\ h_j \\ h_k \\ h_m \end{Bmatrix} \qquad (6.34)$$

$$NP = \frac{1}{2} \left[(x_j - x_i) i + (y_j - y_i) j + (z_j - z_i) k \right] \qquad (6.35)$$

$$NQ = \frac{1}{2} \left[(x_m - x_i) i + (y_m - y_i) j + (z_m - z_i) k \right] \qquad (6.36)$$

因此，通过 $\triangle PQN$ 的渗流量为：

$$q^e = \frac{1}{8} \begin{vmatrix} x_j - x_i & y_j - y_i & z_j - z_i \\ x_m - x_i & y_m - y_i & z_m - z_i \\ V_x & V_y & V_z \end{vmatrix} \qquad (6.37)$$

6.4.5　三维渗流有限元计算的程序框图

根据上述三维渗流有限元计算的基本原理，可以编制程序进行三维渗流有限元计算，三维渗流有限元计算的程序框图如图 6.23 所示[4]。

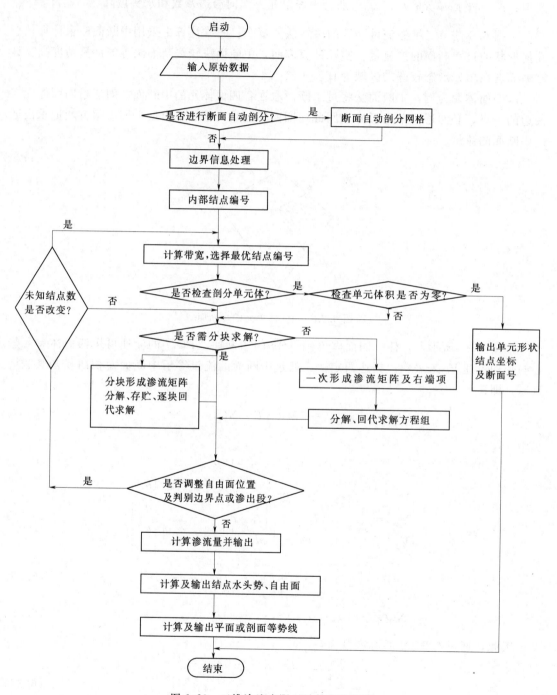

图 6.23　三维渗流有限元计算程序框图

6.4.6 土石坝三维渗流有限元计算实例

6.4.6.1 实例1：某水电站土质心墙堆石坝三维渗流有限元计算[4]

某水电站拦河大坝为土质心墙堆石坝，最大坝高为186m，水库正常蓄水位为850m，坝基砂砾石覆盖层厚度达75.4m。坝体防渗心墙底部的砂砾石层采用两道相距3m、厚度为1.4m的混凝土防渗墙截断，坝基及两岸基岩均设置防渗帷幕，左岸地下厂房前设置2道排水井（排水井列），井径为140mm，井距为3m。

计算模型：模型底部高程取为450m，上部为上游水位高程，顺河向长度取为2100m，垂直河向左岸自横断面12—5向外取1250m，右岸自横断面12—5向外取880m。整个模型沿垂直于坝轴线方向共划分为28个横断面，每个横断面划分287个结点、513个三角形单元。三维计算单元采用空间四面体单元。单元布置原则是，渗流急变区（如心墙、混凝土防渗墙、防渗帷幕及排水井等）附近单元加密，其他区适当稀疏。自动剖分的单元总数为41553个，结点总数为8036个。

本实例计算中，自由面采用虚点法求解，共进行了11组工况49组次计算。其中，在水库正常蓄水位850m工况下，有无排水两种情况下的大坝稳定渗流等势线平面分布计算结果如图6.24所示[4]，大坝横断面12—5在三维、二维以及坝基防渗墙开裂宽度为0.5mm三种情况下的稳定渗流场计算结果如图6.25所示[4]。

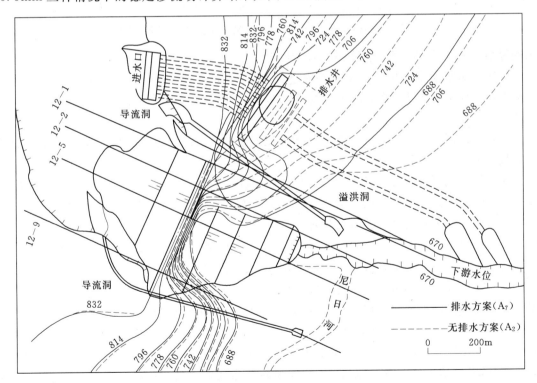

图6.24 大坝防渗布置及有无排水两种情况下的大坝稳定渗流等势线平面分布图

计算结果表明：

（1）坝基是库水渗漏的主要途径，其渗漏量占总渗流量的71.6%；心墙渗漏量所占

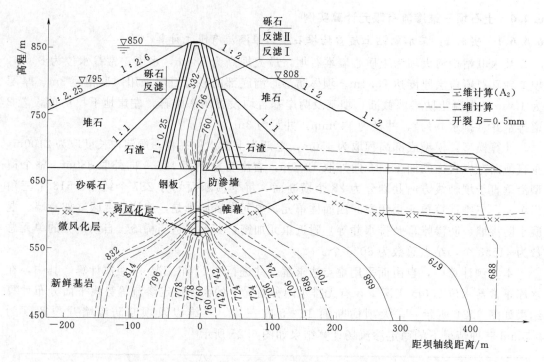

图 6.25 大坝横断面 12—5 在三种情况下的稳定渗流场计算结果

比例很小，为 3.71%；两岸绕渗占 24.7%。

（2）心墙防渗效果显著，坝体渗漏量为 270.6m³/s，坝后剩余水头在 10% 以下，心墙最大渗透坡降为 2.1，坝下游出渗坡降为 1.83，在反滤保护下坝体渗透稳定具有一定安全性。

（3）以横断面 12—5 为例，由于三向渗流的影响，三维渗流计算得到的自由面比二维计算最大抬高 14m，即 8.16%。

（4）坝基混凝土防渗墙开裂对渗流场影响很大，裂缝进出口流态急剧变化，墙下游水头增大，防渗墙的防渗效果明显降低。二维计算结果表明，当防渗墙开裂宽度为 0.5mm时，心墙底部水头较防渗墙完好时增加 18.2%。

6.4.6.2 实例 2：某沥青混凝土心墙碾压砂坝左坝肩绕坝渗流的三维有限元计算[6]

（1）工程概况。某沥青混凝土心墙碾压砂坝，水库正常蓄水位为 1046m，坝顶高程为 1052m，最大坝高为 44m，坝顶长度为 949m，坝顶宽度为 8m，坝底宽度为 265.50m。根据地质勘察成果，坝址河床段覆盖层厚度 8～13m，坝基地层为④层 Q_4^{3al} 冲积粉细砂层、⑨层砂岩、泥岩。左岸岸坡段，地面高程 1070～1084m，地面高差 5～8m，基岩埋深 81m左右，基岩顶板高程约为 997m，该段地貌类型属风积砂台地，岩性主要为 Q_4^{eol} 粉细砂、Q_3^{1al+1} 细砂及砂壤土；左岸⑧层 Q_3^{1al+1} 冲湖积砂层为强透水层，存在严重的渗漏问题，渗透系数 $k=1.62×10^{-2}$ cm/s，允许渗透坡降为 0.10；砂壤土层分布于 1045m 高程以上，厚度约 8m，渗透系数 $k=9.47×10^{-5}$ cm/s。坝基覆盖层及左坝肩厚砂层均采用混凝土防渗墙方案，防渗墙厚度为 1.0m。左岸及主河床坝段沿坝轴线纵剖面如图 6.26 所示[6]。

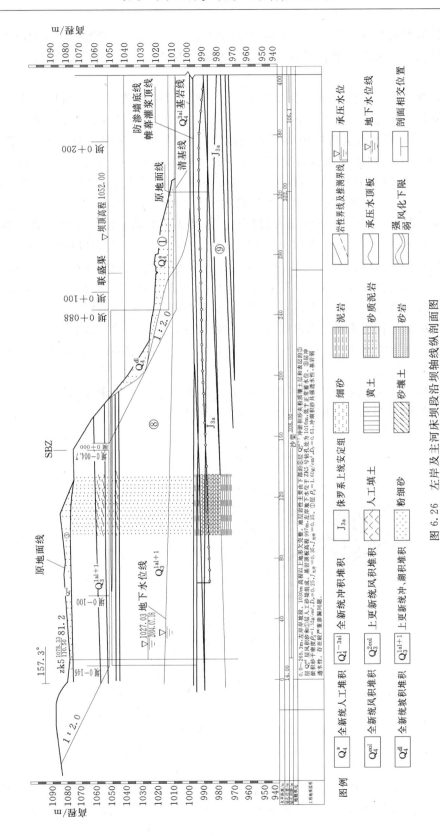

图 6.26 左岸及主河床坝段沿坝轴线纵剖面图

195

（2）计算目的及计算内容。为了给设计确定左坝肩防渗墙的延伸长度及相应的绕坝渗流量等提供依据，采用三维有限元法进行了防渗墙不同延伸长度方案的左坝肩绕坝渗流计算。

（3）计算范围、有限元模型及边界条件。计算范围：左岸山体上游取至距坝轴线取1km，下游至距坝轴线取 4.2km（至水口壕沟），从坝顶左端（设计桩号坝 0+000）向左取至 2km 处，底部取至高程 950m，顶部取至高程 1060m；坝体、坝基及上下游河床底部取至高程 950m，坝体及坝基右端取至设计桩号坝 0+538；河床上游取至距坝轴线取1km 处，下游取至距坝轴线 4.2km（至水口壕沟处），底部取至高程 950m，坝上游河床面高程取 1008m，坝下游河床面高程沿河道方向取 1008～1006m（渐变），上游河床右端取至设计桩号坝 0+538，下游河床右端按与左岸坡等距原则确定；大坝心墙底部高程从设计桩号坝 0+000 至坝 0+538 取 996.15～1003.30m（渐变）；左坝肩防渗墙底部高程在设计桩号坝 0+000 处取 996.15m，向左延伸部分取砂层底板高程（渐变）；大坝心墙及左坝肩防渗墙顶部高程均近似取为坝顶高程 1052m，防渗墙厚度均取 1.0m；左坝肩防渗墙左端位置由防渗墙延伸长度方案确定。在上述计算范围中，坝体横剖面、坝基（含上下游河床）和左岸山体各地质层沿坝轴线方向的材料分区，按地质勘测图纸确定。由于缺乏更详细的资料，因此忽略坝基（含上下游河床）和左岸山体各地质层沿河道方向的起伏变化。

有限元模型：在上述计算范围内，采用 8 结点等参元进行网格剖分，单元总数为3758，结点总数为4782。有限元模型如图 6.27 所示[6]。

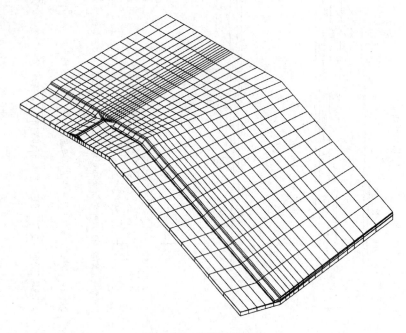

图 6.27　有限元模型图

边界条件：坝上游及水库左岸坡入渗面、坝下游出逸面、坝下游河道左岸坡出逸面、坝上下游河床面等均取为第一类边界条件，坝体和左坝肩稳定渗流自由面、坝基和左坝肩计算范围四周侧面及底部边界等均取为第二类边界条件。

（4）计算方案。以设计桩号坝 0+000 为基准，拟定防渗墙向左坝肩的延伸长度方案依次为：向左延伸 0m（不延伸）、50m、80m、90m、100m、110m、120m 及 150m，共 8 种方案。

（5）计算工况。坝上游水位取水库正常蓄水位 1046m，坝下游水位取坝下游河床面高程，其变化范围为 1008～1006m，模型左侧面地下水位按水文地质剖面确定，取 1055m。

（6）计算参数。根据设计及地质资料，选用渗流计算参数见表 6.4[6]。

表 6.4　　　　　　　　　　　　渗流计算参数选用结果表

材料分区	材料性质	渗透系数/(cm/s)	允许渗透坡降
坝体防渗心墙、左坝肩防渗墙	沥青混凝土、混凝土	1.0×10^{-7}	
坝壳料	碾压砂料	1.0×10^{-2}	
坝基（河床）地层④层	Q_4^{3al} 冲积粉细砂	7.68×10^{-3}	
坝基（河床）地层⑨层	砂岩、泥岩	1.5×10^{-4}	
左岸砂壤土层	砂壤土	9.47×10^{-5}	
左岸⑧层	Q_3^{1al+1} 冲湖积砂	1.62×10^{-2}	0.10
左岸⑨层	砂岩、泥岩	1.5×10^{-4}	

（7）计算结果及分析。针对每个防渗墙延伸长度方案（计算方案），分别进行左坝肩绕坝渗流的三维有限元计算。各方案的坝下游左岸山体在坝下 0+150（坝下游坡脚处）、坝下 2+000 及坝下 3+950（水口壕沟附近）断面处的砂层最大渗透坡降、岸坡出逸点高程、出逸点渗透坡降以及各方案沿砂层及左坝肩整体绕渗流量的计算结果见表 6.5[6]。计算结果表明，各方案在砂层中部水平截面上的渗流等势线分布及在坝下游坡脚处左岸横断面上的渗流等势线和浸润线分布规律基本相同。以防渗墙向左坝肩延伸长度 80m 方案为例，砂层中部水平截面上的渗流等势线分布如图 6.28 所示[6]，坝下游坡脚处左岸横断面上的渗流等势线和浸润线分布如图 6.29 所示[6]。

从表 6.5 可以看出，当防渗墙向左坝肩延伸长度由 0m（不延伸）增大到 150m 时，除坝下 0+150 断面（坝下游坡脚处）的左岸砂层渗透坡降较大外，其他断面处的左岸砂层最大渗透坡降一般均在 0.06 以下，远小于其允许渗透坡降 0.1，由此说明，由于左岸绕渗使得岸坡砂层发生流土型渗透破坏的可能部位是坝下游坡脚附近的左岸坡处。在坝下 0+150 断面（坝下游坡脚处），随着混凝土防渗墙向左坝肩延伸长度的增加，砂层最大渗透坡降由 0.120 逐渐减小到 0.088；左岸坡的渗流出逸点位置逐渐降低，在延伸 80m 长度以上时，渗流出逸点与坝下游河床高程达到一致；同时，砂层出逸点的渗透坡降也由不延伸时的 0.122 减小到延伸 80m 时的 0.097 以下，小于砂层的允许渗透坡降 0.1。另外，对应上述各种防渗墙延伸长度方案，水口壕沟处的渗流出逸点均与沟底及此处河床高程一致，岸坡未出现出逸面。

表 6.5　防渗墙不同延伸长度方案的绕坝渗流计算结果表

断面位置 防渗墙延伸长度方案	坝下 0+150 断面 (坝下游坡脚处)			坝下 2+000 断面			坝下 3+950 断面 (水口壕沟附近)			左坝肩绕渗 流量/(m³/d)	
	砂层最大 渗透坡降	河岸出逸 点高程/m	出逸点渗透 坡降	砂层最大 渗透坡降	河岸出逸 点高程/m	出逸点 透坡降	砂层最大 渗透坡降	河岸出逸 点高程/m	出逸点渗 透坡降	砂层	左坝肩
从坝 0+000 向左延伸 0m	0.120	1010.0	0.122	0.052	1008.0	0.055	0.060	1006.2		10592	12435
从坝 0+000 向左延伸 50m	0.107	1008.9	0.112	0.051	1007.3		0.060	1006.2		10088	11244
从坝 0+000 向左延伸 80m	0.097	1008.2	0.097	0.051	1007.3		0.060	1006.2		9783	11064
从坝 0+000 向左延伸 90m	0.094	1008.0		0.051	1007.3		0.060	1006.2		9697	11006
从坝 0+000 向左延伸 100m	0.091	1008.0		0.051	1007.3		0.060	1006.2		9575	10911
从坝 0+000 向左延伸 110m	0.088	1008.0		0.051	1007.3		0.060	1006.2		9466	10827
从坝 0+000 向左延伸 120m	0.088	1008.0		0.051	1007.3		0.060	1006.2		9390	10772
从坝 0+000 向左延伸 150m	0.088	1008.0		0.051	1007.3		0.060	1006.2		9135	10575

注: 1. 表中"砂层最大渗透坡降"指砂层内部渗透坡降的最大值;"河岸出逸点高程"指砂层坡的出逸点高程;"出逸点渗透坡降"指岸坡砂层出逸面的渗透坡降。
　　2. 凡"出逸点渗透坡降"空白格,表示在河岸坡处未出现出逸面,出逸点高程与河床高程相同。

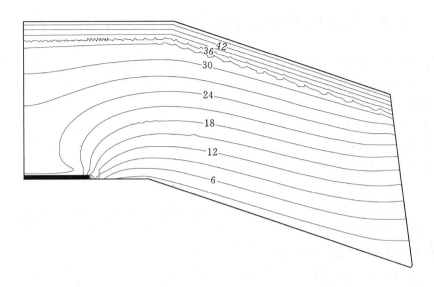

图 6.28　砂层中部水平截面上的渗流等势线分布（单位：m）

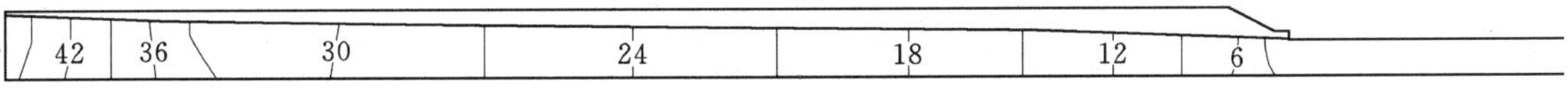

| 42 | 36 | 30 | 24 | 18 | 12 | 6 |

图 6.29　坝下游坡脚处左岸横断面上的渗流等势线和浸润线分布（单位：m）

从表 6.5 还可以看出，随着混凝土防渗墙向左坝肩延伸长度由 0m（不延伸）增加到 150m，沿砂层及左坝肩整体的绕渗流量逐步减小，沿砂层的绕渗流量从不延伸时的 10592m^3/d 减小到延伸 150m 时的 9135m^3/d，沿整个左坝肩的绕渗流量则由不延伸时的 12435m^3/d 减小到延伸 150m 时的 10575m^3/d。而且，就各混凝土防渗墙延伸长度方案而言，绕渗主要发生在砂层内，沿砂层的绕渗流量大体占整个左坝肩绕渗流量的 85%～90%。

各方案计算结果以及图 6.28 表明，由于防渗墙延伸长度有限，因此对于不同的防渗墙延伸长度方案，左岸坡渗流等势线分布形态的变化主要发生在防渗墙周围，防渗墙上游及下游的大部分左岸岸坡中渗流等势线分布的变化很小或几乎不变。各方案计算结果以及图 6.29 表明，随着防渗墙延伸长度的增加，由于距防渗墙较远，因此坝下游坡脚处左岸横断面上的渗流等势线分布变化很小，但岸坡附近浸润线略有下降，延伸长度越大下降趋势越明显；其中，不延伸方案在岸坡处存在明显的渗流出逸面，出逸点较高，其高程约为 1010m，比此处河床高程高约 2m，而延伸 80m 方案的渗流出逸点则明显下降，其高程为 1008.2m，仅比河床高程高约 0.2m。

综合上述计算结果不难发现，满足左坝肩及坝下游左岸坡砂层渗透稳定的防渗墙延伸长度宜在 80m 以上。当延伸至 80m 长度时，沿砂层的绕渗流量为 9783m^3/d，沿左坝肩整体的绕渗流量为 11064m^3/d。

6.5　土石坝渗流场与应力场的耦合有限元分析

研究表明[7]，土石坝渗流场与应力场之间相互影响、相互作用，一方面，渗流场的改变引起渗透体积力和渗透压力的改变，使得作用于坝体的外荷载发生变化，从而促使坝体应力场发生改变；另一方面，坝体应力场的改变，又会引起土石体体积应变的改变，使得坝体各部位土石体的孔隙率发生变化，进而导致其渗透系数发生变化，从而又促使坝体渗流场发生改变；土石坝渗流场与应力场之间这种相互影响和相互作用的结果，会使双场通过耦合而达到某一平衡状态，分别形成渗流场影响下的稳定应力场和应力场影响下的稳定渗流场。

因此，严格意义上说，土石坝的渗流问题实质上是渗流场与应力场的耦合问题。更为合理和准确的土石坝渗流分析，应建立在进行渗流场与应力场耦合分析的基础上。

6.5.1　渗流场对应力场的影响机理[7]

在土石坝中，渗流对坝体产生静水压力和渗透体积力这两种作用力。在进行有限元应力变形计算时，渗透体积力按下式转化为等效结点荷载：

$$\{F_s\} = \int_{\Omega_e} [N]^T \begin{Bmatrix} f_x \\ f_y \\ f_z \end{Bmatrix} \mathrm{d}x\mathrm{d}y\mathrm{d}z \tag{6.38}$$

式中：$\{F_s\}$ 为由渗透体积力转化的等效结点荷载；$[N]^T$ 单元形函数向量；f_x、f_y、f_z 分别为渗透体积力在 x、y、z 坐标方向的分力；Ω_e 为单元计算域。

按照式（6.38），可计算由于渗透体积力所产生的单元等效结点荷载，进而计算单元由此产生的应力。若给单元施加渗透体积力增量，则可计算得到由此产生的应力增量，将此增量与原应力场叠加，可得到新的应力场。该新的应力场又将进一步改变土石体的渗透特性，从而进一步改变渗流场。

6.5.2　应力场对渗流场的影响机理[7]

土石体属于孔隙介质，其渗透性主要取决于其孔隙率，而土石体的孔隙率又与其压缩变形有关，压缩变形又与土石体的应力状态有关。因此，土石坝应力场的变化必然导致其孔隙率发生变化，进而使其渗透性即渗透系数发生变化。

对高土石坝而言，由于其应力水平往往很高，因此渗流场中的土石体孔隙率必然会发生很大的变化。因此，相对坝高较小的土石坝，高土石坝的应力场对于其渗流场的影响更为显著。所以，对高土石坝更有必要进行考虑应力场影响的渗流场分析。

6.5.3　渗流场应力场耦合有限元分析的基本原理[7]

一般来说，土体的孔隙率越大，其渗透系数也越大，即土体的渗透系数是其孔隙率的函数，但各类土体的这种函数关系并不相同。

（1）砂性土的渗透系数可表示为：

$$k = C_2 D_{10}^{2.32} C_u^{0.6} \frac{e^3}{1+e} = C_2 D_{10}^{2.32} C_u^{0.6} \frac{n^3}{(1-n)^2} \tag{6.39}$$

式中：k 为渗透系数；e 为孔隙比；n 为孔隙率；D_{10} 为 10% 有效粒径；C_u 为不均匀系数；

C_2 为常数，由试验确定。

（2）正常固结黏性土的渗透系数可表示为：

$$k = C_3 \frac{e^m}{1+e} = C_3 \frac{n^m}{(1-n)^{m-1}} \tag{6.40}$$

式中：C_3 和 m 为试验常数；其余符合意义同式（6.39）。

设某单元的初始孔隙率为 n_0，在应力场作用下的体积应变为 $\varepsilon_V = \Delta V / V$（以压应变为负），$V$ 为土体总体积，ΔV 为孔隙体积的变化量。假设体积应变全部是由于孔隙体积变化所引起的，则受力作用后单元的孔隙率 n 可表示为：

$$n = n_0 e^{-\alpha(\sigma - p)} \tag{6.41}$$

由于体积应变 ε_V 是由应力场 σ_{ij} 决定的，所以土体的渗透系数最终可以表示为应力场 σ_{ij} 的函数，即：

$$k = k(\sigma_{ij}) \tag{6.42}$$

由以上分析可以看出，应力场通过影响土体的孔隙率而影响土体的渗透系数，从而最终影响渗流场。

在进行渗流场与应力场耦合计算时，需要同时对渗流场和应力场进行模拟计算。用增量形式表示的渗流场与应力场耦合计算格式为：

$$\left.\begin{array}{l} [K]\{\Delta\delta\} = \{\Delta F\} + \{\Delta F_s\} \\ [K']\{H\} = \{Q\} \end{array}\right\} \tag{6.43}$$

式中：$[K]$ 为整体刚度矩阵；$\{\Delta F\}$ 为土体自重、上部荷载等引起的结点荷载增量；$\{\Delta F_s\}$ 为由于渗流场的变化而引起的渗流体积力结点荷载增量；$\{\Delta\delta\}$ 为位移增量；$[K']$ 为渗透矩阵；$\{H\}$ 为渗流场水头向量；$\{Q\}$ 为渗流场内源等形成的向量。

基于式（6.43）进行渗流场与应力场有限元耦合计算的具体方法和步骤，可参见有关文献资料。

复 习 思 考 题

1. 土石坝的渗流特性及其防渗结构。
2. 土石坝渗流计算的定解条件。
3. 土石坝渗流二维有限元分析的基本步骤。
4. 土石坝需进行三维渗流分析的一般情况，三维渗流有限元分析的几何模型。
5. 土石坝渗流场与应力场的相互影响机理。

参 考 文 献

[1] 李家星，赵振兴. 水力学 [M]. 南京：河海大学出版社，2001：81-87.
[2] 林继镛. 水工建筑物 [M]. 4 版. 北京：中国水利水电出版社，2006：224-225，231-232，264-265.
[3] 毛昶熙. 渗流计算分析与控制 [M]. 2 版. 北京：中国水利水电出版社，2003：14-19，306，323-336，360-369.

［4］　毛昶熙，段祥宝，李祖贻，等．渗流数值计算与程序应用［M］．南京：河海大学出版社，1999：7 -9，50 -65，112 -199．

［5］　水利部西北水利中心．西安市黑河引水工程金盆水利枢纽大坝非稳定渗流计算分析［R］．2003．

［6］　西安理工大学水利水电学院．王圪堵水库左坝肩绕坝渗流三维有限元计算研究报告［R］．2006．

［7］　段亚辉．高等坝工学［M］．北京：中国水利水电出版社，2013：131 -133．